新一代人工智能实战型人才培养系列教程

动手学数据结构与算法

HANDS-ON DATA STRUCTURE AND ALGORITHM

俞勇 翁惠玉 傅凌玥 周聪 著

人民邮电出版社
北京

图书在版编目（CIP）数据

动手学数据结构与算法 / 俞勇等著. -- 北京 : 人民邮电出版社, 2024. --（新一代人工智能实战型人才培养系列教程）. -- ISBN 978-7-115-64780-1

Ⅰ. TP311.12

中国国家版本馆 CIP 数据核字第 2024CL5362 号

内 容 提 要

本书系统介绍了数据结构与算法的基本概念和相关知识，既注重理论，又注重算法设计，更突出代码实现，是一本着眼于数据结构与基本算法的教学实践的教材。

本书介绍了线性表、队列与栈、树与优先级队列、集合与静态查找表、动态查找表、排序、外部查找与排序、图、最小生成树与最短路径、算法设计思想等内容，将数据结构的理论与真实应用的实践紧密结合，从各种数据结构的代码实现到火车票管理系统的代码实现，手把手地指导读者学习数据结构与算法，帮助读者轻松掌握数据结构与算法的基本知识及基本技能，为后续进行更多专业课程的学习打下扎实基础。

本书可以作为高等院校计算机和人工智能相关专业学生的教材，也可以作为广大计算机科学与工程领域从业人员的参考书。

◆ 著　　俞　勇　翁惠玉　傅凌玥　周　聪

责任编辑　刘雅思

责任印制　王　郁　胡　南

◆ 人民邮电出版社出版发行　　北京市丰台区成寿寺路 11 号

邮编　100164　　电子邮件　315@ptpress.com.cn

网址　https://www.ptpress.com.cn

三河市中晟雅豪印务有限公司印刷

◆ 开本：787×1092　1/16

印张：17.25　　2024 年 8 月第 1 版

字数：327 千字　　2024 年 8 月河北第 1 次印刷

定价：89.80 元

前　言

系列教材的创作背景

天施地生，其益无方。凡益之道，与时偕行。

——《周易·益卦·彖传》

自20世纪90年代互联网进入商用并迅速兴起，到21世纪20年代大数据、人工智能技术的快速迭代，直至近几年大语言模型的迅猛崛起，这短短的30多年，科技有了极大的进步，社会有了极大的发展，不仅改变了世界的格局，也改变了人们的生活。

为了顺应时代的变化，专业教育何为？专业人才何所？2021年我们开始筹划一套可以“动手学”的人工智能系列教材——新一代人工智能实战型人才培养系列教程，这套教材将分期出版，第一期包括《动手学强化学习》《动手学机器学习》《动手学自然语言理解》《动手学计算机视觉》《动手学博弈论》《动手学数据结构与算法》等6册，稍后还会推出第二期，甚至第三期。

十年磨一剑，廿年亮一剑。自2002年上海交通大学ACM班创办至今已有20多年，这个以培养计算机科学家及行业领袖为宗旨的班级，已在国内外的学术界和工业界小有名气，其“秘籍”到底是什么？或许可以通过阅读和学习这套教材得知真相。

这套教材将满足高等院校的计算机专业、人工智能专业及新工科专业的学生，从事科研工作的高校教师、科研院所人员，转行到IT行业的从业人员及自学人群等对人工智能进行系统的理论学习，学后能够直接上手实战的需要。这是目前国内第一套可以“动手学”的人工智能系列教材，希望能为我国的人工智能实战型人才培养及人工智能落地做些有益的探索与实践。欢迎高等院校的教师与学生、科研院所及企业的研究人员与工程师、社会人士使用这套教材。

本书写作目的

任何事物都有从无到有、从无序到有序的发展过程，人类社会的进化也是如此。有序就是循规蹈矩，有了规和矩才能画出圆和方。于是，世界万物也就有了各自的“形状”。

所谓数据结构与算法，则是用一定的“规则”和“方法”对大千世界的“重塑”。这里的规则，既不是抽象的数学，也不是具象的物理，它既要符合数学、物理等学科的思维，又要符合生活常理，更不同的是，它是一种计算机能表示，甚至能理解的方法。使用这些规则和方法，我们就可以方便地利用计算机重塑现实世界，为我们创作未来世界打下良好的基础。

计算机学科已经渗透到各个领域及行业，因此几乎所有专业（包括人工智能专业）都无法完全脱离计算机专业，数据结构是计算机类专业最基础，也是最重要的核心课程之一，它为其他后继课程的学习奠定了基础，很多学校在新工科平台的培养计划中也将其列为必修课程，数据结构的重要性不言而喻。同时，数据结构与算法又是一门实践性非常强的课程，这门课的难点不是理解不了知识点，而是想不出算法，更是写不出代码。但是，已有的教材主要注重知识点的描述方式与形式，例如用生活场景和动画展现，无法在教学过程中解决其实践性特点所带来的学习上的真正困难。那么，如何在教学过程中将理论讲解与代码实践无缝衔接，让学生真正做到边学边练呢？本书试图给出答案。

本书以动手练平台与电子资料仓库的形式为读者提供课程辅助材料和代码。书中将每一章的原理讲解部分与其代码实践部分耦合，读者在学完一个知识点原理后能立即以代码实践的形式学习其实现方式。更重要的是，可以直接对代码进行在线运行和修改，完成对一种数据结构的原理学习和代码实践。这样的学习方式能帮助读者更好地将理论知识点与实践能力点对应，也能帮助老师更高效地授课、布置作业和批改作业。

通过长期的程序设计及数据结构的教学探索与实践经验总结，我们特编写了本书，旨在分享上海交通大学 ACM 班的培养模式及教学方法，使读者不再畏惧代码，让每一个普通人都能上手“拿捏”代码，成为人工智能时代的弄潮儿，为我国乃至世界人工智能的发展贡献一份力量。

本书组织结构

本书的编写遵循“问题先导，应用贯穿；描述简洁，代码其中”的原则。全书共包含 11 章，以火车票管理系统大型应用为主线，介绍涉及的基本概念、实现及应用。除了第 1 章和第 11 章，每章结构的安排基本按照问题引入、定义与实现、简单应用、大型应用实现、小结与习题的框架。

第 1 章由火车票管理系统这个大型应用引入数据结构的基本概念（逻辑结构、存储结构、操作定义和操作实现等）、算法分析（时间复杂度、空间复杂度等）及优化，并介绍火车票管理系统的需求分析、系统构成及涉及的数据管理类。

第 2 章介绍线性表的基本概念（定义、实现与简单应用），并介绍大型应用中列车运行计划管理类的实现。

第 3 章介绍队列与栈的基本概念（定义、实现与简单应用），并介绍大型应用中排队交易类的实现。

第 4 章介绍树的定义、二叉树与优先级队列的基本概念（定义、实现与简单应用）、哈夫曼树与哈夫曼编码，并介绍大型应用中带优先级的排队交易类的实现。

第 5 章介绍集合的定义、静态查找表及并查集，并介绍大型应用中列车运行图类及旅途中的站点可达性查询的实现。

第 6 章介绍二叉查找树、AVL 树、红黑树、哈希表的基本概念（定义、实现），并介绍大型应用中旅客管理类的实现。

第 7 章介绍排序的定义、插入排序、选择排序、交换排序、归并排序和基数排序。

第 8 章介绍外部查找表的定义、B 树、B+ 树、外排序，并介绍大型应用中余票管理类与行程管理类的实现。

第 9 章介绍图的定义、实现、遍历（深度优先搜索、广度优先搜索）及图的遍历的简单应用（连通性、欧拉回路、拓扑排序及关键路径），并介绍大型应用中列车运行图类的线路途经站点查询的实现。

第 10 章介绍最小生成树（定义、克鲁斯卡尔算法及普里姆算法）、单源最短路径（非加权图、加权图、带有负权值图及无环图的最短路径）、所有顶点对的最短路径，并介绍大型应用中列车运行图类的最优路线查询的实现。

第 11 章介绍枚举法、贪婪算法、分治法、回溯法、动态规划、随机算法，并通过一个外卖配送任务实例进行算法综合分析。

本书的 11 章内容皆为数据结构与算法的主干知识，所有希望系统掌握数据结构基本知识及基本算法的读者都应该学习这些内容。

本书使用方法

本书包括纸质图书与电子资源两部分。纸质图书包括相关数据结构的定义、实现、简单应用、大型应用的实现代码。电子资源包括三部分——理论解读视频、动手练平台与电子资料仓库，均可通过 http://hds.boyuai.com 访问，动手练平台与电子资料仓库的具体使用方法参见附录 B。纸质图书的正文中还将提供对应视频课程的二维码，供读者使用手机扫描学习。本书提供的代码都是基于 C++ 编写的，读者需要具有一定的 C++ 编程基础。

读者可以根据自己的需求自行选择感兴趣的纸质内容或电子资源进行学习实践。例如，只想学习各种数据结构的基本概念而不关注具体实现细节的读者，可以只阅读代码以外的文字部分；已经了解了算法的实现，只想动手进行代码实践的读者，可以只关注代码的具体实现部分，直接使用动手练平台与电子资料仓库。

本书具有如下特色：

- 以大型应用中的实际场景作为问题引入，使读者在学习知识点前体验“有用”；
- 为各类数据结构配备完整的代码实现，使读者能将理论与实践相联系，更真切地感受“好用”；
- 完整地实现数据结构中公认最烦琐的 B+ 树，使读者消除恐惧，领略“可用”；
- 以大型应用的实现贯穿本书所有章节，使读者在了解知识点的同时亲历“实用”。

本书是数据结构与算法的入门读物，也可以作为高校数据结构与算法课程的教材或者辅助教材。本书面向的读者主要是对数据结构与算法感兴趣的高校学生（包括本科生和研究生）、教师、企业及研究院所的研究人员及工程师。在阅读本书之前，读者需要掌握一些 C++ 程序设计语言的基本语法和编程技能。由于编写时间有限，书中难免会有一些不足之处，恳请读者批评指正，以便再版时修改、完善。希望每一位读者在学习完本书之后都能有所收获，为本系列后续教材的学习以及投身人工智能事业打下良好的基础。

学而时习之，不亦乐乎。

——《论语》

同学们，动起手来，快乐学习，轻松编程，共创未来！

致谢

由衷感谢上海交通大学 ACM 班的历届助教及学生长期以来的积累，他们为本书做出了卓越贡献。

感谢 ACM 班 21 级的冯跃洋、杨晋晟同学完成本书中大型应用实现及火车票管理系统的完整代码及调试，为本书的代码实现做出了重要贡献。

感谢 ACM 班 22 级的王鲲鹏、王冠杰、张世奇、陈瑞茗、李紫燕为本书绘制插图。

资源与支持

本书由异步社区出品，社区（https://www.epubit.com/）为您提供相关资源和后续服务。

配套资源

本书提供如下资源：

- 配套源代码；
- 教学课件；
- 习题答案；
- 理论解读视频。

要获得以上配套资源，您可以扫描下方二维码，根据指引领取；

您也可以在异步社区本书页面中点击 配套资源 ，跳转到下载界面，按提示进行操作即可。注意：为保证购书读者的权益，该操作会给出相关提示，要求输入提取码进行验证。

如果您是教师，希望获得教学配套资源，请在社区本书页面中直接联系本书的责任编辑。

提交勘误

作者和编辑尽最大努力来确保书中内容的准确性，但难免会存在疏漏。欢迎您将发现的问题反馈给我们，帮助我们提升图书的质量。

当您发现错误时，请登录异步社区，按书名搜索，进入本书页面，点击“发表勘误”，输入勘误信息，点击“提交勘误”按钮即可（见下图）。本书的作者和编辑会对您提交的勘误进行审核，确认并接受后，您将获赠异步社区的100积分。积分可用于在异步社区兑换优惠券、样书或奖品。

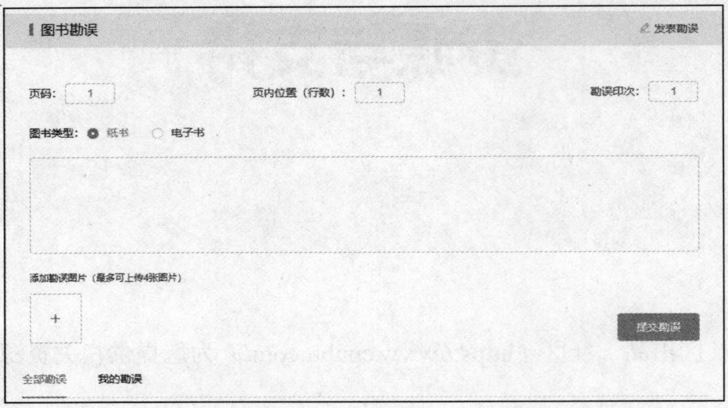

图书勘误 发表勘误
页码： 1 页内位置（行数）： 1 勘误印次： 1
图书类型： 纸书 电子书
添加勘误图片（最多可上传4张图片）
提交勘误
全部勘误 我的勘误

与我们联系

本书责任编辑的联系邮箱是 liuyasi@ptpress.com.cn。

如果您对本书有任何疑问或建议，请您发邮件给我们，并请在邮件标题中注明本书书名，以便我们更高效地做出反馈。

如果您有兴趣出版图书、录制教学视频，或者参与图书技术审校等工作，可以发邮件给我们。

如果您来自学校、培训机构或企业，想批量购买本书或异步社区出版的其他图书，也可以发邮件给我们。

如果您在网上发现有针对异步社区出品图书的各种形式的盗版行为，包括对图书全部或部分内容的非授权传播，请您将怀疑有侵权行为的链接通过邮件发给我们。您的这一举动是对作者权益的保护，也是我们持续为您提供有价值的内容的动力之源。

关于异步社区和异步图书

“异步社区”（www.epubit.com）是由人民邮电出版社创办的IT专业图书社区。异步社区于2015年8月上线运营，致力于优质学习内容的出版和分享，为读者提供优质学习内容，为作译者提供优质出版服务，实现作者与读者在线交流互动，实现传统出版与数字出版的融合发展。

“异步图书”是由异步社区编辑团队策划出版的精品IT专业图书的品牌，依托于人民邮电出版社30余年的计算机图书出版积累和专业编辑团队，相关图书在封面上印有异步图书的LOGO。异步图书的出版领域包括软件开发、大数据、AI、测试、前端、网络技术等。

目录

第 1 章

绪论

数据结构用于描述数据的存储方式，算法用于描述数据的处理过程。数据结构和算法是相互关联的。数据结构的选择会影响算法的选择，反之，算法的选择也会影响数据结构的选择。

本书将基于从火车票管理系统这一应用，引入数据结构及算法的基本概念，详细讨论各类数据结构，并用相应的数据结构实现火车票管理系统中的相应模块（功能），还将介绍一些经典和常用的算法。

1.1 问题引入

很多人坐火车出行时，会选择通过“中国铁路 12306”网站或“铁路 12306”App（即火车票管理系统）购买车票。本章以一个简化的火车票管理系统为例，从需求分析、功能划分、系统设计等层面分析火车票管理系统的实现，直至“破茧”底层的数据结构。

火车票管理系统

火车票管理系统是一种典型的高性能大数据应用，主要用于解决旅客查票、购票，以及管理员制订列车运行计划、票务管理等问题。通过对火车票管理系统的功能调研，进行火车票管理系统的需求分析，如图 1-1 所示。本系统考虑两类用户：管理员与旅客，使用人形图标表示。

图 1-1 展示了火车票管理系统中用户功能和数据之间的关系。下面简单梳理一下系统功能。

对管理员来说，首先需要添加列车运行计划，这是整个系统最基础的信息。简单起见，列车运行计划只包括车次号、日期、额定乘员、途经站点、时长与票价等信息，车次对应该列车途经站点的序列。管理员还需要查询列车运行计划。

管理员还需要负责车票的发售与停售。在列车开行前若干天发售车票，而列车发车前停止售票，因此管理员需要频繁地进行票池的维护与管理。

对旅客来说，可以按照其行程需要查询相应线路。例如，旅客只知道自己的出发站和到达站，并不知道相应的路线，通过路线查询可以得知从出发站到到达站是否可达（直达或转车）。旅客可能还想知道从出发站到到达站可以选择哪些路线，分别经过哪些站点，并按照票价最低、历时最短等偏好筛选最优路线及车次，系统将根据列车运行计划回复旅客。获知路线后，旅客还可以进行余票查询、购票、退票、已购车票查询等操作。

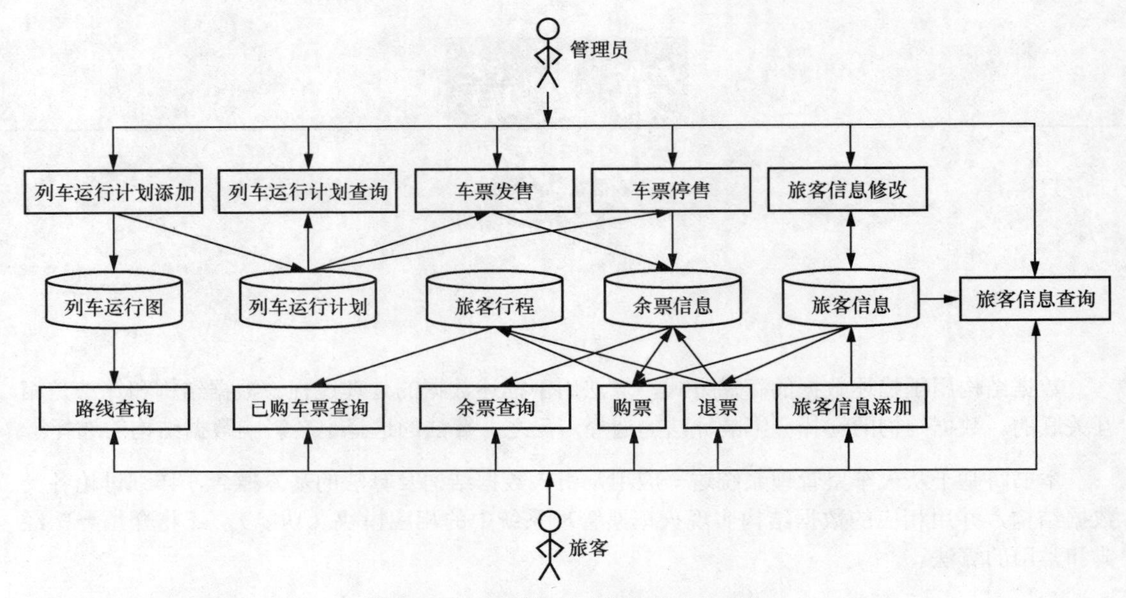

图 1-1 火车票管理系统的需求分析图

旅客信息的管理是两类用户共同涉及的功能。旅客可以注册、修改、查询自己的信息。在实际的火车票管理系统中，军人和老弱病孕残通常可以优先购票或退票，所以每个旅客都对应一个优先级。旅客的优先级不能自己指定，只能由管理员核实并修改。

用户与各系统功能在交互过程中产生的各类数据在图 1-1 中单独列出，如列车运行图、列车运行计划、旅客行程、余票信息、旅客信息等。这些数据与功能之间通过有向箭头连接。从数据指向功能的数据流代表此功能需要从系统中查询此类数据；从功能指向数据的数据流代表此功能产生新的数据或修改已有数据，需要写入系统。

上文简要介绍了火车票管理系统，可以看出，它涉及的数据种类较多（如旅客信息、行程、车次、车票、站点等），数据与数据之间（如某车次所途经的站点之间、列车运行图中站点之间等）、数据与功能之间（车票与购票、行程与查询、车次与发售等）的交互也颇为紧密。由此，可将火车票管理系统划分为 5 个子系统：列车运行计划管理子系统（列车运行计划添加和列车运行计划查询）、票务管理子系统（车票发售和车票停售）、车票交易子系统（查询已购车票、余票查询、购票、退票）、路线查询子系统（路线查询）、旅客管理子系统（旅客信息添加、修改和查询），如图 1-2 所示。其中，许多旅客可能会同时使用车票交易子系统，则该子系统将旅客的购票与退票交易请求按照先后顺序形成交易请求队列，并按顺序完成相应交易；也可以将旅客的购票与退票交易请求按照优先级顺序排列，高优先级的先交易，低优先级的后交易。

在实现火车票管理系统的过程中，如何管理好各子系统的数据并高效地使用这些数据，就是数据结构要解决的基本问题。

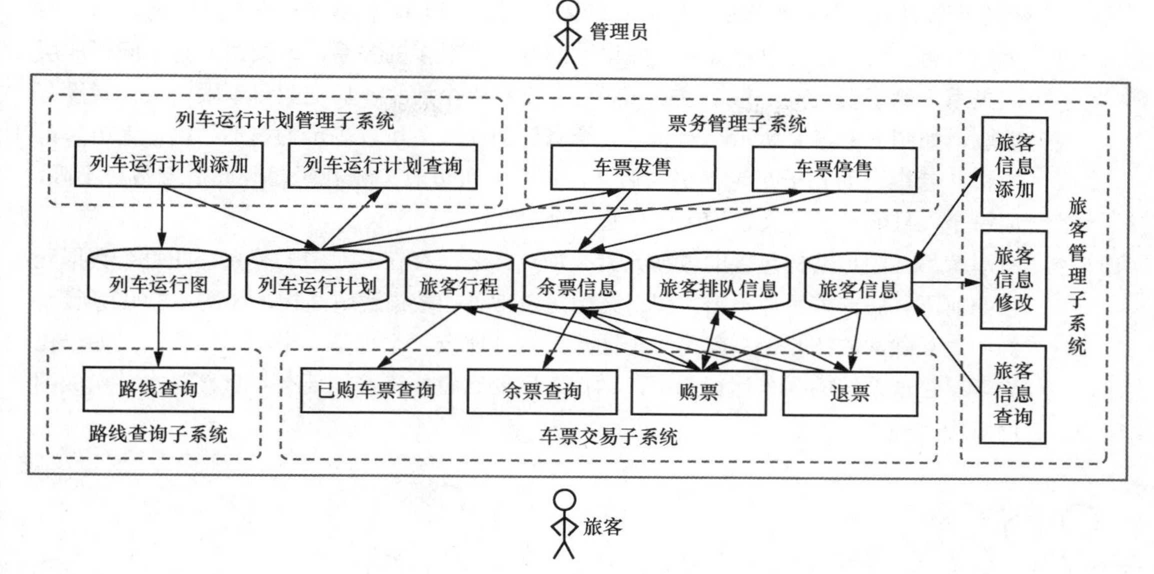

图 1-2 火车票管理系统的构成

1.2 什么是数据结构

数据结构是一组具有特定关系的同类数据元素的集合，其主要研究数据的逻辑结构、数据的存储结构，以及数据的操作定义和操作实现。

1.2.1 数据的逻辑结构

在现实生活中，数据元素之间的关系复杂而多样，但数据元素之间的逻辑关系仅可以分为 4 种：无关系、一对一关系、一对多关系、多对多关系，这 4 种逻辑关系统称数据的逻辑结构。

什么是数据结构

根据数据元素之间逻辑关系的不同，数据的逻辑结构可分为以下 4 类，如图 1-3 所示。

- 集合。集合包含的所有数据元素之间无关系，即数据元素的次序是任意的。集合中各个数据元素均是“平等”的，它们属于同一个集合，如图 1-3（a）所示。例如，在操场上玩耍的学生，快递车上运输的快递包裹，在展览馆参观的游客等。又如，火车票管理系统中的每个旅客都是“平等”的，旅客之间没有关系。
- 线性结构。线性结构包含的数据元素之间存在一对一的关系，即数据元素构成一个有序序列。若存在多个数据元素，则第一个数据元素之前没有数据元素，最后一个数据元素之后也没有数据元素。除了第一个数据元素和最后一个数据元素，其余数据元素前面都有唯一的一个数据元素（称为前驱），后面也都有唯一的一个数据元素（称为后继），如图 1-3（b）所示。例如，《水浒传》中的 108 条好汉形成了一个数据集合，他们的排列是有次序的，宋江排第一，卢俊义排第二，以此类推。又如，在火车票管理系统中，列车运行计划里每个车次所途经的站点是一个接一个的，形成了一个有序序列。

- 树形结构。树形结构包含的数据元素之间存在一对多的关系，即数据元素之间形成层次关系。除了根元素，每个数据元素有且仅有一个前驱，后继数目不限，根元素没有前驱，如图1-3（c）所示。例如，一个家族的家谱就可以表示为树形结构，老祖宗是树根，老祖宗的儿子是老祖宗的后继，每个人可以有多个儿子，因此后继数目不限，但每个人只能有一个父亲，因此只有一个前驱。
- 图形结构。图形结构包含的数据元素（顶点）之间存在多对多的关系，即每个数据元素的前驱和后继数目都不限。图形结构是最常见的数据逻辑结构，如图1-3（d）所示。例如，互联网的拓扑关系就是一个图形结构；朋友关系也是一个图形结构。又如，在火车票管理系统的列车运行图中，站点之间要么直接连接，要么不直接连接，构成图形结构。

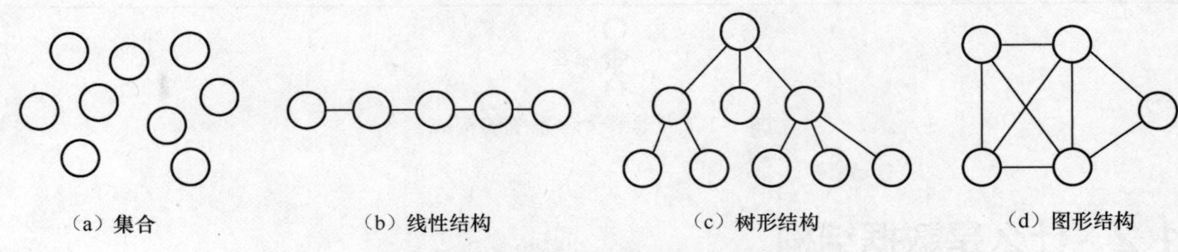

图1-3 数据的逻辑结构示意图

数据的逻辑结构对应以下4类常见的操作（运算）：

- 构造和析构，包括数据结构的创建、初始化，以及必要的结构操作；
- 属性操作，包括读取数据结构各基本属性的值；
- 查找，包括特定搜索、访问和遍历数据元素的操作；
- 更新，包括插入、删除或修改数据元素的内容或更新数据元素之间的关系。

1.2.2 数据的存储结构

数据的存储结构（又称数据的物理结构）是数据的逻辑结构在计算机内的存储方式，共有以下4种。

- 顺序存储，指将所有数据元素存放在一段连续的存储空间中，数据元素的存储位置反映了它们之间的逻辑关系。例如，幼儿园小朋友按学号坐成一排就是一种顺序存储结构。线性结构中逻辑上相邻的数据元素，其对应的物理存储位置也是相邻的。顺序存储结构一般借助程序设计语言中的数组来实现。
- 链接存储，指逻辑上相邻的数据元素不需要在物理位置上也相邻，也就是说数据元素的存放位置可以是任意的。每个数据元素所对应的存储表示由两部分组成，一部分是数据元素，另一部分是指针，指针表示有逻辑关系的数据元素的存储地址。以快递运输为例，快递公司按照快递的目的地地址把快递一站一站地进行转运，即取件→起始地分运站→起始地总运站→目的地总运站→目的地分运站→送件，这样的转运过程就是一种链接存储。

- 索引存储，指分别存放数据元素和数据元素之间的关系。数据元素之间关系的存储称为索引。例如，去银行办理业务时通常需要排队，但人们并不需要真正站在窗口前排队，而是随意坐在大厅中等待叫号，大厅中排队的人就是数据元素，叫号系统中的编号就是索引。
- 哈希存储（又称散列存储），指将数据元素存放在一个连续的区域，每一个数据元素的具体存放位置是使用哈希（散列）函数根据其键值计算出来的。例如，邮政编码由6位数字组成，其中前两位代表省（自治区、直辖市），第三位代表邮区，第四位代表县（市）邮政局，最后两位代表投递局（乡镇支局所或城区的某一投递区域），这样就很容易根据邮政编码将信件投入相应的运输车。

这4种存储方式及其组合可以实现数据的灵活存储。注意，数据的逻辑结构表示的是数据元素之间的逻辑关系，与数据的存储结构无关，它是独立于计算机的。而数据的存储结构包括数据元素在计算机中的存储表示及数据元素的逻辑关系在计算机中的存储表示，它完全依赖于计算机。

1.2.3 数据的操作

数据的操作（也称运算或算法）包括操作定义和操作实现。操作定义是对现实问题的抽象，它独立于计算机，例如火车票管理系统中，管理员添加列车运行计划、旅客购票等。而操作实现的方式取决于数据的存储结构，它依赖于计算机和具体的程序设计语言。例如，旅客购票的实现方式取决于车票数据是如何存储的，假设车票是顺序存储的，并按起点的字母顺序排列，则可以通过二分法快速找到相应的车次完成购票，即车票（数据）的操作实现。

本书将采用C++语言实现所有数据结构的基本操作，以及火车票管理系统中主要数据管理模块的实现。

1.3 算法分析

设计算法时，常常需要在各种指标之间进行权衡和选择。有时候，一种算法可能会在某些特定情境下表现得非常出色，但在其他情境下可能效率低下。因此，算法的优化往往需要考虑问题的实际情况、数据的特征及算法的适用范围。本节将探讨算法分析的相关知识，帮助读者更好地理解和应用各种算法。

1.3.1 算法的基本概念

算法是为了求解问题而给出的有限的指令序列。对同一个问题采用不同的算法，虽然结果一样，但算法所消耗的时间资源和空间资源有很大的区别。那么，应该如何衡量不同算法的优劣呢？一般考虑以下几个指标。

- 正确性：能够按照预定功能产生正确的输出。
- 易读性：逻辑清楚、结构清晰，算法易于阅读、理解、维护。
- 鲁棒性：对于边界条件输入、不频繁出现的输入，算法能够产生正确的输出；对于非法输入，算法能够输出相应提示，不会发生崩溃。
- 高效率：时间和空间利用效率高，需要较少的运行时间和存储空间。

这些指标通常是互相冲突的。例如，算法考虑的情况越多，虽然的确会增加鲁棒性，但往往易读性会受到影响。本书将着重讨论算法的时间性能和空间性能，其他方面不在本书讨论范围内。

所谓算法分析，就是确定算法的时间性能和空间性能，即算法的时间复杂度和空间复杂度。前者是算法的运行时间度量，后者则是算法需要的额外存储空间的度量（即除算法本身和输入 / 输出数据所占用的空间之外的空间）。时间性能和空间性能一般不可兼得，需要选择一个平衡点。

1.3.2 时间复杂度

影响程序运行时间的因素有：

- 程序采用的算法；
- 计算机软硬件系统的性能；
- 编译器生成的目标代码的质量；
- 问题规模；
- 数据的分布情况。

同一个问题往往可以采用不同的算法求解，例如去书店购买某本文学小说，有两种方式：第一种，在书店里挨个书柜寻找；第二种，直接去文学小说书柜寻找。显然，第一种方式的寻找时间长，而第二种方式的寻找时间要短很多。因此，程序采用的算法不同，其运行时间也大相径庭。

当在运算速度不同的硬件上运行同一个程序时，即便输入同样的数据，其所需的运行时间也会不同。即使硬件环境一样，程序运行在不同编译器的软件环境中，生成的可执行代码是不同的，运行时间也不一样。因此，运行时间不能说明程序采用的算法的优劣。

算法的时间性能应该与运行算法的计算机的软硬件系统无关，在算法分析中通常用运算量衡量。算法所需的运算量与所处理问题的规模之间的关系称为算法的时间复杂度。优化算法的时间复杂度的关键是降低所需的运算量。

算法的运算量除了与问题规模有关，还与被处理的数据的分布情况有关。在实际应用中，很难用单一指标描述算法的时间性能。算法分析中，通常用最好情况、最坏情况及平均情况时间复杂度描述不同的数据分布情况下的时间复杂度。例如，火车票管理系统中有 n 个车次存储于数组中，现要查找是否存在某个车次。假设算法从第一个车次开始依次往后查找，直到找到了该车次或找遍了整个数组也没有找到该车次。如果被查找的车次出现在第一个位置，则比较一次就找到了。在这种情况下，算法所需的时间最短，这就是最好情况的时间复杂度。如果被查找的车次出现在最后或根本没有出现，则需要比较所有车次，即比较 n 次。在这种情况下，算法所需的运行时间最长，这就是最坏情况的时间复杂度。如果每个车次被查找的概率相等，则经过多次查找后，平均需要查找 $n/2$ 次，这就是平均情况的时间复杂度。

1. 算法运算量的计算

假设有一组存储在数组 array 中的正整数，要求设计一个算法，求数组中的最大值与正整数 d 的乘积。代码清单 1-1 展示了这一问题的两个算法实现。函数 max1(int array[], int size, int d) 先对数组元素逐一乘 d，再求数组中的最大元素；而函数 max2 (int array[], int size, int d) 先求数组中的最大值，再将其乘 d。对于任意的输入，函数 max1() 的运算量显然比 max2() 大，因为 max1() 多运行了第一个 for 循环，即多做了 $n-1$ 次乘法和 n 次赋值。因此，在软硬件环境、问题规模、数据分布均相同的情况下，max1() 的运行时间一定比 max2() 长，也就是说 max2() 的时间性能更好一些。

代码清单 1-1　函数 max1() 与 max2() 的实现

```
int max1(int array[], int size, int d) {
  int max = 0, i;
  for (i = 0; i < size; ++i) array[i] *= d;
  for (i = 0; i < size; ++i)
    if (array[i] > max) max = array[i];
  return max;
}

int max2(int array[], int size, int d) {
  int max = 0, i;
  for (i = 0; i < size; ++i)
    if (array[i] > max) max = array[i];
  return max * d;
}
```

从上述讨论明显看出，评价算法的性能时并不需要计算精确的运算时间，只要能反映求解相同问题的不同算法的运算量之间的差异即可。通常的做法如下：

（1）选择一种或几种简单语句作为标准操作，将标准操作作为一个运算单位；

（2）确定每个算法在给定的输入下共执行了多少次标准操作，将该数值作为算法的运算量。

对于代码清单 1-1 中的例子，如果选择乘法、赋值和条件判断作为标准操作，则当输入的数组值为 1,3,5，且 d=10 时，max1() 执行了 3 次乘法（第一个 for 循环体）、14 次赋值（第一个 for 循环的循环控制行中的 i = 0、++i 分别执行了 1 次、3 次赋值，循环体也执行了 3 次赋值；第二个 for 循环也一样）、11 次比较（第一个和第二个 for 循环体的循环控制行中的 i < size 均执行了 4 次；for 循环体执行了 3 次），共 28 次标准操作。同样，max2() 执行了 1 次乘法、7 次赋值、7 次比较，共 15 次标准操作。显然，max2() 的时间性能优于 max1()。

如何计算一个算法随问题规模变化的运算量？先来分析一下 max1() 在最坏情况下的运算量。假设数据规模为 n，首先看第一个 for 循环。在循环控制行中，i = 0 执行 1 次，i < size 执行 n+1 次，++i 执行 n 次。循环体执行 n 次，在每个循环周期中执行 1 次乘法、1 次赋值。因此第一个 for 循环体总的运算量为 $1+(n+1)+n+n\times2 = 4n+2$。再来看第二个 for 循环体。在循环控制行中，i = 0 执行了 1 次，i < size 执行了 n+1 次，++i 执行了 n 次，循环体执行 1 次比较，在最坏情况下，还要执行 1 次赋值。因此，第二个 for 循环体的总运算量为 $1+(n+1)+n+n\times2$ =

$4n+2$。max1() 在最坏情况下的总运算量是 $8n+4$。同理，可找出最好情况下运算量与问题规模之间的关系。

2. 渐近表示法

一般来说，算法的运行时间函数是一个很复杂的函数，而且求解同一问题的算法也不止一种，自然相应的运行时间函数也不一样。那么，如何比较不同算法的运行时间函数，并选择一个好的算法解决特定问题呢？这项工作不是那么简单。

运行时间与数据规模有关，例如对于两个算法 f_1 和 f_2，其运行时间函数分别为 $T_1(n) = n^2+225$ 和 $T_2(n) = 2n^2$。当 $n<15$ 时，$T_1(n)>T_2(n)$，即算法 f_1 的运行时间函数值比 f_2 大；当 $n>15$ 时，$T_1(n)<T_2(n)$，即算法 f_1 的运行时间函数值比 f_2 小，那么到底是算法 f_1 好还是算法 f_2 好？

当问题规模很小时，运行时间不会影响算法的时间性能。算法的时间性能主要考虑问题规模很大时，运行时间随问题规模的变化趋势。因此，问题规模较小时，运行时间可以忽略不计，只考虑问题规模大到一定程度后的情况。例如上述算法 f_1 和 f_2，我们认为算法 f_1 的时间性能优于 f_2 的时间性能。因为当 $n>15$ 时，算法 f_2 的运行时间函数值总是大于算法 f_1 的运行时间函数值。

当问题规模很大时，算法的运行时间函数也会出现很多形式，此时又如何衡量算法的优劣呢？这个问题比上一个问题更复杂，这里略做简化，不考虑具体的运行时间函数，只考虑运行时间函数的数量级。这种方法称为渐近表示法。最常用的渐近表示法是大 O 表示法。

定义 1-1　（大 O 表示法）如果存在两个正常数 c 和 N_0，使得当 $n \geqslant N_0$ 时有 $T(n) \leqslant cF(n)$，则记为 $T(n)=O(F(n))$。

例 1-1　设 $T(n)=(n+1)^2$。当 $N_0=1$ 及 $c=4$ 时，$T(n) \leqslant cn^2$ 成立。因此，$T(n)=O(n^2)$。

例 1-2　设 $T(n)=2n^3+3n^2$。当 $N_0=0$ 及 $c=5$ 时，$T(n) \leqslant cn^3$ 成立。因此，$T(n)=O(n^3)$。

大 O 表示法给出了算法运行时间随数据规模增长的上界，亦称渐近时间复杂度，简称时间复杂度。大 O 表示法不需要计算运行时间的精确值，只需要给出一个数量级，表示当问题规模很大时，对算法运行时间的增长影响最大的函数项（主项），忽略对问题的时间复杂度产生较小影响的低阶项。因此，在选择 $F(n)$ 时，通常选择运行时间函数的最高次项，忽略低次项及系数。表 1-1 给出了常用的时间复杂度函数及其名称。

表 1-1　常用的时间复杂度函数及其名称

函数	大 O 表示法	名称
$F(n)=1$	$O(1)$	常数级
$F(n)=\log n$	$O(\log n)$①	对数级
$F(n)=n$	$O(n)$	线性级
$F(n)=n\log n$	$O(n\log n)$	对数线性级

① 若无特殊说明，本书中的log均表示以2为底数的对数。

续表

函数	大 O 表示法	名称
$F(n)=n^2$	$O(n^2)$	平方级
$F(n)=n^3$	$O(n^3)$	立方级
$F(n)=2^n$	$O(2^n)$	指数级
$F(n)=n!$	$O(n!)$	指数级
$F(n)=n^n$	$O(n^n)$	指数级

表 1-1 中的常数级时间复杂度表示算法的运行时间与问题规模无关，无论问题规模怎样，算法总是执行有限个标准操作。

时间复杂度为多项式的算法称为多项式时间算法，时间复杂度为指数函数的算法称为指数时间算法。最常见的多项式时间算法的时间复杂度之间的关系为 $O(1) < O(\log n) < O(n) < O(n\log n) < O(n^2) < O(n^3)$，即时间复杂度为 $O(1)$ 的算法是最好的算法，其次是时间复杂度为 $O(\log n)$ 的算法。指数时间算法的时间复杂度之间的关系为 $O(2^n) < O(n!) < O(n^n)$。多项式时间算法要比指数时间算法好。

从大 O 表示法的定义（定义 1-1）可以看出，大 O 表示法只是表示算法运行时间函数的上界，并没有考虑这个函数与上界的接近程度。在实际计算时，应选择算法运行时间函数的最小上界。

为了更精确地表示算法的时间性能，算法分析领域还定义了其他 3 种与大 O 表示法相关的时间复杂度的渐进表示法，而且本书后续章节偶尔会用到这几种方法。

定义 1-2 （大 Ω 表示法）如果存在两个正常数 c 和 N_0，使得当 $n \geqslant N_0$ 时有 $T(n) \geqslant cF(n)$，则记为 $T(n)=\Omega(F(n))$。

定义 1-3 （大 Θ 表示法）当且仅当 $T(n)=O(F(n))$，且 $T(n)=\Omega(F(n))$，则记为 $T(n)=\Theta(F(n))$。

定义 1-4 （小 o 表示法）当且仅当 $T(n)=O(F(n))$，且 $T(n) \neq \Theta(F(n))$，则记为 $T(n)=o(F(n))$。

大 O 表示法说明 $T(n)$ 的增长率小于或等于 $F(n)$ 的增长率，即 $F(n)$ 为 $T(n)$ 的上界。大 Ω 表示法说明 $T(n)$ 的增长率大于或等于 $F(n)$ 的增长率，即 $F(n)$ 为 $T(n)$ 的下界。大 Θ 表示法说明 $T(n)$ 的增长率等于 $F(n)$ 的增长率，即 $T(n)$ 的上界与下界相等。小 o 表示法说明 $T(n)$ 的增长率严格小于 $F(n)$ 的增长率，即 $T(n)$ 的上界与下界不等。

3. 时间复杂度的简化计算

算法的时间复杂度的计算可以按照代码清单 1-1 的分析方法，首先定义算法的标准操作，然后计算算法的标准操作次数，这样就可以得到一个随问题规模变化的标准操作次数的函数。最后取出函数的主项，作为其时间复杂度的大 O 表示。但这种计算方法比较烦琐，下面将介绍一些时间复杂度的简化计算方法。我们先引入两个常用定理。

定理 1-1 求和定理：假定 $T_1(n)$、$T_2(n)$ 分别是程序 P_1、P_2 的运行时间函数，且 $T_1(n)$ 属于 $O(f(n))$，而 $T_2(n)$ 属于 $O(g(n))$。那么，先运行 P_1，再运行 P_2 的总运行时间是 $T_1(n)+T_2(n)=O(\mathrm{MAX}(f(n), g(n)))$。

证明：根据定义 1-1，对于某些正常数 c_1、n_1 及 c_2、n_2，根据已知条件，可得：

当 $n \geqslant n_1$ 时，$T_1(n) \leqslant c_1 f(n)$ 成立；

当 $n \geqslant n_2$ 时，$T_2(n) \leqslant c_2 g(n)$ 成立。

设 n_1 和 n_2 之间的最大值为 n_0，即 $n_0=\mathrm{MAX}(n_1, n_2)$。

那么，当 $n \geqslant n_0$ 时，$T_1(n)+T_2(n) \leqslant c_1 f(n)+c_2 g(n)$ 成立。因此，$T_1(n)+T_2(n) \leqslant (c_1+c_2)\mathrm{MAX}(f(n), g(n))$。于是，定理得证。

定理 1-2 求积定理：如果 $T_1(n)$ 和 $T_2(n)$ 分别属于 $O(f(n))$ 和 $O(g(n))$，那么 $T_1(n)\times T_2(n)$ 属于 $O(f(n)\times g(n))$。

证明：根据已知条件，当 $n \geqslant n_1$ 时，$T_1(n) \leqslant c_1 f(n)$ 成立。当 $n \geqslant n_2$ 时，$T_2(n) \leqslant c_2 g(n)$ 成立。其中 c_1、n_1 及 c_2、n_2 都是正常数。因此，当 $n \geqslant \mathrm{MAX}(n_1,n_2)$ 时，$T_1(n)\times T_2(n) \leqslant c_1 c_2 f(n)g(n)$，说明 $T_1(n)\times T_2(n)$ 属于 $O(f(n)\times g(n))$。

定理 1-1 和定理 1-2 为时间复杂度的计算提供了很大便利。由这两个定理可以得到以下 5 条简化的计算规则。

规则 1。每个简单语句，如赋值语句、输入 / 输出语句，它们的运行时间与问题规模无关，在每个计算机系统中的运行时间都是一个常量，因此时间复杂度为 $O(1)$。

规则 2。对于条件语句，if < 条件 > then < 语句 > else < 语句 > 的运行时间为进行条件判断的代价，时间复杂度一般为 $O(1)$，再加上运行 then 后面的语句的代价（若条件为真），或运行 else 后面的语句的代价（若条件为假），时间复杂度为 MAX(O(then 子句), O(else 子句))。

规则 3。对于循环语句，运行时间是循环控制行和循环体运行时间的总和。循环控制行的作用一般是进行一个简单的条件判断，不会占用大量的时间，因此时间复杂度为 O(循环次数 ×O(循环体))。

规则 4。对于嵌套循环语句，在外层循环的每个循环周期，内层循环都要运行它的所有循环周期，因此，可用求积定理计算整个嵌套循环语句的时间复杂度，即时间复杂度为 O(O(内层循环体)× 外层循环的循环次数)。例如，以下程序

```
for (i=0; i<n; i++)
  for (j=0; j<n; j++)
    for (k=0; k<n; k++) s++;
```

的时间复杂度为 $O(n^3)$。

规则 5。连续语句的时间复杂度是利用求和定理把这些连续语句的时间复杂度相加而得到的。例如，以下程序

```
for (i=0; i<n; i++) a[i]=0;
for (i=0; i<n; i++)
  for (j=0; j<n; j++) a[i]= i+j;
```

由两个连续的循环组成。第一个循环的时间复杂度为 $O(n)$，第二个循环的时间复杂度为 $O(n^2)$。根据求和定理，整个程序的时间复杂度为 $O(n^2)$。

有了这些简化的计算规则后，计算算法的时间复杂度就简单了。没有必要像分析 max1() 的时间性能那样统计所有标准操作的次数，而只需要找出最复杂、运行时间最长的程序段。在 max1() 中，最复杂的程序段是两个循环，这两个循环的时间复杂度都为 $O(n)$，因此整个程序的时间复杂度是 $O(n)$。

1.3.3 空间复杂度

与时间复杂度类似，算法的空间复杂度也常用大 O 表示法计算。一个算法在运行过程中需要占用大小不等的存储空间，包括算法本身占用的存储空间、输入 / 输出数据占用的存储空间和辅助空间（算法实现所需的额外存储空间）。空间复杂度仅对算法运行过程中所占用的辅助空间进行度量，即算法所需的辅助空间和问题规模之间的关系函数，记为 $S(n)$，然后得到其数量级。空间复杂度通常也是按最坏情况计算的。

1.4 算法优化

本节通过一个实例详细介绍算法优化的过程。

例 1-3 最大连续子序列和的问题：给定（可能是负的）整数序列 $\{A_1,A_2,\cdots,A_N\}$，寻找（并标识）使 $\sum_{k=i}^{j} A_k$ 的值最大的连续子序列。如果所有整数都是负的，那么最大连续子序列的和是 0。

例如，假设输入是 {−1,**12,−5,13**,−6,3}，则最大连续子序列的和是 20，最大连续子序列包含第 2 项到第 4 项（如粗体字部分所示）。又如，对于输入 {1,−3,**4,−2,−1,6**}，则最大连续子序列的和是 7，最大连续子序列包含最后 4 项（如粗体字部分所示）。

选用最大连续子序列和的问题作为本节实例，是因为有很多种算法可以解决这个问题，而且这些算法的时间复杂度相差很大。本节将讨论 4 个算法。第一个算法是时间复杂度为 $O(n^3)$ 的算法，采用枚举法，效率很低。第二个算法是时间复杂度为 $O(n^2)$ 的算法，它对第一个算法做了改进。第三个算法是时间复杂度为 $O(n \log n)$ 的算法，它采用分治法。最后一个算法是时间复杂度为 $O(n)$ 的算法，效率很高，但不易想到，也不易理解。

1.4.1 时间复杂度为 $O(n^3)$ 的算法

最简单、最暴力的算法是枚举法，即一一罗列所有可能的连续子序列，从中找出和值最大的连续子序列，如代码清单 1-2 所示。maxSubsequenceSum(int a[], int size, int &start, int &end) 函数的输入参数为一个待查找的数组 a、数组的大小 size，输出参数是最大连续子序列的起始位置 start、最大连续子序列的终止位置 end，返回值为最大连续子序列的和 maxSum。程序的主体是一对用来遍历所有可能的连续子序列的循环。循环变量 i 控制连续子序列的起始位置，循环变量 j 控制连续子序列的终止位置。

对于每个可能的连续子序列，用一个循环变量为 k 的计数循环计算其和。如果当前连续子序列之和大于目前所遇到的最大连续子序列之和，则更新 maxSum、start 和 end 的值。结束循环后，返回 maxSum。

代码清单 1-2　最大连续子序列和的枚举算法

```
int maxSubsequenceSum(int a[], int size, int &start, int &end) {
  int maxSum = 0;  // 当前的最大连续子序列之和

  for (int i = 0; i < size; i++)  // 子序列的起始位置
    for (int j = i; j < size; j++) {  // 子序列的终止位置
      int thisSum = 0;
      for (int k = i; k <= j; k++)  // 求从i开始到j结束的序列之和
        thisSum += a[k];
      if (thisSum > maxSum) {  // 找到一个更好的序列
        maxSum = thisSum;
        start = i;
        end = j;
      }
    }
  return maxSum;
}
```

这个算法的实现原理非常简单。一个算法越简单，被正确编程的可能性就越大。然而，枚举法通常效率不够高，这个算法的时间复杂度是 $O(n^3)$。

根据求积定理可以看出，这个算法的运行时间完全由循环变量为 i 的 for 循环确定。如果输入的序列长度为 n，则该循环的循环体被运行 n 次。该循环的内层循环体也是一个 for 循环（循环变量为 j 的循环），被运行 $n-i$ 次。循环变量为 j 的 for 循环是一个复合语句，它由一个赋值语句、一个循环变量为 k 的循环语句和一个条件语句组成。根据求和定理，该循环体的时间复杂度为循环变量为 k 的循环语句的时间复杂度。根据规则 4，可得代码清单 1-2 的时间复杂度为 $\sum_{i=1}^{n}\sum_{j=1}^{n}\sum_{k=1}^{j}1=n(n+1)(n+2)/6$，属于 $O(n^3)$。

一个有 3 层嵌套循环的程序，每个循环的运行都有可能处理大部分数组元素，则该程序的时间复杂度为 $O(n^3)$。正是嵌套导致了组合爆炸，为了改进这个算法，需要删除一层循环。

1.4.2　时间复杂度为$O(n^2)$的算法

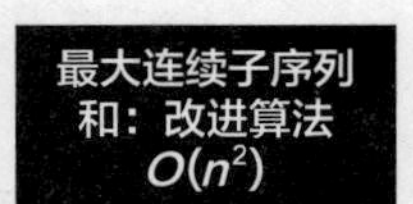

从嵌套循环算法中删除一层循环，通常可以减少算法的运行时间。那么，怎样删除一层循环呢？答案是，不一定总能删除。例如，代码清单 1-2 中的算法有一些不必要的计算。在计算第 i 到第 j+1 个元素的和时，算法用了一个循环。事实上，在上一次循环计算从第 i 到第 j 个元素的和时，已经得到了第 i 到第 j 个元素的连续子序列和。而 $\sum_{k=i}^{j}A_k=A_j+\sum_{k=i}^{j-1}A_k$，因此，只需要再做一次加法即可。利用这一结果，将代码清单 1-2 中最内层的循环用一个加法替代，就得到了代码清单 1-3 所示的改进算法。

代码清单 1-3　最大连续子序列和的 $O(n^2)$ 两重循环算法

```
int maxSubsequenceSum(int a[], int size, int &start, int &end) {
  int maxSum = 0;  // 已知的最大连续子序列之和
```

```
    for (int i = 0; i < size; i++) {      // 连续子序列的起始位置
      int thisSum = 0;                    // 从i开始的连续子序列之和
      for (int j = i; j < size; j++) {  // 连续子序列的终止位置
        thisSum += a[j];  // 计算从第i到第j个元素的连续子序列之和
        if (thisSum > maxSum) {
          maxSum = thisSum;
          start = i;
          end = j;
        }
      }
    }
    return maxSum;
  }
```

代码清单 1-3 所示的 $O(n^2)$ 算法有一个两重循环而不是三重循环，时间复杂度是 $O(n^2)$。

1.4.3 时间复杂度为$O(n\log n)$的算法

最大连续子序列和的问题还可以用分治法解决。假设输入的整数序列是 {4,−3,5,−2,−1,2,6,−2}，这个输入可以被划分成两部分，即前 4 个元素和后 4 个元素。这样使和值最大的连续子序列可能出现在下面 3 种情况中。

最大连续子序列和：改进算法 $O(n\log n)$

情况 1：使和值最大的连续子序列位于前半部分。

情况 2：使和值最大的连续子序列位于后半部分。

情况 3：使和值最大的连续子序列从前半部分开始但在后半部分结束。

这 3 种情况中，使和值最大的连续子序列就是本问题的解。

前两种情况下，只需要在前半部分或后半部分找最大连续子序列，这通过递归调用就可以解决。问题是第三种情况下怎么办？可以从前后两部分的边界开始，通过从右到左的扫描找到左半段的最大连续子序列；类似地，通过从左到右的扫描找到右半段的最大连续子序列。把这两个连续子序列组合起来，形成跨越中点的最大连续子序列。在上述输入的整数序列中，通过从右到左扫描得到左半段的最大连续子序列和是 4，包括前半部分的所有元素。从左到右扫描得到的右半段的最大连续子序列和是 7，包括 −1、2 和 6 这 3 个元素。因此，从前半部分开始但在后半部分结束的最大连续子序列和为 4+7=11，使和值最大的连续子序列是 {4,−3,5,−2,−1,2,6}。

总结一下，用分治法解决最大连续子序列和问题的算法包括 4 个步骤。

（1）递归地计算位于前半部分的最大连续子序列。

（2）递归地计算位于后半部分的最大连续子序列。

（3）通过循环查找以左半段某处为起点，以中点为终点的连续子序列和的最大值，以及以中点为起点，以右半段某个位置为终点的连续子序列和的最大值，计算从前半部分开始但在后半部分结束的最大连续子序列的和。

（4）选择上述 3 个步骤中得出的使和值最大的连续子序列，作为整个问题的解。

根据此算法，可编写代码清单 1-4 所示的程序。由于此方案采用了递归算法，所以函数包含控制递归的参数 left 和 right。这个函数原型与前文所用的原型不同，在实际应用时并不需要传入 left 和 right 的值，所以需要定义一个包裹函数。

代码清单 1-4　最大连续子序列和的 $O(n \log n)$ 递归算法

```
// 递归解决方案
int maxSum(int a[], int left, int right, int &start, int &end) {
  int maxLeft, maxRight, center;
  // maxLeft和maxRight分别为前半部分、后半部分的最大连续子序列和
  int leftSum = 0, rightSum = 0;  // 情况3中，左、右半段的连续子序列和
  int maxLeftTmp = 0,
      maxRightTmp = 0;  // 情况3中，左、右半段的最大连续子序列和
  int startL, startR, endL,
      endR;  // 前半部分、后半部分的最大连续子序列的起点和终点

  if (left == right) {  // 仅有一个元素，递归终止
    start = end = left;
    return a[left] > 0 ? a[left] : 0;
  }

  center = (left + right) / 2;
  // 找前半部分的最大连续子序列和
  maxLeft = maxSum(a, left, center, startL, endL);
  // 找后半部分的最大连续子序列和
  maxRight = maxSum(a, center + 1, right, startR, endR);

  // 找从前半部分开始但在后半部分结束的最大连续子序列
  start = center;
  for (int i = center; i >= left; --i) {
    leftSum += a[i];
    if (leftSum > maxLeftTmp) {
      maxLeftTmp = leftSum;
      start = i;
    }
  }
  end = center + 1;
  for (int i = center + 1; i <= right; ++i) {
    rightSum += a[i];
    if (rightSum > maxRightTmp) {
      maxRightTmp = rightSum;
      end = i;
    }
  }
  // 找3种情况中的最大连续子序列和
  if (maxLeft > maxRight)
    if (maxLeft > maxLeftTmp + maxRightTmp) {
      start = startL;
      end = endL;
      return maxLeft;
    } else
      return maxLeftTmp + maxRightTmp;
  else if (maxRight > maxLeftTmp + maxRightTmp) {
    start = startR;
    end = endR;
    return maxRight;
  } else
    return maxLeftTmp + maxRightTmp;
```

```
}
// 包裹函数
int maxSubsequenceSum(int a[], int size, int &start, int &end) {
  return maxSum(a, 0, size - 1, start, end);
}
```

代码清单 1-4 的时间复杂度是 $O(n \log n)$。递归函数的时间复杂度的计算较为复杂，本书将在 7.5.2 节和 7.6 节介绍递归函数时间复杂度的计算。

1.4.4 时间复杂度为$O(n)$的算法

最大连续子序列和问题的算法还可以继续优化。进一步观察代码清单 1-3 所示的两重循环算法，如果能再删除一个循环，就可以得到一个线性算法。然而，从代码清单 1-2 到代码清单 1-3 删除循环很简单，但要再删除另一个循环就不那么容易了。这个问题的关键在于平方级算法仍然是一种枚举法，也就是说，还是尝试了所有可能的子序列。平方级算法和立方级算法唯一的不同就是计算每个最大连续子序列和的时间复杂度是常量 $O(1)$ 而不是线性的 $O(n)$。因为序列具有平方数目的连续子序列数，所以得到一个线性算法的唯一方法就是找出一个聪明的方法排除对很多连续子序列的考虑，而不用真正计算所有连续子序列的和值。

我们可以通过分析来排除很多可能的连续子序列。如果一个连续子序列的和是负的，则它不可能是最大连续子序列的开始部分，因为可以通过不包含它得到一个连续子序列和值更大的连续子序列。例如，{−2,11,−4,13,−5,2} 的最大连续子序列不可能从 −2 开始，{1,−3,4,−2,−1,6} 的最大连续子序列不可能包含 {1,−3}。所有与最大连续子序列毗邻的连续子序列一定有负的和值或 0 和值。因此，在代码清单 1-5 中，当检测出一个负的连续子序列和时，不但可以从内层循环中跳出来，还可以让 i 直接增加到 j+1。例如，对于 {1,−3,4,−2,−1,6}，当检测序列 {1,−3} 后，发现连续子序列和是负值，则该子序列不可能包含在最大连续子序列中，接下来 i 就可以从 4 开始检测。使用这种方法，只需要顺序检查一遍序列中的元素。根据该思想实现的算法如代码清单 1-5 所示。

代码清单 1-5 最大连续子序列和的线性算法

```
int maxSubsequenceSum(int a[], int size, int &start, int &end) {
  int maxSum, starttmp, thisSum;
  start = end = maxSum = starttmp = thisSum = 0;
  for (int j = 0; j < size; ++j) {
    thisSum += a[j];
    if (thisSum <= 0) {  // 排除前面的连续子序列
      thisSum = 0;
      starttmp = j + 1;
    } else if (thisSum > maxSum) {  // 找到一个连续子序列和更大的连续子序列
      maxSum = thisSum;
      start = starttmp;
      end = j;
    }
  }
  return maxSum;
}
```

代码清单 1-5 只使用了一个最多重复 n 次的循环，显然这个算法的运行时间是线性的。这个循环体最多重复运行 n 次，而循环体中语句的运行次数是常数级的，与问题规模无关。因此时间复杂度是 $O(n)$。但与前面几个算法相比，这个算法读起来不那么方便，也就是说，牺牲了易读性换取了时间！

1.5　大型应用实现：火车票管理系统总览

本书将以 1.1 节介绍的火车票管理系统作为大型应用，贯穿全书所有章节，每章首先介绍数据结构的基本概念，然后讲解该大型应用中与该章数据结构内容相关的具体实现。

针对火车票管理系统的数据特点及管理要求，为每一类数据选择合适的数据结构，并采用面向对象的程序设计方法，把对每一类数据的管理封装成一个类，供应用系统使用。

根据 1.1 节火车票管理系统的需求分析（如图 1-1 所示）与系统构成（如图 1-2 所示），下面将以数据为中心描述火车票管理系统的类及其对应的数据结构与所属章节，按照数据的生成、使用与消亡过程依次介绍其管理类。

列车运行图类 RailwayGraph 管理整个列车运行计划所包含的运行线路图，提供站点可达性查询、途经站点查询和最优路线查询功能，这 3 种查询统称路线查询。列车运行图信息与列车运行计划的添加有关，如图 1-4 所示。该类涉及的并查集、图的存储与搜索、最短路径等内容将分别在第 5 章、第 9 章、第 10 章中介绍。

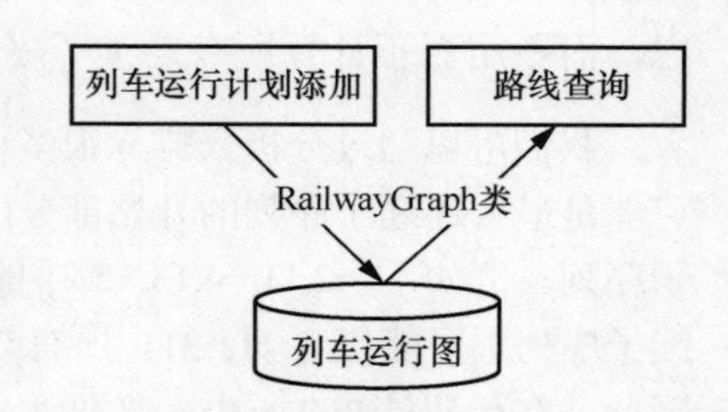

图 1-4　列车运行图类 RailwayGraph

列车运行计划管理类 TrainScheduler 管理所有列车的运行计划，包括车次号、额定乘员、途经站点、历时、票价等车次基本信息，提供列车运行计划的添加与查询功能。列车运行计划信息也与车票的发售与停售有关，如图 1-5 所示。该类涉及的线性表等内容将在第 2 章中介绍。

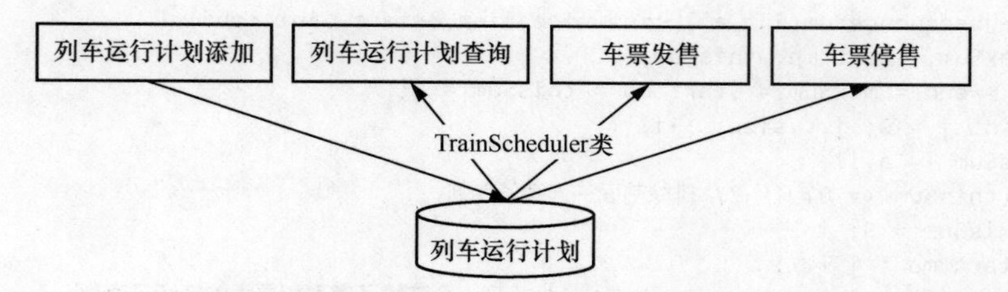

图 1-5　列车运行计划管理类 TrainScheduler

余票管理类 TicketManager 管理每一段线路的余票信息，提供车票发售与停售、购票、退票、余票查询功能，如图 1-6 所示。该类涉及的 B+ 树等内容将在第 8 章中介绍。

行程管理类 TripManager 管理所有旅客的行程，行程信息受到旅客购票和退票交易的影响。该类为每个旅客提供已购车票查询功能，如图 1-7 所示。该类涉及的 B+ 树等内容也将在第 8 章中介绍。

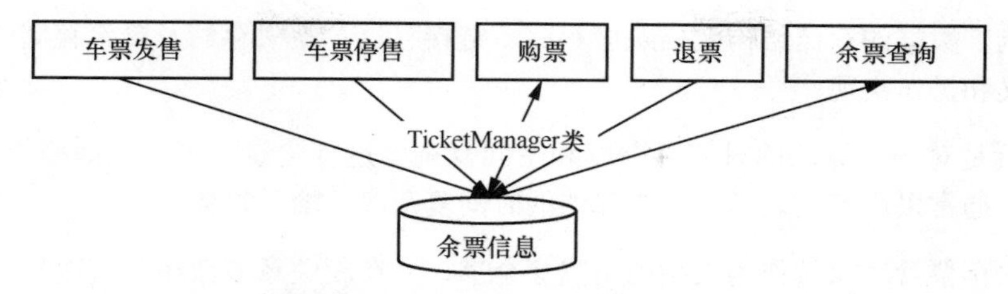

图 1-6 余票管理类 TicketManager

排队交易类 WaitingList 与 PrioritizedWaitingList 管理所有待交易车票的信息，处理普通或特殊旅客的排队购票及退票请求，如图 1-8 所示。该类涉及的队列与优先级队列等内容将分别在第 3 章、第 4 章中介绍。

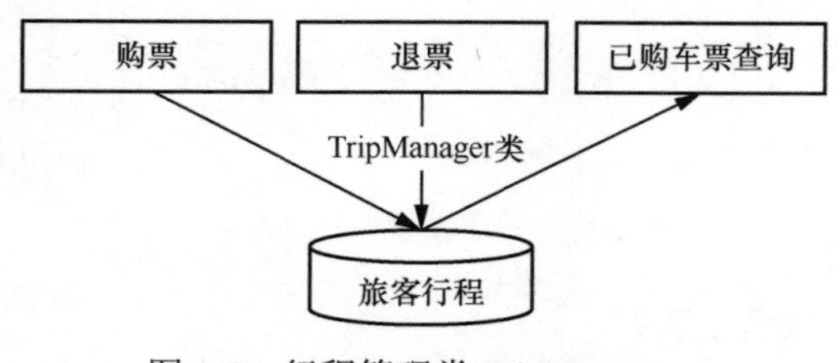

图 1-7 行程管理类 TripManager

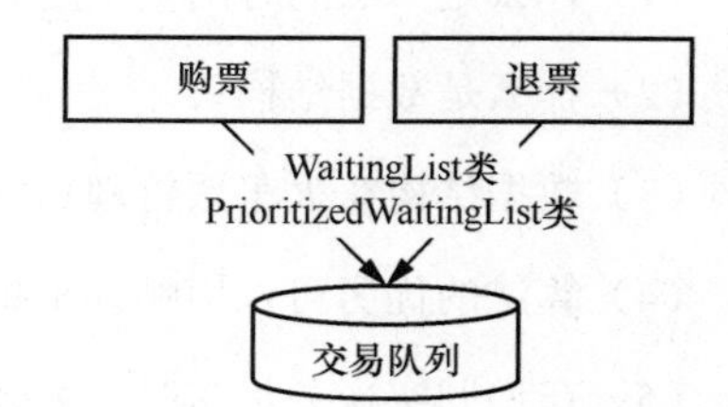

图 1-8 排队交易类 WaitingList 与 PrioritizedWaitingList

旅客管理类 UserManager 管理所有旅客的信息，提供旅客信息的查询、添加与修改功能，该类在旅客的购票和退票交易时将被用到，如图 1-9 所示。该类涉及的红黑树等内容将在第 6 章中介绍。

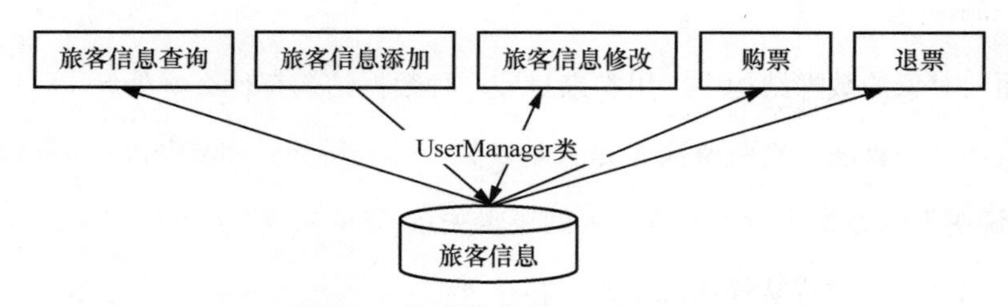

图 1-9 旅客管理类 UserManager

本节概述了火车票管理系统中列车运行图、列车运行计划管理、余票管理、行程管理、排队交易、旅客管理等 6 个类，后续章节将逐一详细讲解并用 C++ 语言实现。在学习过程中，读者可以尝试编译和运行书中的示例代码，以进一步探索和练习。有关环境配置和项目构建的更多信息详见附录 B。

1.6 小结

本章主要介绍了数据结构及算法分析两个重要概念。

数据结构是一组具有特定关系的同类数据元素的集合，其主要研究数据的逻辑结构、数据的存储结构，以及数据的操作定义和操作实现。数据的逻辑结构包括集合、线性结构、树形结构和图形结构。数据的存储结构包括顺序存储、链接存储、索引存储及哈希存储。数据的操作包括操作定义和操作实现。

算法分析是对一个算法的时间复杂度和空间复杂度进行定量分析，从而衡量算法的优劣。算法分析时，通常采用渐近表示法分析算法的时间复杂度的增长趋势。

本书将火车票管理系统作为大型应用贯穿全书，并在相关章节叙述其实现。

1.7　习题

（1）什么是算法的时间复杂度和空间复杂度？

（2）什么是数据结构？

（3）数据结构在火车票管理系统中起到什么作用？

（4）算法的优劣可以用哪几个指标衡量？

（5）在递归实现分治法时，为什么要定义包裹函数？

（6）设计一个函数，计算 $S=1-2+3-4+5-6+\cdots+(-1)^{n-1}\times n$ 的值，要求时间复杂度为 $O(1)$。

（7）给出下列代码时间复杂度的大 O 表示。

```
sum = 0;
for (i = 0; i < n; i++)
    for (j = 0; j < i; j++)
        sum++;
```

（8）在面向对象的数据结构中，用类来封装一种数据结构有什么好处？

（9）请设计一个算法，判断整数 N 是否是素数，并分析其时间复杂度的大 O 表示。

（10）试说明下列数据集合中数据元素的逻辑关系。

1）列车站点中排队等候上车的乘客。

2）公园里的游客。

3）某人通讯录中的人员。

（11）下列与计算机相关的技术中，数据元素的逻辑结构分别是什么？

1）面向对象程序设计中，通过单继承形成的所有类。

2）面向对象程序设计中，通过多继承形成的所有类。

3）计算机中的文件和文件夹。

第 2 章 线性表

线性结构是一种最基础的数据结构。线性结构中的每一个数据元素依次相连，每一个数据元素只有一个前驱和一个后继，所有数据元素被串成了一串。线性表是处理线性关系的数据结构，在使用过程中可以增加、删除数据元素。本章主要介绍线性表的定义、实现和简单应用，并利用线性表实现了火车票管理系统的列车运行计划管理类。

2.1 问题引入

火车票管理系统中，列车运行计划信息是最重要的组成部分之一。对每个车次来说，它的运行计划包含途经的站点、到达时间、离开时间等信息。想象一下，你坐高铁从上海去北京，沿途会经过苏州北站和南京南站等多个站点，这些站点由高铁线路连成一个有序的序列。

查询京沪高铁某车次线路图，可以得出该车次从上海到北京的高铁途经（部分）站点信息如图 2-1 所示。

StationInfo
{
StationID:
“上海虹桥”
……
}
	StationInfo
	{
	StationID:
	“苏州北”
	……
	}
		StationInfo
		{
		StationID:
		“南京南”
		……
		}
			StationInfo
			{
			StationID:
			“徐州东”
			……
			}
				StationInfo
				{
				StationID:
				“廊坊”
				……
				}
					……	StationInfo
						{
						StationID:
						“北京南”
						……
						}

图 2-1 某车次从上海到北京的高铁途经（部分）站点信息

设计火车票管理系统的列车运行计划类时，对每条线路途经的站点进行管理是其中的重要功能之一。如果暂时忽略其他列车运行信息，只从途经站点的角度考虑，站点管理需要提供以下功能：

- 增加、插入或删除一个途经站点；
- 查询列车是否经过某一指定站点；
- 按途经的次序输出站点信息。

在列车运行计划中，每条线路的所有途经站点正好排成了一个有头有尾的有序序列。这种有序关系称为线性结构，处理线性结构的数据结构称作线性表。

2.2　线性表的定义

线性表的定义

线性结构是由一组数据元素构成的数据结构，这些数据元素之间存在顺序关系。在计算机中，处理线性结构的数据结构称作“线性表”，线性表就像一个可以插入或删除数据元素的队伍，能够方便、快捷、高效地管理和操作数据。图 2-1 中的站点信息就是一个线性表。

根据火车票管理系统的功能需求，采用面向对象设计，可以用抽象类描述对应的操作要求。线性表的抽象类的定义如代码清单 2-1 所示。

代码清单 2-1　线性表的抽象类的定义

```
template <class elemType>
class list {
 public:
  virtual void clear() = 0;  // 清空线性表
  virtual int length() const = 0;  // 获取线性表的长度，即元素个数
  virtual void insert(int i, const elemType &x) = 0;
  // 在第i个位置插入一个元素x
  virtual void remove(int i) = 0;  // 删除第i个元素
  virtual int search(const elemType &x) const = 0;
  // 搜索元素x是否在线性表中出现
  virtual elemType visit(int i) const = 0;  // 访问线性表第i个元素
  virtual void traverse() const = 0;  // 遍历线性表
  virtual ~list(){};
};
```

线性表的抽象类是一个类模板，模板参数是线性表中数据元素的类型，在列车运行计划中就是 StationInfo。线性表的每一个基本操作都被定义为一个纯虚函数。除此之外，抽象类 list 还定义了一个函数体为空的虚析构函数，以防内存泄漏。

如无特殊说明，本书中的示例总会先给出一个模板抽象类，采用纯虚函数声明这一数据结构的功能与调用接口，再由派生类给定数据结构的具体实现。

2.3　线性表的实现

线性表共有两种实现方式：顺序实现与链接实现。

2.3.1　线性表的顺序实现

线性表最简单的实现方式是顺序实现，顺序实现的线性表称作顺序表。

线性表的顺序实现是将线性表的数据元素存放在一块连续的空间（即数组）中，用存放位置反映数据元素之间的关系，将第 i 个元素放在数组的下标为 i 的位置上（从 0 开始计数），这样在物理位置上相邻的元素在逻辑结构中也是相邻的。例如，在火车票管理系统中查询某次从上海虹桥站到北京南站的列车，只需要遍历数组，就可以按照先后次序列出站点列表。

若想知道从上海虹桥站出发的第三个站点，则查询上海虹桥站元素后的第三个元素即可；若想知道北京南站的前一个站点，则查询北京南站元素的前一个元素即可；若想知道南京南站的前后站点，则分别查询南京南站元素的前一个元素与后一个元素。因此，顺序存储非常适合访问指定位置的数据元素，或访问某一指定数据元素的直接前驱或直接后继，即某一站的前一站或后一站。

顺序表类中最主要的成员是一个数组。然而细心的读者经过思考后会发现，在类中定义静态数组（即数组的长度是固定的）会带来一些问题：每个线性表的长度是不一样的，而且线性表必须支持插入或删除操作，会引起表长变化。顺序表实现时，存储数据的数组的规模无法固定，因此通常采用动态数组。

从上海到北京的某车次途经站点的顺序存储结构如图 2-2 所示。

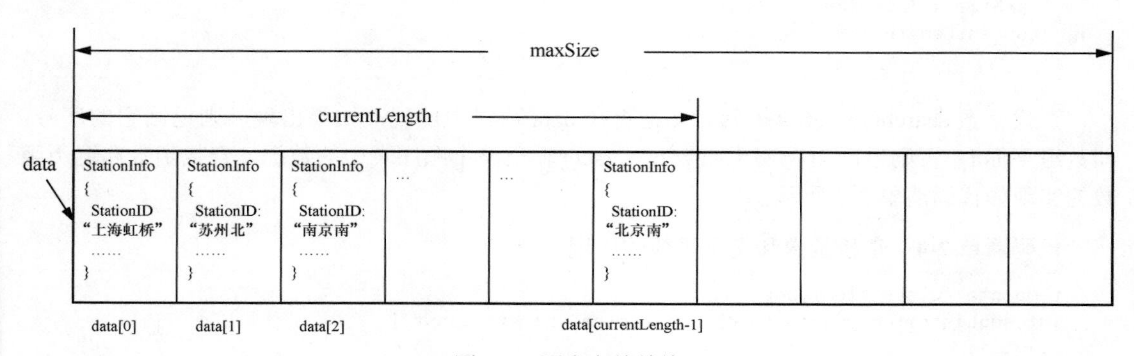

图 2-2 顺序存储结构

顺序表类的数据成员包括动态数组 data、顺序表的长度 currentLength、动态数组的最大长度 maxSize。动态数组空间不够用时，也需要实现自动扩容功能，即在 currentLength 达到 maxSize 时，将数组 data 的空间翻倍，并将原来的数据移动到新数组中，这是由私有成员函数 doubleSpace() 实现的。顺序表类的公有成员函数继承了线性表抽象类，和线性表的定义完全一致。代码清单 2-2 给出了顺序表类的定义。

代码清单 2-2 顺序表类的定义

```
class seqList : public list<elemType> {
 private:
  elemType *data;
  int currentLength;
  int maxSize;
  void doubleSpace();

 public:
  seqList(int initSize = 10);
  ~seqList() { delete[] data; }  // 释放动态数组的空间
  void clear() { currentLength = 0; }
  int length() const { return currentLength; }
  void insert(int i, const elemType &x);
  void remove(int i);
  int search(const elemType &x) const;
  elemType visit(int i) const { return data[i]; }
```

```
    void traverse() const;
};
```

顺序表类 2：成员函数的实现

构造函数创建一个大小为 initSize 的动态数组，申请空间用于存储线性表中的元素，并设置 currentLength 为 0。在创建空顺序表时，用户应该根据应用特点估计数组的初始规模 initSize，作为构造函数的参数。构造函数的实现如代码清单 2-3 所示。

代码清单 2-3　顺序表类的构造函数的实现

```
template <class elemType>
seqList<elemType>::seqList(int initSize) {
  data = new elemType[initSize];
  maxSize = initSize;
  currentLength = 0;
}
```

查找函数 search() 用来查找元素 x 是否在 data 数组中出现，如果出现，则返回它的序号，即数组下标 i，否则返回 -1。遍历函数 traverse() 输出整个顺序表中的数据。查找函数和遍历函数的实现如代码清单 2-4 所示。

代码清单 2-4　查找函数和遍历函数的实现

```
template <class elemType>
int seqList<elemType>::search(const elemType &x) const {
  int i;
  // 使用for循环逐位搜索data[i]是否等于x
  for (i = 0; i < currentLength && data[i] != x; ++i);
  if (i == currentLength)
    return -1;
  else
    return i;
}

template <class elemType>
void seqList<elemType>::traverse() const {
  for (int i = 0; i < currentLength; ++i) cout << data[i] << ' ';
  cout << endl;
}
```

在顺序表类中，插入与删除操作是比较麻烦的。由于顺序表采用的是顺序存储，物理次序和逻辑次序必须保持一致，因此要在第 i 个位置插入一个元素 x，必须将第 i 个元素到最后一个元素全部后移一个位置，把 x 存放在第 i 个位置，然后将表长加 1。注意，后移时应从末尾开始移动，即将 a_{n-1} 移到数组的第 n 个位置，将 a_{n-2} 移到数组的第 n−1 个位置，以此类推，直到将 a_i 移到数组的第 i+1 个位置。插入元素的过程如图 2-3 所示。

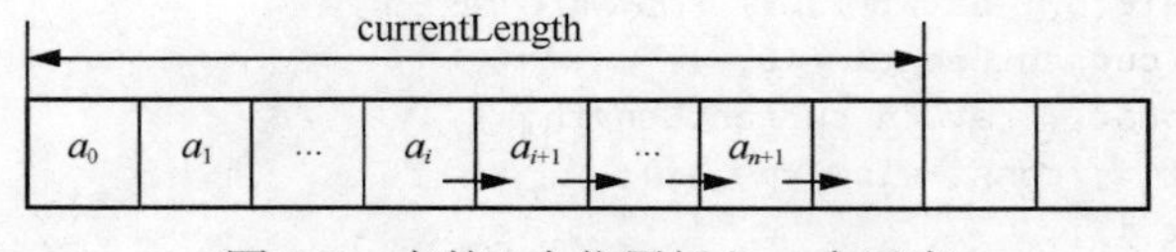

图 2-3　在第 i 个位置插入一个元素

由于插入操作会增加表的长度，最终可能导致数组无空余空间，此时需要调用顺序表的自动扩容功能 doubleSpace()。如何扩大数组的空间？由于数组空间在内存中必须是连续的，因此，扩大数组空间时必须重新申请一个更大规模的动态数组，将原有数组的内容复制到新数组中，再释放原有空间。

在顺序表中删除一个元素的操作与插入操作正好相反，必须将所删除元素 a_i 后面所有元素前移一个位置，然后将 currentLength 减 1。与后移过程相反，前移时应先将 a_{i+1} 移到数组的第 i 个位置，然后将 a_{i+2} 移到数组的第 i+1 个位置，以此类推，直到将 a_{n-1} 移到数组的第 n−2 个位置。删除元素的过程如图 2-4 所示。

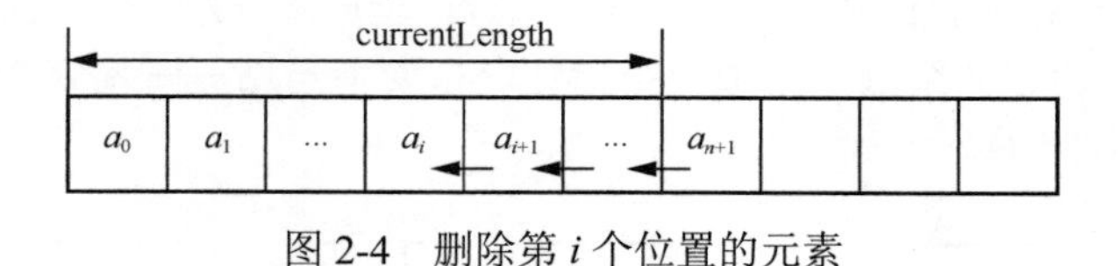

图 2-4　删除第 i 个位置的元素

插入、删除和自动扩容函数的实现如代码清单 2-5 所示。

代码清单 2-5　插入、删除和自动扩容函数的实现

```
// 在第i个位置插入元素x
template <class elemType>
void seqList<elemType>::insert(int i, const elemType &x) {
  // 如果当前表长已经达到了申请空间的上限，则必须执行扩大数组空间的操作
  if (currentLength == maxSize) doubleSpace();

  // 将第i个元素到最后一个元素全部后移一个位置
  for (int j = currentLength; j > i; j--) data[j] = data[j - 1];
  data[i] = x;
  ++currentLength;
}

// 自动扩容函数doubleSpace()
template <class elemType>
void seqList<elemType>::doubleSpace() {
  elemType *tmp = data;
  maxSize *= 2;
  data = new elemType[maxSize];  // 申请容量翻倍的新空间
  for (int i = 0; i < currentLength; ++i)
    data[i] = tmp[i];  // 将数据从旧空间复制到新空间
  delete[] tmp;  // 回收旧空间
}

// 删除第i个位置的元素
template <class elemType>
void seqList<elemType>::remove(int i) {
  // 将第i+1个元素到最后一个元素全部前移一个位置
  for (int j = i; j < currentLength - 1; j++) data[j] = data[j + 1];
  --currentLength;
}
```

2.3.2　线性表的链接实现

顺序表用物理位置邻接表示逻辑关系邻接的特性有以下两个显著的缺点。

- 插入和删除数据时，必须移动大量的数据元素。

- 必须预先为线性表准备存储空间。当表长小于数组规模时，部分空间被闲置浪费。当表长超过数据规模时，将需要扩容。

为了避免顺序表的缺点，可以采用链接的方式存储线性表。通常将采用链接方式存储的线性表称为链接表（也叫链表）。在实现中，线性表的链接存储将每个数据元素存放在一个独立的存储单元（结点）中，并在这个结点中附加指向邻接结点的地址指针。访问任意一个数据元素后，就可以通过指向邻接结点的指针寻找下一个结点。以从上海到北京的某车次途经站点为例，只需要在上海虹桥站的存储结点中附加一个指针，指向下一站——苏州北站；再在苏州北站的存储结点中附加一个指针，指向下一站——南京南站；以此类推，如图 2-5 所示。

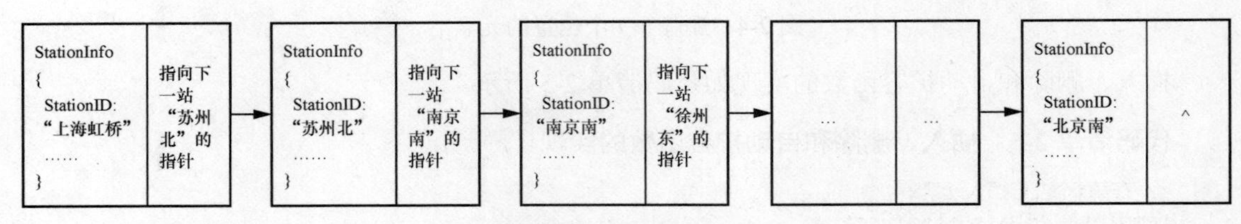

图 2-5　链接存储结构

链接表不需要事先定义空间，一般采用动态存储的方法，即插入一个元素时申请一个结点的空间，删除一个元素时释放一个结点的空间。插入元素时动态申请结点空间并链接到表中，删除元素时释放结点空间，因此不会造成空间的闲置，且对相邻结点的修改只涉及对邻接结点指针的修改，不会引起大量数据的移动。

线性表的链接存储中，如果每个结点只存储指向直接后继结点的指针，则称为单链表。如果每个结点既存储指向直接后继的指针，又存储指向直接前驱的指针，则称为双链表。代码清单 2-6 用单链表实现了链接表，读者可以思考如何在此基础上实现双链表。在单链表实现中，首先定义了一个内嵌类 node，由于用户并不需要关心数据结构的底层设计，因此将 node 定义为私有的。node 类的数据成员 data 用于保存数据元素，next 用于保存指向下一个结点的指针。单链表就是将 node 类的对象依次用 next 指针相连，通过该指针实现对后继结点的依次访问。在单链表中，head 保存了指向头结点的指针，头结点是一个不带数据元素的结点（称为“哑结点”），只是为了记录一个“入口指针”。和顺序表一样，currentLength 保存了链接表中现有数据元素的数量。链接表的公有函数和顺序表一致，都继承了线性表的抽象类。单链表类的定义如代码清单 2-6 所示。

代码清单 2-6　单链表类的定义

```
template <class elemType>
class sLinkList : public list<elemType> {
 private:
  struct node {
    elemType data;
    node *next;
    node(const elemType &x, node *n = nullptr) {
      data = x;
      next = n;
    }
    node() : next(nullptr) {}
    ~node(){};
```

```
    };
    node *head;
    int currentLength;
    node *find(int i) const;

  public:
    sLinkList() {
      head = new node;  // 申请头结点
      currentLength = 0;
    }
    ~sLinkList() {
      clear();
      delete head;  // 删除头结点
    }
    void clear();
    int length() const { return currentLength; }
    void insert(int i, const elemType &x);
    void remove(int i);
    int search(const elemType &x) const;
    elemType visit(int i) const;
    void traverse() const;
};
```

私有函数 find() 用于查找存储第 i 个数据元素的结点的地址。链接表中的查找比较复杂，若要查找存储第 i 个数据元素的结点的地址，需要从头结点开始，沿着 next 指针链往后移动 i 次，并返回指向该结点的指针。有了 find() 函数，visit() 函数只需要调用 find() 函数得到指向第 i 个结点的指针，返回该结点的数据。search() 和 traverse() 函数的实现与 find() 函数类似，不再赘述。这 4 个函数的实现如代码清单 2-7 所示。

代码清单 2-7　单链表类的 find()、search()、visit() 和 traverse() 函数的实现

```
// 返回第i个结点的地址
template <class elemType>
typename sLinkList<elemType>::node *sLinkList<elemType>::find(int i) const {
  node *p = head;
  while (i-- >= 0) p = p->next;
  return p;
}
template <class elemType>
int sLinkList<elemType>::search(const elemType &x) const {
  node *p = head->next;
  int i = 0;
  while (p != nullptr && p->data != x) {
    p = p->next;
    ++i;
  }
  if (p == nullptr)
    return -1;
  else
    return i;
}
```

```
template <class elemType>
elemType sLinkList<elemType>::visit(int i) const {
  return find(i)->data;  // 找到第i个结点的地址，访问其中的data
}

template <class elemType>
void sLinkList<elemType>::traverse() const {
  node *p = head->next;
  while (p != nullptr) {
    cout << p->data << "  ";
    p = p->next;
  }
  cout << endl;
}
```

单链表类 3：insert()、remove() 和 clear() 函数的实现

与顺序表相比，链接表的插入和删除操作更简单，只需要修改目标位置前一结点的 next 指针即可。插入时，首先找到待插入位置的前一个结点地址的 pos，即调用 find(i-1)，新结点的 next 指针指向 pos 指向的结点的下一个结点，将 pos 指向的结点的 next 指针指向新结点，如图 2-6（a）所示。删除时，同样先找到第 i–1 个结点，将它的 next 指针指向待删除结点的下一个结点，然后释放待删除结点的空间，如图 2-6（b）所示。代码清单 2-8 给出了 insert()、remove() 和 clear() 函数的实现。其中，clear() 函数的实现比较简单，读者可自己通过读代码理解。

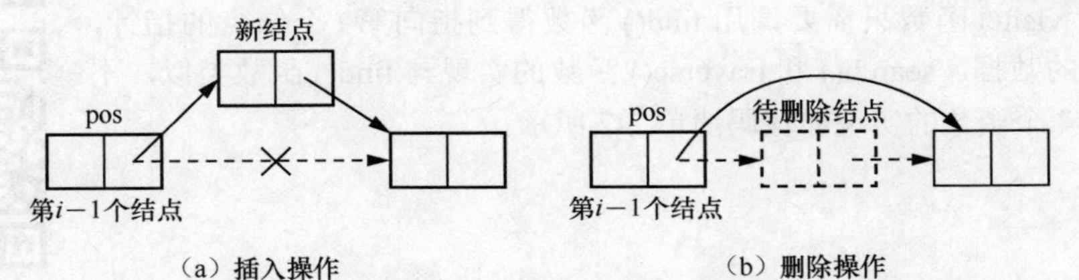

（a）插入操作　　（b）删除操作

图 2-6　单链表的插入和删除操作示意图

代码清单 2-8　单链表类的 insert()、remove() 和 clear() 函数的实现

```
template <class elemType>
void sLinkList<elemType>::insert(int i, const elemType &x) {
  node *pos;
  pos = find(i - 1);  // 找到指向第i-1个结点的指针
  // 将第i-1个结点的后继指针指向新结点，新结点指向原来的第i个结点
  pos->next = new node(x, pos->next);
  ++currentLength;
}

template <class elemType>
void sLinkList<elemType>::remove(int i) {
  node *pos, *delp;
  pos = find(i - 1);          // 找到前一个结点的地址
  delp = pos->next;            // 找到要删除的结点
  pos->next = delp->next;  // 把前一个结点的指针指向delp的后一个结点
  delete delp;
  --currentLength;
}
```

```
// 按序删除头结点以外的所有真的包含元素的结点
template <class elemType>
void sLinkList<elemType>::clear() {
  node *p = head->next, *q;
  head->next = nullptr;
  while (p != nullptr) {
    q = p->next;
    delete p;
    p = q;
  }
  currentLength = 0;
}
```

至此已经完成了线性表的两种实现：顺序实现与链接实现。读者可以在理解上述代码的基础上，自己动手尝试实现双链表。2.4 节将展示线性表的两个简单应用。

2.4 线性表的简单应用

本节将介绍线性表的两个简单应用：大整数处理与多项式求和。

2.4.1 大整数处理

每种程序设计语言都提供了一个整型类型（如 C++ 的 int 类型），用于处理整型数。C++ 规定了 int 类型在内存中占用的空间，实现了对整型数的操作。但由于 int 类型占用的内存空间是固定的，因而只能表示一部分整型数。例如，当 int 类型占用 4 字节时，表示范围为 $-2^{31} \sim +2^{31}-1$。为了处理任意大的整数，下面设计一个大整数类 LongLongInt，并实现两个大整数的加减法。

大整数类 1：类的定义

一个整数可以看成一个字符序列。例如整数 1342 可以看成由 '1'、'3'、'4'、'2' 这 4 个元素组成的有序序列，即这 4 个元素组成了一个线性表，表元素的类型是字符。线性表有两种存储方式：顺序存储和链接存储。顺序存储适用于不常执行插入和删除操作的线性表，而链接存储适用于插入和删除操作较为频繁的线性表。由于不会对整型数执行在某个位置插入一个数字或删除一个数字的操作，所以选择顺序存储。定义一个字符串 num 保存整数各个位置的数字，即大整数的绝对值。考虑到整数的运算都是从个位数开始的，为此把大整数按逆序存储（如 1342 被存储为 2431）。由于整数（这里指大整数）可分为正整数和负整数，所以需要增加一个保存正负符号的数据成员 sign。

LongLongInt 类提供如下 4 个功能：创建大整数对象、对两个大整数做加法、对两个大整数做减法与输出大整数对象，对应的成员函数为构造函数、加法运算符重载函数、减法运算符重载函数和流输出运算符重载函数。由于 LongLongInt 类含有一个指针的数据成员，所以还必须增加拷贝构造函数、赋值运算符重载函数和析构函数，其中析构函数最简单，释放指针数据成员 num 的空间即可，可直接在类定义中实现。加法运算符重载函数、减法运算符重载函数和流输出运算符重载函数为友元函数。这里还引入了 3 个辅助函数。add() 函数实现用两个字符串 s1 和 s2 表示的正整数相加。sub() 函数支持两个正整数相减，且被减数必须大于或等于减数。ngreater() 函数实现两个正整数的大小比较，当 s1 大于 s2 时返回 true，否则返回 false。

代码清单 2-9 给出了大整数类 LongLongInt 的定义。

代码清单 2-9　大整数类 LongLongInt 的定义

```
class LongLongInt {
  friend LongLongInt operator+(const LongLongInt &, const LongLongInt &);
  friend LongLongInt operator-(const LongLongInt &, const LongLongInt &);
  friend ostream &operator<<(ostream &, const LongLongInt &);

 private:
  char sign;
  char *num;

 public:
  LongLongInt(const char *n = "");
  LongLongInt(const LongLongInt &);
  LongLongInt &operator=(const LongLongInt &);
  ~LongLongInt() { delete num; }
};

bool ngreater(const char *s1, const char *s2);
char *add(const char *s1, const char *s2);
char *sub(const char *s1, const char *s2);
```

LongLongInt 类中构造函数和拷贝构造函数的实现如代码清单 2-10 所示。构造函数有一个字符串类型参数 n，表示要处理的大整数。构造函数先判断大整数的正负符号，存入 sign；然后根据大整数数字部分的长度为数据成员 num 申请空间，将 n 中的数字部分存储到 num 中。读者可能会想到使用 C++ 语言标准库中的字符串复制函数 strcpy() 实现数字部分的复制，但要注意，由于 n 和 num 中表示的数字是逆序的，所以无法直接使用 strcpy() 函数。拷贝构造函数将参数 other 的 sign 赋给当前对象，根据 other 的 num 的长度为当前正在构造的对象的数据成员 num 申请空间，并将 other 的 num 的内容复制到当前正在构造的对象的 num 中。

大整数类 2：构造、赋值和输出的实现

代码清单 2-10　LongLongInt 类的构造函数和拷贝构造函数的实现

```
LongLongInt::LongLongInt(const char *n) {
  const char *tmp;  // 保存参数n的绝对值
  // 处理正负符号位
  switch (n[0]) {
    case '+':
      sign = '+';
      tmp = n + 1;
      break;
    case '-':
      sign = '-';
      tmp = n + 1;
      break;
    default:
      sign = '+';
      tmp = n;
  }
  if (strcmp(tmp, "0") == 0) tmp = "";
  int len = strlen(tmp);
  num = new char[len + 1];
```

```
    for (int i = 0; i < len; ++i) num[len - i - 1] = tmp[i];
    num[len] = '\0';
  }

  LongLongInt::LongLongInt(const LongLongInt &other) {
    sign = other.sign;
    num = new char[strlen(other.num) + 1];
    strcpy(num, other.num);
  }
```

LongLongInt 类中赋值运算符重载函数的实现比较简单，如代码清单 2-11 所示。首先检查 right 是否是当前对象，如果是则不用赋值，直接返回；否则先释放被复制对象的空间，根据 right 中保存的 num 成员重新申请适当大小的空间，将 right 中的 num 复制到当前对象，并复制正负符号。

代码清单 2-11 LongLongInt 类的赋值运算符重载函数的实现

```
LongLongInt &LongLongInt::operator=(const LongLongInt &right) {
  if (this == &right) return *this;
  delete num;
  sign = right.sign;
  num = new char[strlen(right.num) + 1];
  strcpy(num, right.num);
  return *this;
}
```

流输出运算符重载函数的实现如代码清单 2-12 所示。流输出运算符重载函数先输出正负符号位，再输出数字。输出数字时要注意两点：一是由于 num 中保存的数字是逆序的，所以输出时要从字符串的最后一个数字开始，往前依次输出每一个字符；二是存在一个特殊情况，num 是一个空串，这时保存的数字应该是 0。

代码清单 2-12 LongLongInt 类的流输出运算符重载函数的实现

```
ostream &operator<<(ostream &os, const LongLongInt &obj) {
  if (strlen(obj.num) == 0)
    os << 0;
  else {
    os << obj.sign;
    for (int i = strlen(obj.num) - 1; i >= 0; --i)
      os << obj.num[i];
  }
  return os;
}
```

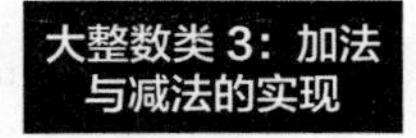

LongLongInt 类的对象可以执行加法和减法运算，分别对应加法运算符重载函数与减法运算符重载函数。由于正负符号的存在，直接实现大整数的加减非常复杂，这里抽取 3 个辅助函数：add()、sub() 和 ngreater()。add() 函数实现两个大整数数字部分的相加；sub() 函数实现两个大整数数字部分的相减，且调用时保证使用较大的数字减去较小的数字；ngreater() 函数实现两个大整数数字部分的大小比较。

实现加法运算符重载函数与减法运算符重载函数时，只需要分情况调用以上 3 个辅助函数即可。加法操作有以下两种情况。

- 两个大整数同号：调用 add() 函数，结果值的正负符号与任一大整数的正负符号相同。
- 两个大整数不同号：先调用 ngreater() 函数，比较两个大整数数字部分的大小，再调用 sub() 函数，用绝对值大的数字减去绝对值小的数字，结果值的正负符号与绝对值大的数字的正负符号相同。

减法操作则可以通过加法实现，例如，a−b 就是 a+(−b)。

LongLongInt 类的加法运算符重载函数、减法运算符重载函数，以及 add()、sub() 和 ngreater() 函数的实现如代码清单 2-13 所示。

add() 函数模拟手工加法的过程，从个位开始将对应位及上一位的进位相加。相加的过程可以分成两个阶段：第一阶段，两个数字的对应位都存在；第二阶段，两个数字的对应位已相加完毕，仅剩余较大数字的高位待处理。add() 函数先分别找出两个数字的长度，将较小的数字的长度存入 minLen。结果值的长度可能比较大的数字的长度多 1 位（因为可能有进位），把这个可能的长度存入变量 len，为 num 申请存储空间。第一阶段，从个位数（即第 0 位）开始到第 minLen−1 位，将两个数字的对应位相加，再加上上一位的进位。判断结果值是否超过 10，如果超过就需要处理进位。第二阶段，处理较大数字剩余的每一位的进位。add() 函数最后会判断最后一位有没有进位。

sub() 函数模拟手工减法的过程，从个位开始做对应位的减法。相减的过程可以分成 3 个阶段：第一阶段，两个数字的对应位都存在；第二阶段，两个数字的对应位已相减完毕，仅剩余较大数字的高位待处理；第三阶段，删除结果值中的高位 0。sub() 函数首先分别找出两个数字的长度，按被减数的位数为保存结果的变量 tmp 申请存储空间，因为结果值的长度不可能比被减数长。第一阶段，从个位数开始到减数的最高位，将两个数字的对应位相减，再减去上一位的借位。判断结果值是否小于 10，如果小于，则必须向前一位借位，于是置 minus 为 1，当前位的值加 10。第二阶段，处理被减数的剩余位，检查是否曾被借位并处理借位。第三阶段，压缩高位 0。例如，对 1234−1222 执行上述过程将得到 0012。在日常表示中，前面的 00 不需要出现。

ngreater() 函数比较两个数字的绝对值。比较两个数字谁更大时，可以先比较两个字符串的长度，较长的数字一定较大。如果长度相等，则从高位到低位比较对应位，直到能分出大小。

代码清单 2-13　LongLongInt 类的加法运算符重载函数、减法运算符重载函数，以及 add()、sub() 和 ngreater() 函数的实现

```
// +/-运算符的重载
LongLongInt operator+(const LongLongInt &n1, const LongLongInt &n2) {
  LongLongInt n;  // 存储加的结果值
  delete n.num;
  if (n1.sign == n2.sign) {
    n.sign = n1.sign;
    n.num = add(n1.num, n2.num);
  } else if (ngreater(n1.num, n2.num)) {
    n.sign = n1.sign;
    n.num = sub(n1.num, n2.num);
  } else {
    n.sign = n2.sign;
    n.num = sub(n2.num, n1.num);
  }
```

```
    return n;
  }

  LongLongInt operator-(const LongLongInt &n1, const LongLongInt &n2) {
    // 复制被减数n2至新大整数对象n，翻转n的正负符号并将n作为被加数
    LongLongInt n(n2);
    if (n.sign == '+')
      n.sign = '-';
    else
      n.sign = '+';
    return n1 + n;
  }

  char *add(const char *s1, const char *s2) {
    int len1 = strlen(s1), len2 = strlen(s2);
    int minLen = (len1 > len2 ? len2 : len1);
    int len = (len1 > len2 ? len1 : len2) + 1;
    int carry = 0, result;                 // carry：进位
    char *num = new char[len + 1];         // 保存运算结果值
    int i = 0;
    for (;i < minLen; ++i) {               // 两个加数对应的位都存在
      result = s1[i] - '0' + s2[i] - '0' + carry;
      num[i] = result % 10 + '0';
      carry = result / 10;
    }

    while (i < len1) {  // n2结束
      result = s1[i] - '0' + carry;
      num[i] = result % 10 + '0';
      carry = result / 10;
      ++i;
    }

    while (i < len2) {  // n1结束
      result = s2[i] - '0' + carry;
      num[i] = result % 10 + '0';
      carry = result / 10;
      ++i;
    }

    if (carry != 0) num[i++] = carry + '0';  // 处理最后的进位
    num[i] = '\0';
    return num;
  }

  char *sub(const char *s1, const char *s2) {
    char *zero = new char[1];
    zero[0] = '\0';
    if (!strcmp(s1, s2)) return zero; // 两个数字相同，结果值为0
    int len1 = strlen(s1), len2 = strlen(s2);
    int minus = 0;                       // 借位
    char *tmp = new char[len1 + 1];      // 存储运算结果值
    int i = 0;
    for (;i < len2; ++i) {               // 两个数字对应的位都存在
      tmp[i] = s1[i] - s2[i] - minus;
      if (tmp[i] < 0) {
        tmp[i] += 10;
        minus = 1;
      } else
        minus = 0;
```

```
    tmp[i] += '0';  // 替换成字符
  }

  while (i < len1) {  // 处理n1剩余的位数
    tmp[i] = s1[i] - '0' - minus;
    if (tmp[i] < 0) {
      tmp[i] += 10;
      minus = 1;
    } else
      minus = 0;
    tmp[i] += '0';
    ++i;
  }

  do {  // 压缩运算结果值中的高位0
    --i;
  } while (i >= 0 && tmp[i] == '0');
  tmp[i + 1] = '\0';
  return tmp;
}

bool ngreater(const char *s1, const char *s2) {
  int len1 = strlen(s1), len2 = strlen(s2);
  if (len1 > len2)
    return true;  // 位数多者较大
  else if (len1 < len2)
    return false;
  for (int i = len1 - 1; i >= 0; --i) {
    // 位数相同，从高位到低位依次比较每一位
    if (s1[i] > s2[i])
      return true;
    else if (s1[i] < s2[i])
      return false;
  }
  return false;
}
```

感兴趣的读者可以自行运行并测试大整数类的实现，其测试代码参见电子资料仓库中的 textcode/chapter2/LongLongIntTest.cpp。

2.4.2　多项式求和

多项式是计算机经常处理的对象。多项式求和是一个常见的简单应用。多项式可以表示成一个线性表。例如，$x^5+2x^4+5x^2+1$ 可表示为 {(1,5), (2,4), (5,2), (1,0)}，每个二元组表示多项式中的一项，其中第一个数值是系数，第二个数值是指数。多项式线性表的顺序按指数从大到小排列。多项式线性表可以用顺序表存储，也可以用链接表存储，本例采用带头结点的单链表存储。为了方便求和操作，与 LongLongInt 类类似，将这些数据元素按逆序存储。一个指向多项式最低次项结点的头结点指针足以代表一个多项式对象，因此本应用中不封装多项式类，由用户直接对多项式单链表进行操作。该单链表的结点 Node 由 3 部分组成：系数、指数和 next 指针。例如，多项式 $x^5+2x^4+5x^2+1$ 的单链表表示如图 2-7 所示。

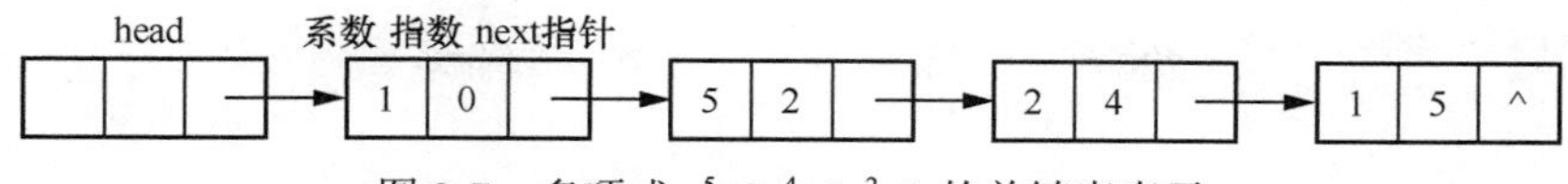

图 2-7 多项式 $x^5+2x^4+5x^2+1$ 的单链表表示

add() 函数实现两个多项式的加法，其原型为

Node *add(Node *exp1, Node *exp2);

其中，exp1 和 exp2 分别是两个被加的多项式，返回值是加的结果值。

两个多项式相加需要从头到尾遍历两个单链表，假设指向两个正被访问的结点的指针是 exp1 和 exp2，对这两个结点可以分成以下 3 种情况进行处理。

- exp1 和 exp2 指向的结点的指数相同，则将两个结点的系数相加。如果结果值不为 0，则用相加后的系数及相应的指数生成一个结点，添加到存储结果值的单链表的表尾，exp1 和 exp2 向后移动一个结点。
- exp1 指向的结点的指数较小，则生成一个与 exp1 指向的结点完全相同的结点，添加到存储结果值的单链表的表尾，exp1 向后移动一个位置。
- exp2 指向的结点的指数较小，则生成一个与 exp2 指向的结点完全相同的结点，添加到存储结果值的单链表的表尾，exp2 向后移动一个位置。

当某个单链表遍历结束后，将另一个遍历尚未结束的单链表的剩余元素添加到存储结果值的单链表表尾。按照上述过程，多项式单链表的结点类 Node 的定义和功能函数 add() 的实现如代码清单 2-14 所示。

代码清单 2-14 多项式单链表的结点类 Node 的定义和功能函数 add() 的实现

```
class Node {  // 多项式单链表的结点类定义
 public:
  int coff, exp;  // coff保存系数，exp保存指数
  Node *next;

  Node() { next = nullptr; }
  Node(int n1, int n2, Node *p = nullptr)
      : coff(n1), exp(n2), next(p) {}
};

Node *add(Node *exp1, Node *exp2) {
  Node *res, *p, *tmp;
  // res是保存加的结果值的单链表，p指向res的表尾结点
  res = p = new Node();  // 为存储结果值的单链表申请头结点
  exp1 = exp1->next;
  exp2 = exp2->next;
  while (exp1 != nullptr && exp2 != nullptr) {  // 归并两个单链表
    if (exp1->exp < exp2->exp) {  // 直接复制表达式1的项
      p=p->next = new Node(exp1->coff, exp1->exp);
      exp1 = exp1->next;
    } else if (exp1->exp > exp2->exp) {  // 直接复制表达式2的项
      p=p->next = new Node(exp2->coff, exp2->exp);
      exp2 = exp2->next;
    } else if (exp1->coff + exp2->coff != 0) {
      // 归并两个表达式的同次项
      p=p->next = new Node(exp1->coff + exp2->coff, exp2->exp);
```

```
            exp1 = exp1->next;
            exp2 = exp2->next;
        }
    }

    // 将遍历尚未结束的表达式并入结果表达式
    if (exp1 == nullptr)
        tmp = exp2;
    else
        tmp = exp1;
    while (tmp != nullptr) {
        p->next = new Node(tmp->coff, tmp->exp);
        tmp = tmp->next;
        p = p->next;
    }
    return res;
}
```

感兴趣的读者可以自行运行并测试，其测试代码参见电子资料仓库中的 textcode/chapter2/multinomialTest.cpp。

2.5 大型应用实现：列车运行计划管理类

火车票管理系统的一个重要功能是列车运行计划管理，这是由列车运行计划管理类完成的。

在火车票管理系统中，列车的运行计划是管理员与旅客共同关心的关键信息：列车什么时候发车，历经多长时间，途经哪些站点，以及两个站点间的票价等。有了这些信息，管理员才能指导车票的发售和停售，而旅客也能查询路线。因此，本大型应用将列车运行计划信息作为整个火车票管理系统的基础数据之一。而管理员作为列车运行计划的录入员，本应用也需要为他们提供列车运行计划信息的添加、修改和查询等基本功能。

本节引入列车运行计划管理类 TrainScheduler，每列列车的运行计划是一个 TrainScheduler 类的实例，对类中数据成员的修改、查询等操作即为管理员对列车运行计划的信息维护操作。列车运行计划管理类的功能如图 1-5 所示。

为了管理列车运行计划，需要先明确列车运行计划包含哪些信息。在本应用中，选取的信息包括车次号、额定乘员、途经站点、历时与票价。车次号是一趟列车的代号与标志；额定乘员是列车可以乘坐的最大人数，与车票发售密切相关；途经站点是列车从始发站到终点站经过的一组站点（含始发站和终点站）；列车运行计划中还需要存储相邻两个站点之间的历时与票价信息，这样若途经 n 个站点，需要存储的历时与票价信息的长度为 $n-1$，而非相邻站点的历时与票价信息可以通过分段求和得到。

根据上述分析，列车运行计划管理类的数据成员列举如下。途经站点、历时与票价这 3 组信息都是有序的线性信息，正是本章介绍的线性表数据结构的用武之地，将这 3 个线性表作为 TrainScheduler 类的数据成员。将车次号 trainID 的数据类型定义为 TrainID，本系统中的 TrainID 类型需要存储的是字符串。注意，本系统中使用定长数组实现一个自定义 String 类取代 char 数组与 std::string，这一设计与外存储有关，8.6 节将详细介绍为何需要采用这一设计。该自定义 String 类的使用方法与 std::string 几乎完全一致，应当不会对读者的阅读造成太大的困扰。将途经站点 stations 线性表元素的数据类型定义为 StationID，本系统中的 StationID 类型等同于整型（int），即存储的是站点的编号。以上两种数据类型在 code/TrainScheduler/Utils.h 中定义，感兴趣的读者可以自行查阅，书中仅聚焦于功能类的实现思路，不再赘述辅助数据结构的细节。

经过对业务逻辑的分析可以知道，对一个车次途经的站点需要进行如下操作：

- 在列车运行计划的最后添加一个途经站点；
- 在列车运行计划的指定位置插入一个途经站点；
- 在列车运行计划的指定位置删除该途经站点；
- 查询该列车是否经过某一指定站点；
- 输出完整的列车途经站点列表。

对于剩下的两组信息——历时与票价，读者可以参考以上内容，思考如何使用线性表的接口为管理员提供增删查的功能。TrainScheduler 类的定义与实现如代码清单 2-15 所示。

代码清单 2-15　TrainScheduler 类的定义与实现

```
class TrainScheduler {
 private:
  TrainID trainID;                // 车次号
  int seatNum;                    // 额定乘员
  seqList<StationID> stations;   // 途经站点的线性表
  seqList<int> duration;          // 每一段历时的线性表
  seqList<int> price;             // 每一段票价的线性表
 public:
  TrainScheduler();
  ~TrainScheduler();
  void addStation(const StationID &station);
  void insertStation(int i, const StationID &station);
  void removeStation(int i);
  int findStation(const StationID &station);
  void traverseStation();

  void setTrainID(const TrainID &id);
  void setSeatNumber(int seatNum);
  void setPrice(int price[]);
  void setDuration(int duration[]);

  TrainID getTrainID() const;
  int getSeatNum() const;
  void getStations(seqList<StationID> *stations) const;
  void getDuration(seqList<int> *duration) const;
  void getPrice(seqList<int> *price) const;
  StationID getStation(int i) const;
  int getDuration(int i) const;
  int getPrice(int i) const;
};

void TrainScheduler::addStation(const StationID &station) {
  stations.insert(stations.length(), station);
}
```

```
void TrainScheduler::insertStation(int i, const StationID &station) {
  stations.insert(i, station);
}

void TrainScheduler::removeStation(int i) { stations.remove(i); }

int TrainScheduler::findStation(const StationID &station) {
  return stations.search(station);
}

void TrainScheduler::traverseStation() {
  for (int i = 0; i < stations.length(); i++) {
    std::cout << stations.visit(i) << " ";
  }
  std::cout << std::endl;
}
```

途经站点线性表管理相关功能的成员函数列举如下。函数 addStation(const StationID &station) 实现添加一个途经站点，即在途经站点线性表的最后添加一项。insertStation(int i, const StationID &station) 和 removeStation(int i) 函数实现在指定位置插入或删除途经站点，而线性表的 insert() 和 remove() 函数已经直接实现了这两个功能。在函数 findStation(const StationID &station) 中，给定站点编号即可查询某一站点是否在该列车运行计划中，若找到，则返回该站点是第几站；若没有找到，则返回 -1。traverseStation() 函数实现输出完整的列车途经站点列表。为了方便实现，遍历线性表的全部元素编号后，将其输出到 stdout 中，以空格隔开，以换行符作为结尾。构造函数与析构函数不需要进行特别的操作。

为了类代码的整洁与逻辑代码调用的方便，对历时与票价等信息的设置，本系统中统一简化为一个以 set 开头的函数，将数组作为传入参数。注意，业务逻辑需要保证设定历时与票价后不再插入或删除站点，请读者思考这一业务逻辑的原因。读者可以对这 3 个线性表编写完整的增删查改接口，并编写恰当的逻辑代码进行调用（见 2.7 节习题（7））。

同理，查询功能接口函数也被简化为以 get 开头的函数，本书在此不赘述，感兴趣的读者可以自行查阅电子资料仓库中的 code/TrainScheduler/TrainScheduler.h 文件及对应的 .cpp 文件。电子资料仓库的 trainsys 目录下是火车票管理系统这一大型应用的完整代码，其中的 TrainScheduler 类与本书稍有不同，例如不再使用封装好的 seqList 顺序表类、不再提供 traverseStation 功能等，8.6 节将阐明原因。

2.6 小结

线性结构是最基础的数据结构，处理线性结构的数据结构称作线性表。本章介绍了线性表的两种实现方式——顺序表与链接表，并使用线性表实现了火车票管理系统的数据类：列车运行计划管理类 TrainScheduler。封装后的线性表被广泛使用，例如使用 C++ STL 库中的 vector<int> 代替需要手动管理内存的 int[]。然而，在实际应用中，线性表除了管理线性的数据，有时也对数据的访问、处理有新的限定与需求。在接下来的两章中，将继续探索使用场景更为特定且更加有趣的其他线性表。

2.7 习题

（1）线性表的抽象类中为什么要定义一个虚析构函数？

（2）线性表的单链表实现中，添加一个头结点有什么好处？

（3）请为单链表类增加一个构造函数，其传入参数为一个顺序表。

（4）请用双链表实现线性表类。

（5）思考顺序存储和链接存储的插入、删除、查找等操作的时间复杂度。

（6）2.5 节的列车运行计划管理类 TrainScheduler 中存储了 3 个线性表，分别存储了一组途经站点、一组历时、一组票价的信息，线性表长度分别为 n、$n-1$、$n-1$。

1）请编写一个 TrainScheduler 类的成员函数 getPriceByStationID()，函数参数为旅客的出发站与到达站（即两个 StationID 类型的变量），返回一个整型的值，即整段旅程中旅客需要支付的票价。

2）习题 1）中的 getPriceByStationID() 函数的时间复杂度与空间复杂度分别为（　　）。

A. $O(n), O(n)$　　B. $O(n), O(1)$

C. $O(1), O(1)$　　D. $O(n), O(n^2)$

3）以下给出 TrainScheduler 类的另一种数据成员设计：对于某车次的列车运行计划，若共经过 n 个站点，挑选其中任意个途经站点，计算其票价并存储。请思考在这种情况下，应当使用何种数据结构存储票价信息？再次完成习题 1）中的 getPriceByStationID() 函数，参数与返回值同习题 1)。（提示：可以考虑使用二维数组，第一维度代表出发站的编号，第二维代表到达站的编号。）

4）习题 3）中的 getPriceByStationID() 函数的时间复杂度与空间复杂度分别为（　　）。

A. $O(n), O(n)$　　B. $O(1), O(1)$

C. $O(1), O(n^2)$　　D. $O(n), O(n^2)$

（7）2.5 节的列车运行计划管理类 TrainScheduler 中，业务逻辑需要保证先调用站点相关的增删改函数，再进行历时与票价线性表的设置。而由于没有提供历时与票价的单点插入、删除等接口，在导入历时与票价数组后，再次调用与站点相关的功能将造成 3 个线性表的错位与混乱。请修改并完善列车运行计划管理类中途经站点、历时、票价 3 个线性表的增删改接口，并编写恰当的逻辑代码进行调用。

（8）请完成 2.5 节的列车运行计划管理类 TrainScheduler 的 getDuration() 和 getPrice() 函数，思考为何使用传入参数指针的方式返回，而不是使用值返回。

第3章

队列与栈

本章介绍两种特殊的线性结构——队列与栈。队列是最常用的数据结构之一，所有排队场景都是一个队列，记录访问顺序时也经常用到队列。栈也是一种常用的数据结构，递归函数的运行过程、算术表达式的处理过程都会用到栈。本章将介绍队列和栈这两种数据结构的定义、实现和简单应用，并给出火车票管理系统排队交易类 WaitingList 的实现。

3.1　问题引入

在火车票管理系统中，普通的线性表就能满足途经站点信息等线性数据的处理需求。然而在很多场景下，数据关系和数据操作的不同对数据结构的处理提出了新的要求，需要使用具有特定功能的数据结构。

本章将为火车票管理系统添加新的功能：车票交易子系统中处理排队购票与退票的功能。火车票开售后，旅客提交的购票或退票申请形成了一个排队队列，等待火车票管理系统依次处理。与普通线性表类似，旅客的购票信息是一条一条记录的，可以按照次序在计算机中进行线性管理。与普通线性管理的不同之处在于，排队交易时总是遵循先来先服务的原则，新增购票或退票信息总是在表的末尾，且优先满足表头旅客的需求。这就需要一种具有特定功能的线性表，提供如下功能：

- 增加一位旅客的购票或退票订单，排在队伍末尾；
- 查看队头旅客的购票或退票订单，判断是否能满足该旅客的需求；
- 队头旅客的购票或退票订单处理完毕后，将此条记录从队头移出。

从排队交易功能出发，本章将引入两种新的数据结构：队列与栈。

3.2　队列

在日常生活中，我们常常遇到排队的情况，排队入场、排队取餐、排队购票，这个排队的过程就是队列的操作。

3.2.1 队列的定义

队列（queue）是一种特殊的线性表，其遵循先进先出（First In First Out，FIFO）的原则。队列有两个关键位置：队尾和队头。队尾是允许执行插入操作的位置，而队头是允许执行删除操作的位置。刚开始时，队列是空的，没有任何元素。例如，在超市购物时，需要结账的顾客加入队列的队尾，也就是新插入的元素成为队尾元素。一个顾客结完账就离开了，排在最前面的顾客就可以开始结账，该顾客就是当前队头元素。这种方式保证了先来的顾客先离开队列，体现了先进先出的原则。队列不允许“插队”，因此不允许在队尾以外的其他地方插入元素，也不允许删除其他位置的元素。队列中排队的人数称为队列的长度，当队列中没有顾客时，称为空队列。

这种先进先出的特性使得队列非常适合用来管理需要按照顺序处理的任务，例如打印机的打印任务、消息传递系统中的消息处理任务等。

队列的基本操作有以下 5 个。

- 创建队列。create()（在本书中用构造函数替代）：创建一个空队列。
- 入队。enQueue(x)：将元素 x 插入队尾，使之成为队尾元素。
- 出队。deQueue()：删除队头元素并返回队头元素值。
- 读取队头元素。getHead()：返回队头元素值。
- 判队列空。isEmpty()：若队列为空，返回 true，否则返回 false。

根据队列的基本操作，可以给出代码清单 3-1 所示的队列抽象类的定义。

代码清单 3-1 队列抽象类的定义

```
template <class elemType>
class queue {
 public:
  virtual void enQueue(const elemType &x) = 0;     // 入队
  virtual elemType deQueue() = 0;                  // 出队
  virtual elemType getHead() const = 0;            // 读取队头元素
  virtual bool isEmpty() const = 0;                // 判队列空
  virtual ~queue() {}                              // 虚析构函数
};
```

3.2.2 队列的顺序实现

与顺序表类似，队列的顺序实现也是用数组这一连续的空间来存储队列的元素。顺序表中的任何元素都可能被删除，后续元素需要依次向前移动（补位）。顺序表也可能在某位置插入元素，后续元素需要依次向后移动（挪位）。与顺序表不同，队列的插入和删除操作是固定在队尾与队头进行的，这就产生了一种提升效率的朴素想法：不移动元素本身的位置，而是记录队头、队尾的位置。但这样做会导致空间浪费与空间不够用等新的问题。因此，在队列的顺序实现中，队头、队尾的设置是很值得讨论的，它将对队列的性能产生影响。

1. 情况 1：队头位置固定

假设将队头位置固定在数组两端中的任意一端，如下标小的那一端，即队头永远在数组中下标为 0 的地方，用一个变量（如 rear）指出队尾位置。在这种情况下，存储一个队列需要 3 个变量：指向数组起始位置的指针变量 elem、数组规模 maxSize、队尾位置 rear。通常 rear 可以指向存放队尾元素的位置，也可以指向队尾元素的后一个位置，表示将要入队的元素的存放位置。当元素 *a*、*b*、*c*、*d*、*e*、*f* 依次入队后，数组中存储的元素如图 3-1 所示，此处 rear 指向存放队尾元素的位置。当队列为空时，rear=−1。

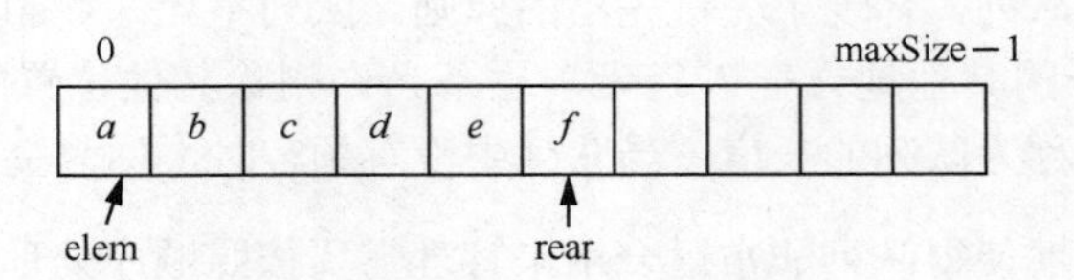

图 3-1　队头位置固定的队列

队头位置固定的顺序实现方式中，入队操作将 rear 加 1，然后将入队元素放入 rear 指向的位置。读取队头元素操作只需要返回下标为 0 的元素值。判队列空操作可以检查 rear 的值，当 rear 的值为 −1 时，表示队列为空。完成这 3 个操作所需要的时间与队列中的元素个数完全无关，时间复杂度都是 $O(1)$。

队头位置固定的顺序实现方式中，出队操作比较麻烦。当队头元素出队时，后面所有元素都要向前移动，时间复杂度是 $O(n)$。因此，一般不采取这种方式存储队列。

2. 情况 2：队头位置不固定

假设队头位置不固定，即队列元素存放的内存位置不变，设置一个表示队头位置的指针保存队头元素的前一位置，让该指针在有元素出队时向后移动。元素一旦入队，队列元素的存放位置不变，而队头位置在变化。在这种情况下，存储一个队列时还需要增加一个变量，即队头位置 front。front 指向队头元素位置的前一位置。当队列为空时，front 和 rear 都等于 −1。当元素 *a*、*b*、*c*、*d*、*e*、*f* 依次入队后，数组中存储的元素如图 3-2 所示。

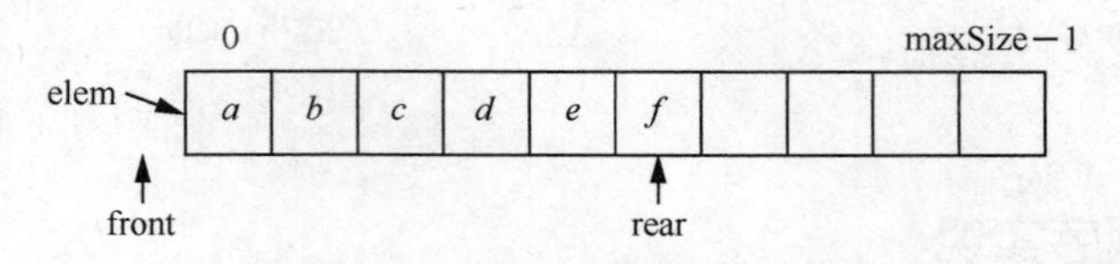

图 3-2　队头位置不固定的队列

队头位置不固定的顺序实现方式中，所有基本操作的实现都非常简单。入队操作将 rear 加 1，然后将入队元素放入 rear 指向的位置。读取队头元素操作只需要返回下标为 front+1 的元素值。判队列空操作可以检查 rear 的值，当 rear 值为 −1 时，表示队列为空。出队操作只需要将 front 加 1，并返回 front 指向位置所存储的元素值。完成这些操作所需要的时间与队列中的元素个数完全无关，时间复杂度都是 $O(1)$。在图 3-2 所示的队列中执行一次出队操作后，队列情况如图 3-3 所示。注意，元素 *a* 出队后，物理上仍然留存在数组中。这种实现方式相当于永久空置已经出队的元素位置，大大浪费了存储空间。

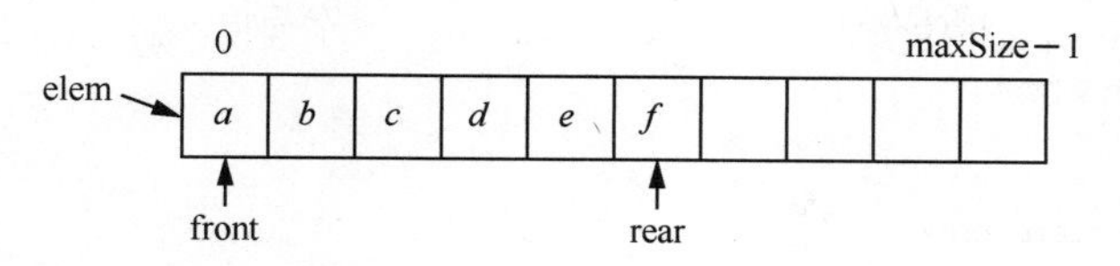

图 3-3 出队操作后的队列情况

3. 情况 3：循环队列

为了解决情况 2 中浪费空间的问题，可以将数组的头尾看成相连的，重用出队元素的位置。初始时，将 front 和 rear 都置 0，表示队列为空。可以把循环队列存储在有 maxSize 个单元的连续空间中，如图 3-4 所示，图中阴影部分存储队列中的元素，其余是闲置空间。循环队列是队列顺序存储最常用的方案，本节选择此方案作为顺序队列的存储方案。

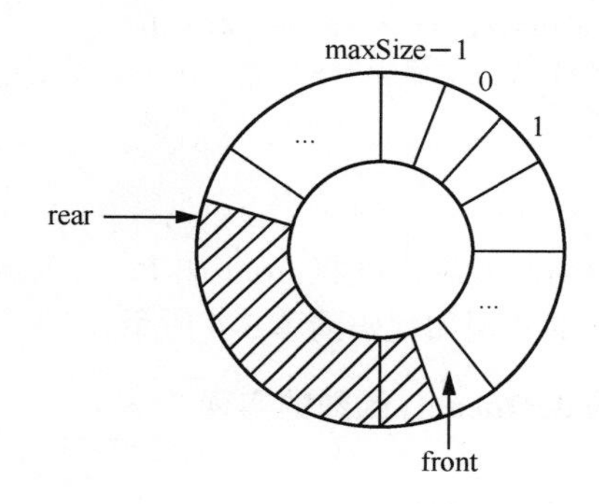

图 3-4 循环队列

循环队列类的定义，以及构造函数和析构函数的实现如代码清单 3-2 所示。

代码清单 3-2 循环队列类的定义，以及构造函数和析构函数的实现

```
template <class elemType>
class seqQueue : public queue<elemType> {
 private:
  elemType *elem;
  int maxSize;
  int front, rear;
  void doubleSpace();
  bool isFull() const;

 public:
  seqQueue(int size = 10);
  ~seqQueue();
  void enQueue(const elemType &x);
  elemType deQueue();
  elemType getHead() const;
  bool isEmpty() const;
};

template <class elemType>
seqQueue<elemType>::seqQueue(int size) {
  elem = new elemType[size];
```

```
    maxSize = size;
    front = rear = 0;
  }

  template <class elemType>
  seqQueue<elemType>::~seqQueue() {
    delete[] elem;
  }
```

在循环队列类的实现中，入队操作首先检查是否队满，这是由私有函数 isFull() 完成的。如果队列已满，则调用私有函数 doubleSpace() 扩容；否则，只需要将尾指针 rear 加 1，并通过取模运算确保 rear 的值始终在合法范围内（即 0 ～ maxSize−1）循环。将入队元素放入 rear 指向的位置。入队函数 enQueue() 的实现如代码清单 3-3 所示。

代码清单 3-3　循环队列类的 enQueue() 函数的实现

```
template <class elemType>
void seqQueue<elemType>::enQueue(const elemType &x) {
  if (isFull()) doubleSpace();
  rear = (rear + 1) % maxSize;
  elem[rear] = x;
}
```

出队操作只需要返回 front 指向的元素，并将 front 加 1。与入队操作类似，用取模运算实现头尾相连。出队函数 deQueue() 的实现如代码清单 3-4 所示。

代码清单 3-4　循环队列类的 deQueue() 函数的实现

```
template <class elemType>
elemType seqQueue<elemType>::deQueue() {
  front = (front + 1) % maxSize;
  return elem[front];
}
```

获取队头元素的函数只需要返回 front 指向的位置后面的一个元素即可。读取队头元素操作函数 getHead() 的实现如代码清单 3-5 所示。

代码清单 3-5　循环队列类的 getHead() 函数的实现

```
template <class elemType>
elemType seqQueue<elemType>::getHead() const {
  return elem[(front + 1) % maxSize];
}
```

接下来要解决的问题是如何确定队列为空和队列已满。创建一个队列时，可以将 front 和 rear 都设为 0，表示空队列。但经过多次的入队和出队操作后，front 和 rear 都不为 0，此时如何判断队列为空？当队列中只有一个数据元素时，rear 和 front 相邻，rear 在 front 后面，如图 3-5（a）所示。此时若执行出队操作，则 front 顺时针移动至与 rear 重叠，因此队列为空时 rear 与 front 相等，如图 3-5（b）所示。再看一看队列将满的情况，数据元素入队前，数组中只剩下一个空单元，就是 front 指向的单元，如图 3-5（c）所示。此时若执行入队操作，则 rear 顺时针移动一个单元，与 front 重叠。由此可见，在队列为空和队列已满时，front 和 rear 都相同，无法区分这两种情况。

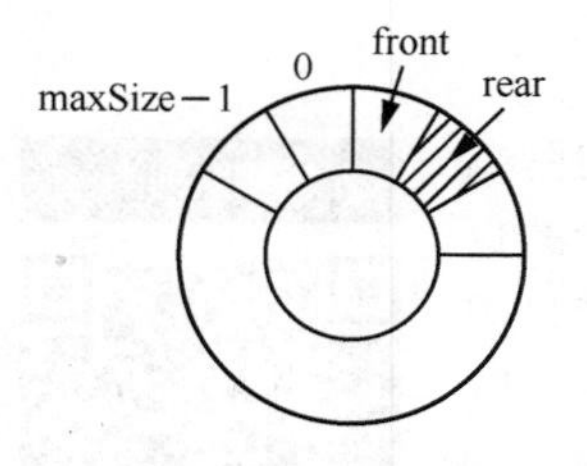

（a）队列中只有一个元素，rear在front后面

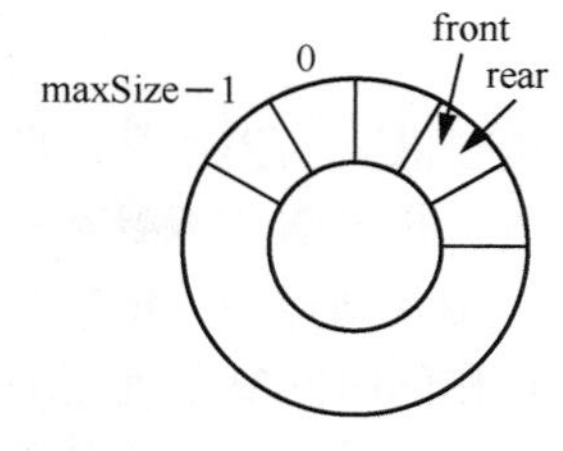

（b）队列中唯一一个元素出队，队列为空，rear = = front

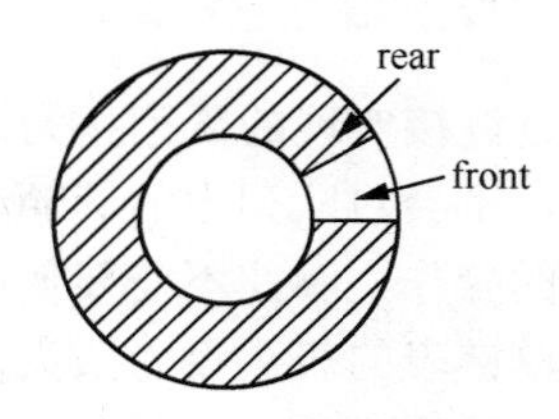

（c）采用常规设计时，队列将满，只剩下一个空单元，即front指向的单元；采用“牺牲”一个单元的设计时，队列已满，因为rear顺时针后移一个单元以后会与front重合

图 3-5 队列中只有一个元素、队列为空、队列将满和队列已满的情况

通常采用“牺牲”一个单元的设计解决这个问题，即规定 front 指向的单元不能存储队列元素，只起到标志作用，该单元的下一个单元用于存储队头元素。这一设计不影响队列为空的分析，因此队列为空的条件是 front==rear，即队头追上了队尾，如图 3-5（b）所示。而队列中已经存储了 maxSize−1 个元素后，无法再向队列中插入一个新的数据元素，因为 rear 顺时针移动一个单元以后会与 front 重合。在这种设计下，图 3-5（c）则变成了队列已满的情况，其条件是 (rear + 1) % maxSize == front。引入 isEmpty() 函数检查队列是否为空，引入 isFull() 函数检查队列是否已满。isFull() 是一个私有函数，它不会被用户调用，只用于入队操作前检查是否需要扩容。isEmpty() 和 isFull() 函数的实现如代码清单 3-6 所示。

代码清单 3-6 循环队列类的 isEmpty() 和 isFull() 函数的实现

```
template <class elemType>
bool seqQueue<elemType>::isEmpty() const {
  return front == rear;
}
template <class elemType>
bool seqQueue<elemType>::isFull() const {
  return (rear + 1) % maxSize == front;
}
```

如果数组空间已满，则需要扩大数组空间，doubleSpace() 函数可以将数组的空间扩大一倍，并将队列元素逐个复制到新数组中。注意，队列元素在新数组中也应该被连续存储，最方便的做法就是将它们存储在新数组的前半段。doubleSpace() 函数的实现如代码清单 3-7 所示。

代码清单 3-7 循环队列类的 doubleSpace() 函数的实现

```
template <class elemType>
void seqQueue<elemType>::doubleSpace() {
  elemType *tmp = elem;
  elem = new elemType[2 * maxSize];
  for (int i = 1; i < maxSize; ++i) {
    elem[i] = tmp[(front + i) % maxSize];
  }
  front = 0;
  rear = maxSize - 1;
  maxSize *= 2;
  delete[] tmp;
}
```

至此，我们用数组实现了循环队列。

3.2.3 队列的链接实现

通过链接实现的队列称为链接队列。由于队列的操作是在队列的两端进行的，不会对队列中的其他元素进行操作，也不需要查找某一元素的直接前驱的操作，因此不需要使用双链表，不带头结点的单链表足以满足需求。将单链表的表头设为队头，这样出队操作的时间复杂度是 $O(1)$。入队操作只在队尾进行，为了免去遍历单链表才能在队尾添加元素的麻烦，可以给单链表添加一个尾指针，指向队尾元素。这样，无论是入队操作还是出队操作都非常简单和高效。

链接队列类的定义，以及构造函数和析构函数的实现如代码清单 3-8 所示。

代码清单 3-8　链接队列类的定义，以及构造函数和析构函数的实现

```
template <class elemType>
class linkQueue : public queue<elemType> {
 private:
  struct node {
    elemType data;
    node *next;
    node(const elemType &x, node *N = nullptr) {
      data = x;
      next = N;
    }
    node() : next(nullptr) {}
    ~node() {}
  };
  node *front, *rear;

 public:
  linkQueue();
  ~linkQueue();
  void enQueue(const elemType &x);
  elemType deQueue();
  elemType getHead() const;
  bool isEmpty() const;
};

template <class elemType>
linkQueue<elemType>::linkQueue() {
  front = rear = nullptr;
}

template <class elemType>
linkQueue<elemType>::~linkQueue() {
  node *tmp;
  while (front != nullptr) {
    tmp = front;
    front = front->next;
    delete tmp;
  }
}
```

链接队列的 4 个操作的实现思想如下。

- enQueue(x) 操作创建一个新的存储元素 x 的结点，插入单链表的表尾。
- deQueue() 操作删除单链表的表头结点，并返回该结点的元素值。注意，deQueue() 操作有一个特殊情况，如果执行 deQueue() 操作时队列中只有一个元素，经过 deQueue() 操作后队列为空，此时必须将 front 和 rear 同时置成 nullptr。
- getHead() 操作返回 front 指向的结点的元素值。
- isEmpty() 操作判断队列是否为空。此时单链表中没有结点，front 和 rear 都为 nullptr，因此 isEmpty() 检查 front 或 rear 的值。若 front 或 rear 为空指针，则返回 true，否则返回 false。

链接队列类的 enQueue()、deQueue()、getHead() 和 isEmpty() 函数的实现如代码清单 3-9 所示。

代码清单 3-9 链接队列类的 enQueue()、deQueue()、getHead() 和 isEmpty() 函数的实现

```
template <class elemType>
void linkQueue<elemType>::enQueue(const elemType &x) {
  if (rear == nullptr)  // 入队前为空队列
    front = rear = new node(x);
  else
    rear = rear->next = new node(x);
}

template <class elemType>
elemType linkQueue<elemType>::deQueue() {
  node *tmp = front;
  elemType value = front->data;

  front = front->next;
  if (front == nullptr) rear = nullptr;  // 出队后为空队列
  delete tmp;
  return value;
}

template <class elemType>
elemType linkQueue<elemType>::getHead() const {
  return front->data;
}

template <class elemType>
bool linkQueue<elemType>::isEmpty() const {
  return front == nullptr;
}
```

3.2.4 队列的简单应用：排队洗衣

宿舍楼一共有 2 台洗衣机，同学们需要排队使用，遵循先到先得的原则。每个同学的衣服数量不一样，花费的时间也不一样。前一个同学的衣服洗完之后，排在当前第一个的同学就可以使用空出来的那台洗衣机。假设洗衣机可以连续使用，中间不需要额外的时间。现在，每天早上洗衣管理系统中会有一个排队序列，系统需要预估所有同学洗完衣服的总时间。

系统的输入信息包括学生个数和每个学生洗衣时长（单位为分钟）。系统的输出信息是一个数字，代表总时长（单位为分钟）。

可以按照以下步骤解决这个问题。

（1）每天早上，所有同学的洗衣请求进入队列。

（2）第一个、第二个同学先使用洗衣机。

（3）某个同学洗完衣服后，队列中的第一位同学出队，使用洗衣机。

（4）重复步骤（3），直到队列为空。

排队洗衣样例如代码清单 3-10 所示。

代码清单 3-10　排队洗衣样例

```
#include <iostream>
#include "seqQueue.h"
using namespace std;
int min(int a, int b) {
  if (a < b) return a;
  return b;
}
int max(int a, int b) {
  if (a > b) return a;
  return b;
}
int main() {
  int k;
  cout << "请输入学生个数：" << endl;
  cin >> k;
  cout << "请依次输入学生洗衣时长：" << endl;
  seqQueue<int> studentQueue(k);
  for (int i = 0; i < k; i++) {
    int t;
    cin >> t;
    studentQueue.enQueue(t);  // 创建学生洗衣服的队列
  }

  int time = 0;
  int washer1 = 0, washer2 = 0;
  if (studentQueue.isEmpty()) {  // 当天没有学生预约洗衣服
    cout << 0;
    return 0;
  } else {
    washer1 = studentQueue.deQueue();
    if (studentQueue.isEmpty()) {  // 当天只有一位学生预约洗衣服
      cout << washer1 << endl;
      return 0;
    } else {
      washer2 = studentQueue.deQueue();
      // 2台洗衣机开始完成前两位同学的洗衣请求
    }
  }
  while (!studentQueue.isEmpty()) {
    int time_step = min(washer1, washer2);
    time += time_step;
    // 其中一台洗衣机完成了工作，总时长为time
    washer1 -= min(washer1, washer2);
    washer2 -= min(washer1, washer2);
```

```
        if (washer1 == 0) {
          washer1 = studentQueue.deQueue();
          // 洗衣机1完成了工作，新的同学开始使用洗衣机1
        } else {  // washer2 == 0
          washer2 = studentQueue.deQueue();
          // 洗衣机2完成了工作，新的同学开始使用洗衣机2
        }
      }
      cout << time + max(washer1, washer2) << endl;
      // 总时间等于已经经过的时间加上washer1和washer2中剩余需要洗衣服时间更长者的时间
      return 0;
    }
```

3.3 栈

本节将介绍栈的定义和两种实现方式，以及栈在括号匹配中的简单应用。

3.3.1 栈的定义

和队列一样，栈（stack）也是一种特殊的线性表。在栈中，插入和删除操作被限定在表的某一端进行。假设每天晚上要把火车停在一条轨道上，轨道的尽头是封闭的，那么这个轨道就是一个栈。允许进行插入和删除操作的一端称为“栈顶”，另一端称为“栈底”。也就是说，火车只能从一个方向离开，且一列火车要离开的时候，需要把在它之后进入轨道的火车都先移开。栈顶位置的元素称为栈顶元素，若栈中没有元素，则称为“空栈”。当需要让一列火车进入轨道时，可以将它放在栈顶，也就是当前空的位置，这个过程称为“进栈”（或入栈）。而当需要让一列火车驶离轨道时，则从栈顶取出一列火车，这个过程被称为“出栈”。栈也被叫作“后进先出”的线性表。

如图 3-6（a）所示，栈中依次进入了 A、B、C、D 这 4 列火车。需要移出火车 B 执行任务时，需要让火车 C 和 D 出栈，如图 3-6（b）所示，再移出火车 B，如图 3-6（c）所示。火车 C 和 D 重新进栈后，栈的状态如图 3-6（d）所示。

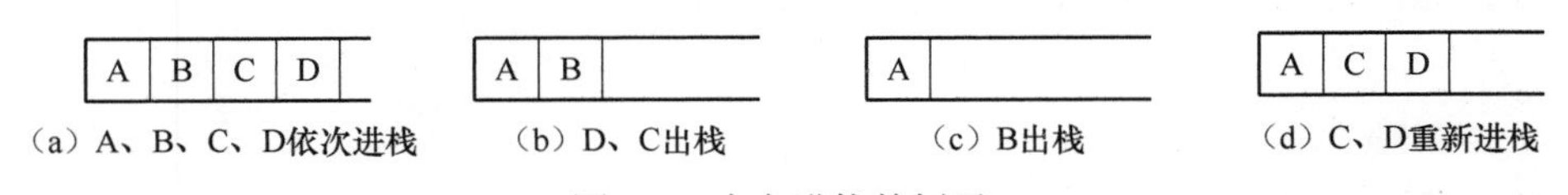

图 3-6　火车进栈的例子

栈的应用非常广泛，例如文本或表达式中的括号匹配、计算数学表达式等。栈通常需要提供以下 5 个功能。

- 创建栈。create()（在本书中用构造函数替代）：创建一个空的栈。
- 进栈。push(x)：将元素 x 插入栈中，使之成为栈顶元素。
- 出栈。pop()：删除栈顶元素并返回栈顶元素值。
- 读取栈顶元素。top()：返回栈顶元素值但不删除栈顶元素。

- 判栈空。isEmpty()：若栈为空，则返回 true，否则返回 false。

栈的抽象类的定义如代码清单 3-11 所示。

代码清单 3-11　栈的抽象类的定义

```
template <class elemType>
class stack {
 public:
  virtual void push(const elemType &x) = 0;   // 进栈
  virtual elemType pop() = 0;                 // 出栈
  virtual elemType top() const = 0;           // 读取栈顶元素
  virtual bool isEmpty() const = 0;           // 判栈空
  virtual ~stack() {}                         // 虚析构函数
};
```

3.3.2　栈的顺序实现

顺序实现的栈称为“顺序栈”。栈的顺序实现是用一个一维数组存储数据，栈的元素依次存储在数组中。因为栈的操作仅在栈顶进行，栈底位置固定不变。因此，在顺序栈中，可以将栈底位置固定在数组的某个位置，例如第一个位置。这样，在进栈和出栈时，只需要改变栈顶指针的位置，而不需要移动整个数组里的元素，这种方式极大地加快了操作的速度。

实现顺序栈需要 3 个变量：一个栈元素类型的指针，指向动态数组的首地址；一个表示数组规模的整型数；一个保存栈顶位置的整型数。其中，数组规模是随着应用的变化而变化的，因此需要使用一个动态数组。代码清单 3-12 给出了顺序栈的定义。

代码清单 3-12　顺序栈的定义

```
template <class elemType>
class seqStack : public stack<elemType> {
 private:
  elemType *elem;        // 栈的存储空间，即动态数组
  int maxSize;           // 数组规模
  int top_p;             // 保存栈顶位置
  void doubleSpace();    // 用于扩展数组空间的私有函数

 public:
  // 函数继承于stack基类
  seqStack(int initSize = 10);
  ~seqStack();
  void push(const elemType &x);
  elemType pop();
  elemType top() const;
  bool isEmpty() const;
};
```

构造函数和析构函数的实现如代码清单 3-13 所示。构造函数按照用户估计的栈的规模申请一个动态数组，将数组地址保存在 elem 中，数组规模保存在 maxSize 中，并设栈为空栈，即 top_p 的值为 -1。由于顺序栈采用动态数组存储信息，因此必须有析构函数来释放空间。

代码清单 3-13　顺序栈的构造函数和析构函数的实现

```
template <class elemType>
seqStack<elemType>::seqStack(int initSize) {
  elem = new elemType[initSize];
  maxSize = initSize;
  top_p = -1;
}

template <class elemType>
seqStack<elemType>::~seqStack() {
  delete[] elem;
}
```

当栈中元素达到一定规模，动态数组空间不足时，需要扩大数组空间。doubleSpace() 函数的实现如代码清单 3-14 所示。

代码清单 3-14　顺序栈的 doubleSpace() 函数的实现

```
template <class elemType>
void seqStack<elemType>::doubleSpace() {
  elemType *tmp = elem;  // 创建空间是原数组两倍的新数组
  elem = new elemType[2 * maxSize];
  // 将原数组的数据移动到新数组中
  for (int i = 0; i < maxSize; ++i) elem[i] = tmp[i];
  maxSize *= 2;
  delete [] tmp;  // 将旧的数组空间销毁
}
```

在顺序栈中，push(x) 操作相当于将元素 x 写到单链表表尾，因此只需要修改栈顶指针，并将 x 写入。如果原数组没有空间，那么就执行 doubleSpace() 操作，获取更大的栈空间。push(x) 函数的实现如代码清单 3-15 所示。

代码清单 3-15　顺序栈的 push() 函数的实现

```
template <class elemType>
void seqStack<elemType>::push(const elemType &x) {
  if (top_p == maxSize - 1) doubleSpace();
  elem[++top_p] = x;
}
```

pop() 操作和 top() 操作是类似的。pop() 操作从栈顶移出一个元素，并修改栈顶指针。top() 操作仅返回栈顶指针所指向位置的元素。pop() 和 top() 函数的实现如代码清单 3-16 所示。

代码清单 3-16　顺序栈的 pop() 和 top() 函数的实现

```
template <class elemType>
elemType seqStack<elemType>::pop() {
  return elem[top_p--];
}
template <class elemType>
elemType seqStack<elemType>::top() const {
  return elem[top_p];
}
```

isEmpty() 函数只需要查看栈顶指针是否为 −1，如果为 −1 则说明栈为空。isEmpty() 函数的实现如代码清单 3-17 所示。

代码清单 3-17　顺序栈的 isEmpty() 函数的实现

```
template <class elemType>
bool seqStack<elemType>::isEmpty() const {
  return top_p == -1;
}
```

3.3.3　栈的链接实现

链接栈是栈的另外一种实现形式。不同于顺序栈使用数组存储元素，链接栈使用链接表存储元素。在链接表中，每个结点存储一个栈元素，而结点之间通过指针进行关联。由于栈的操作都是在栈顶进行的，不会对栈中的其他元素进行操作，因此使用单链表就足够了，而且不需要头结点。假设单链表的第一个结点位置为栈顶，出栈时释放栈顶结点的空间，将栈顶指针指向下一个结点即可。因为栈只需要考虑栈顶元素的插入和删除操作，没有其他位置的插入和删除操作，因此链接栈的实现更加高效。链接栈类的定义如代码清单 3-18 所示。

代码清单 3-18　链接栈类的定义

```
template <class elemType>
class linkStack : public stack<elemType> {
 private:
  struct node {
    elemType data;
    node *next;
    node(const elemType &x, node *N = nullptr) {
      data = x;
      next = N;
    }
    node() : next(nullptr) {}
    ~node() {}
  };

  node *top_p;

 public:
  linkStack();
  ~linkStack();
  void push(const elemType &x);
  elemType pop();
  elemType top() const;
  bool isEmpty() const;
};
```

链接栈类定义了一个结点类 node，由于结点类是链接栈类 linkStack 专用的，用户并不需要知道这个类是否存在，因此结点类被定义为链接栈类的私有内嵌类。与线性表的链接实现类似，栈的操作都是通过设置或修改结点的数据成员完成的。链接栈采用的是单链表，它的结点由两部分组成：保存元素值的数据成员 data 和保存后继指针的数据成员 next。存储一个链接栈只需要保存一个指向栈顶的指针，因此链接栈类只有一个数据成员 top_p。

链接栈类的构造函数和析构函数的实现如代码清单 3-19 所示。构造函数的作用是创建一个空栈，即将 top_p 设为 nullptr。析构函数只需要逐个释放单链表中的结点即可。

代码清单 3-19 链接栈类的构造函数和析构函数的实现

```
template <class elemType>
linkStack<elemType>::linkStack() {
  top_p = nullptr;
}

template <class elemType>
linkStack<elemType>::~linkStack() {
  node *tmp;
  while (top_p != nullptr) {
    tmp = top_p;
    top_p = top_p->next;
    delete tmp;
  }
}
```

链接栈的 4 个操作的时间复杂度都为 $O(1)$，这 4 个函数的实现如代码清单 3-20 所示。

- push(x) 函数相当于将元素 x 插入单链表的表头。首先申请一个结点存储元素 x，然后将包含元素 x 的结点插入单链表的表头，top_p 指向元素 x。
- pop() 函数相当于返回单链表表头 top_p 指向的元素值，并删除表头结点。具体地，删除表头结点需要先将表头结点从链接表中移除，即让 top_p 指向它的后继结点，然后释放表头结点的空间。
- top() 函数返回 top_p 指向的元素值。
- isEmpty() 函数判断栈是否为空，通过判断 top_p 是否为空指针实现。

代码清单 3-20 链接栈的 push()、pop()、top() 和 isEmpty() 函数的实现

```
template <class elemType>
void linkStack<elemType>::push(const elemType &x) {
  top_p = new node(x, top_p);  // 申请一个存放元素x的结点，插入单链表的表头
}

template <class elemType>
elemType linkStack<elemType>::pop() {
  node *tmp = top_p;
  elemType x = tmp->data;  // 保存栈顶元素值，以备返回
  top_p = top_p->next;     // 从单链表中删除栈顶结点
  delete tmp;              // 释放被删除的表头结点的空间
  return x;
}

template <class elemType>
elemType linkStack<elemType>::top() const {
  return top_p->data;
}

template <class elemType>
bool linkStack<elemType>::isEmpty() const {
  return top_p == nullptr;
}
```

3.3.4　栈的简单应用：括号匹配

在程序设计语言中，会用到很多括号。例如，表达式使用圆括号 () 表示表达式的优先级；数组的下标使用方括号 []；复合语句中会使用花括号 {}。这些括号都是成对出现的，有了一个左括号，就应当出现一个相应的右括号。同时，仅通过对比括号数量判断是否配对是不正确的。例如，a[(1]) 这样的语句是不符合语法的。当遇到一个右括号时，它应当与最近遇到的、尚未匹配的左括号相匹配。

因此，在程序语法检查中通常有这样一个步骤：给定一个包含 (、)、{、}、[和] 的字符串（可能是一段代码，也可能是一个表达式），判断该表达式中的括号是否匹配。根据定义，有效字符串需要满足以下两个条件：

- 左括号必须用相同类型的右括号闭合；
- 右括号必须以正确的顺序闭合。

注意，空字符串可被认为是有效字符串。例如，({{a[12]}})] 不是一个合法字符串，因为它的最后一个右方括号] 没有与之对应的左方括号；if({a)i++;} 也不是一个合法字符串，因为它的左右圆括号不匹配；if(a){a=(())} 就是一个合法的字符串。本节的程序仅考虑 3 种括号是否匹配，不会进行其他部分的检查。设计一个算法，输入一个字符串，判断该字符串中的括号是否匹配。如果括号匹配，则输出 true；否则，输出 false。

栈可以有效地解决上述问题，可以将最近遇到的、尚未匹配的左括号存储在栈中，每当遇到一个左括号，直接将其进栈；每当遇到一个右括号，取栈顶的左括号出栈比较。如果两者匹配，则继续处理后续字符串；否则，说明此处括号不匹配，输出 false。更形式化地，可以使用如下算法。

（1）初始化一个空栈。

（2）持续读入字符，判断其是否为括号，如为括号，则进行第（3）步和第（4）步的处理，否则跳过。

（3）若是右括号，则与栈顶元素进行匹配。若栈为空或左右括号不匹配，则匹配失败，该序列不合法，判定过程提前结束。若右括号和栈顶元素相匹配，则弹出栈顶元素并处理下一字符。

（4）若是左括号，则进栈。

（5）若全部元素遍历完毕，栈中仍然存在元素，则该字符串不合法。

根据上述分析，代码清单 3-21 给出了括号匹配样例代码。

代码清单 3-21　括号匹配样例

```
#include <cstring>
#include <iostream>
#include "seqStack.h"
using namespace std;
int main() {
  std::string s;
```

```
    cin >> s;
    seqStack<char> bracket;  // 用一个栈存储左括号
    for (int i = 0; i < s.length(); i++) {
      char cur = s[i];
      if (cur == ']' || cur == ')' || cur == '}') {
        // 下一个字符是右括号时
        if (bracket.isEmpty()) {  // 栈为空
          cout << "false" << endl;
          return 0;
        }
        char prev = bracket.pop();  // 和栈顶的左括号做匹配
        if (((prev == '[') && (cur == ']')) ||
            ((prev == '(') && (cur == ')')) ||
                ((prev == '{') && (cur == '}')))) {
          continue;
        } else {
          cout << "false" << endl;  // 左右括号不匹配，例如(}
          return 0;
        }
      } else if (cur == '[' || cur == '(' || cur == '{') {
        bracket.push(cur);  // 将左括号进栈
      }
    }
    if (bracket.isEmpty()) {
      cout << "true" << endl;
    } else {
      cout << "false" << endl;
    }
  }
```

3.4 大型应用实现：排队交易类

到目前为止，火车票管理系统只实现了管理员对车次信息的管理和查询。旅客同样是这一大型应用的用户，虽然还没有介绍旅客进行线路中转、购票、退票、查询行程的代码，但可以预见，面对旅客激增的情况（如节假日高峰）时，一个处理旅客交易订单的缓冲区队列是系统不可或缺的模块。在传统的窗口购票模式中，旅客会早早在售票窗口前排成长队，待窗口一开始营业，每个人的交易需求被有条不紊地依次满足，队伍缓缓向前。本章中介绍的队列也可以在此场景下应用。

火车票管理系统采用单机多用户的应用模式。虽然计算机系统中没有物理上的营业时间，对订单的处理速度也比人工售票快得多，但不免存在许多用户同时提交交易请求的现象，系统难以处理同一时间提交的两个订单。因此，需要将旅客的交易订单按照先来先服务的方式形成交易队列，再依次执行购票或退票的请求，如果可以处理这笔交易，再修改相应的行程、余票等信息。交易队列中存储的元素即为交易订单信息：旅客是谁，购买了哪一天哪一车次的票，出发站与到达站，是购票还是退票。在此，定义一个 PurchaseInfo 交易信息结构体表示一个交易订单，如代码清单 3-22 所示。

代码清单 3-22　PurchaseInfo 交易信息结构体的定义

```
struct PurchaseInfo {
  UserID userID;
  TrainID trainID;
  Date date;
  StationID departureStation;
  int type;  // 1表示购票，-1表示退票
}
```

读者可能注意到这样一个细节，交易信息中只包含出发站，没有包含到达站。此处的设计与第 2 章列车运行计划管理类中存储历时与票价等信息的思路一致，即将任意一段行程拆成相邻两站之间的行程段，每笔交易只包括一段行程，因此仅存储出发站即可。更多信息请读者自行查阅电子资料仓库中的 code/WaitingList/PurchaseInfo.h。

排队交易类 WaitingList 的功能如图 1-8 所示。该类需要实现以下操作：

- 增加一位旅客的购票或退票交易订单，排在队伍末尾；
- 查看队头旅客的交易订单与用户信息，判断是否能满足该旅客的订单需求；
- 队头旅客的交易订单处理完毕，将此条记录从队头移出。

上述 3 个操作分别对应队列的 enQueue()、getHead() 和 deQueue() 函数的功能。从功能逻辑看，getHead() 和 deQueue() 函数的功能始终是先后调用的。WaitingList 类的功能比较简单，代码清单 3-23 展示了该类的定义与实现。

代码清单 3-23　WaitingList 类的定义与实现

```
class WaitingList {
 private:
  linkQueue<PurchaseInfo> purchaseQueue;

 public:
  WaitingList();
  ~WaitingList();
  // 将订单加入队列
  void addToWaitingList(const PurchaseInfo &purchaseInfo);
  // 将队头的订单移出队列
  void removeHeadFromWaitingList();
  // 获取队头的订单
  const PurchaseInfo getFrontPurchaseInfo() const;
  // 判断队列是否为空
  bool isEmpty() const;
};

WaitingList::WaitingList() {}

WaitingList::~WaitingList() {}

void WaitingList::addToWaitingList(const PurchaseInfo &purchaseInfo) {
  purchaseQueue.enQueue(purchaseInfo);
}

void WaitingList::removeHeadFromWaitingList() {
  purchaseQueue.deQueue();
}
```

```
const PurchaseInfo WaitingList::getFrontPurchaseInfo() const {
  return purchaseQueue.getHead();
}

bool WaitingList::isEmpty() const {
  return purchaseQueue.isEmpty();
}
```

WaitingList 类的功能函数几乎是队列的直接应用，因此这里不再赘述，WaitingList 类的完整代码参见电子资料仓库中的 code/WaitingList/WaitingList.h 文件及对应的 .cpp 文件。

3.5 小结

本章介绍了两种特殊的线性结构：队列与栈。与线性表类似，队列与栈都可以用两种存储方式实现：顺序存储与链接存储。队列常用于排队系统，而栈则在函数的递归调用、表达式求值等许多计算机底层应用中起到了重要的作用。

经过线性表、队列和栈这 3 种简单而实用的数据结构介绍，以及两个简单的火车票管理系统的类设计，希望读者可以找到这样一条实现数据结构的路径：梳理需要管理的数据的逻辑关系，抽象出功能接口，从程序设计角度选择合理的物理存储与逻辑操作方法，实现数据结构的逻辑关系与面向对象封装。

3.6 习题

（1）请试着完成队头位置固定的队列的顺序实现。

（2）请试着完成队头位置不固定的队列的顺序实现。

（3）假设顺序队列初始化时容量为 1，为了存储最多 N 个元素，doubleSpace() 函数会被调用多少次？

（4）使用顺序表实现循环队列时，若申请的数组规模 maxSize=n，则循环队列中最多可存储多少个元素？此时 front 与 rear 指针的关系是什么？

（5）使用顺序表实现循环队列，初始化时将所有元素设为一个特殊值，表示空单元，有同学认为若 rear 指针不为该特殊值即可判定循环队列非空，这个观点是否正确？为什么？

（6）若有 5 个元素 A、B、C、D、E 依次进栈，允许进栈、出栈操作交替进行。请问能否得到以下 3 个出栈序列？

1）E、D、C、A、B

2）C、E、D、B、A

3）A、B、C、D、E

（7）后缀表达式将运算符写在两个运算数之后。例如，表达式“2 + 3 × 5 + 4”的后缀表示为“2 3 5 × + 4 +”。在后缀表达式中，运算符总是紧跟着运算数，计算机可以顺序读取后缀表达式，并在遇到运算符时立即进行计算，同时后缀表达式不需要括号额外表示运算顺序，这使得整个表达式可以更方便地被计算机计算。请思考如何用栈完成转换后缀表达式的过程，并写出下列表达式的转换过程中栈的变化及每一步的结果。

1）6 / 3 × 4 + 1

2）(1 + 3) × (9 − 2 × 4) − 6 / 2

（8）请将下列后缀表达式转换为常规表达式。

1）9 5 2 + − 3 ×

2）5 7 2 3 × − × 8 2 / +

（9）请思考如何用栈完成后缀表达式的计算过程，计算习题（8）的结果，并写出计算过程中栈的变化及每一步的结果。

（10）请编写一个程序，实现习题（9）计算后缀表达式的算法。

（11）若某程序如下，请分别写出函数出栈顺序（不包括 main() 函数）。

```
void A() {D();D();}
void B(){D();}
void C(){B();}
void D(){}
int main {A();C();}
```

（12）若使用 3.3.4 节给出的括号配对检查程序处理以下程序：

```
int average(int array[10]) {
  int i, sum = 0;
  int tmp[10] = {1, 5, 3, 7, 9, 0, 2, 8, 6, 4};
  for (i = 0; i < 10; ++i) sum += array[tmp[i]];
  return sum / 10;
}
```

假设左侧为栈底，则以下哪种情况是符号栈中不可能出现的？

A: ([

B: {[

C: {[(

D: {(

第4章

树与优先级队列

第2章与第3章介绍了基于线性结构的数据结构，包括线性表、栈和队列。除了线性结构，数据之间还有其他更复杂的逻辑结构，树形结构是一种很重要的数据组织形式。树形结构中，每个元素至多只有一个前驱，但是可以有多个后继，也可以没有，看起来像一棵倒过来的树。本章主要介绍树的定义与结构，以及最常用的树结构——二叉树，还介绍了优先级队列，最后通过堆实现了火车票管理系统中带优先级的排队交易类。

4.1 问题引入

第3章利用队列为火车票管理系统设计了一个排队交易类。火车票开售后，旅客每提交一条购票或退票的请求，系统都会按照先来先服务的原则记录每个人的交易信息，从队首开始依次处理队列中的交易请求。而在现实生活中，往往不一定遵循先来先服务的原则处理交易请求，而是存在一些优先排队情况。例如，军人与老弱病残优先，VIP客户次之，普通票客户再次之，积分兑票客户优先级最低。

为了实现这一功能，是否可以设计一种数据结构，在旅客提交购票信息后，由系统自动对这些信息进行动态的次序排列？更抽象地说，是否有这样一种改进的队列，不追求队列先进先出的公平性，而是依照队列中元素的某种优先级自动地维护队列次序，元素优先级越高则出队越早，优先级越低则出队越晚？

如果使用线性表维护这种优先级队列，则插入、删除数据时需要频繁地对数据的顺序进行修改，效率较低。为了高效地处理这类数据，本章将从一种完全不同的数据组织方式——树形结构讲起，介绍如何处理有层次关系的数据元素，以及如何利用“堆”这种特定的树形结构解决优先级队列的问题，并将大型应用中的排队交易类升级为带优先级的排队交易类。

4.2 树的定义

树的定义

定义优先级队列之前，需要先了解树形结构。线性结构中，每个元素至多只有一个前驱和一个后继。在树形结构中，一个元素至多只有一个前驱，但是可以有多个后继。以图 4-1 所示的王家家谱为例，王爷爷有两个儿子王一叔叔和王二叔叔，王一叔叔和王二叔叔又分别有两个儿子和 3 个儿子。王爷爷就是两位叔叔的唯一前驱，两位叔叔又是小王 1～小王 5 的唯一前驱。如果把这个结构倒过来，就是生活中常见的树，从树干开始分支，逐渐开枝散叶，这是树形结构名字的来源。树形结构在生活中非常常见，例如国家的行政区划、学校的院系划分等。在树形结构中，数据保存的最小单元依然是结点，每个结点至多有一个父亲，但可以有多个儿子。

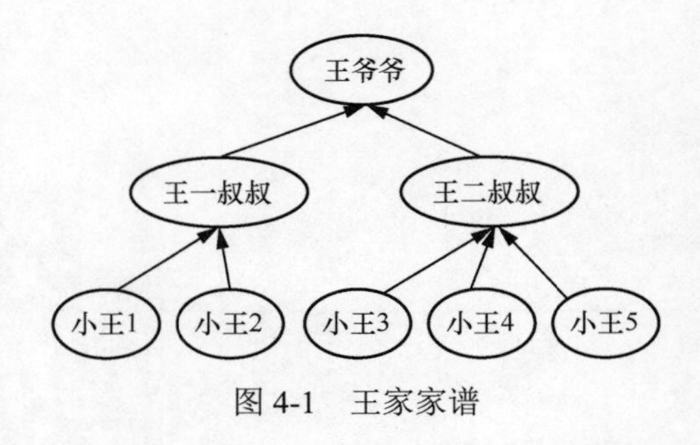

图 4-1　王家家谱

下面给出树的递归定义。树是 n 个结点的有限集合，它或者是空集，或者满足以下条件：

- 有一个被称为根的结点；
- 其余的结点可分为 $m(m \geqslant 0)$ 个互不相交的集合 T_1，T_2，…，T_m，这些集合本身也是一棵树，并称它们为根结点的子树（Subtree）。

图 4-1 中，王爷爷是树根，王一叔叔和王二叔叔分别是王爷爷的两棵子树的树根，两个小家庭分别是王爷爷的两棵子树。

下面介绍一些与树相关的基本术语，在之后的实现中经常会被用来指代特定的变量和值。

- 空树。没有任何结点的树。
- 根结点、叶结点和内部结点。树中唯一一个没有前驱的结点称为根结点（如图 4-1 中的王爷爷）。树中没有后继的结点称为叶结点（如图 4-1 中的小王 1~ 小王 5），也称为“终端结点”。除根结点以外的非叶结点称为“内部结点”（如图 4-1 中的王一叔叔和王二叔叔）。
- 结点的度和树的度。一个结点的后继的数目称为结点的度。根据度的定义，可知叶结点就是度为 0 的结点。树中所有结点的度的最大值称为这棵树的度。以图 4-1 为例，结点王爷爷和王一叔叔的度均为 2，王二叔叔的度为 3，小王 1～小王 5 都是叶结点，所以整棵树就是一棵度为 3 的树。
- 子结点、父结点、祖先结点和子孙结点。结点的后继称为该结点的子结点，而结点的前驱称为该结点的父结点。在树中，每个结点都存在唯一一条到根结点的路径，路径上的所有结点都是该结点的祖先结点。子孙结点是指该结点的所有子树中的全部结点。也就是说，树中除根结点之外的所有结点都是根结点的子孙结点。
- 兄弟结点。同一个结点的子结点互为兄弟结点，如图 4-1 中的小王 1 和小王 2。
- 结点的层次、树的高度和结点的高度。结点的层次也称为深度。结点的层次相当于家谱中的第几代。根结点是第 1 层，根结点的子结点是第 2 层。一个 L 层的结点的子结点的层次是 L+1。一棵树中结点的最大层次称为树的高度，结点的高度指以该结点为根结点的子树的高度。
- 树的规模。树的规模即整棵树的结点数量。
- 有序树和无序树。若将树中每个结点的子树看成自左向右有序的，则称该树为有序树，否则称该树为无序树。在有序树中，最左边的子树称为第一棵子树，最右边的子树称为最后一棵子树。若交换了有序树中两棵子树的位置，则变成了另一棵树。图 4-1 所示的家谱就是一棵有序树，因为每个儿子的出生时间是有序的。对每个小家庭而言，大儿子是第一棵子树，二儿子是第二棵子树，以此类推。

- 森林。*M* 棵互不相交的树的集合称为森林。如果删去了一棵树的根结点，其子树的集合就形成了一片森林。

树中基本的逻辑关系是父子关系，树的基本操作是围绕这个关系展开的，每个基本操作都被抽象成一个函数。树的抽象类定义如代码清单 4-1 所示，包含树的基本操作，其中 elemType 是树中数据元素的类型，各函数中的参数 flag 是结点不存在时的返回值。每个函数实现的功能都标注在注释中。

代码清单 4-1　树的抽象类定义

```
template <class elemType>
class tree {
 public:
  virtual void clear() = 0;          // 清空树
  virtual bool isEmpty() const = 0;  // 判断树是否为空树
  // 返回树的根结点的值，如果根结点不存在，则返回一个特殊值flag
  virtual elemType getRoot(elemType flag) const = 0;
  // 返回结点x的父结点的值，如果x是根结点，则返回一个特殊值flag
  virtual elemType parent(elemType x, elemType flag) const = 0;
  // 返回结点x的第i个子结点的值，如果x不存在或x的第i个子结点不存在，则返回一个特殊值flag
  virtual elemType child(elemType x, int i, elemType flag) const = 0;
  // 删除结点x的第i棵子树
  virtual void remove(elemType x, int i) = 0;
  virtual void traverse() const = 0;  // 访问树的每个结点
  virtual ~tree() {}
};
```

4.3　二叉树

本节将介绍二叉树的定义、二叉树的顺序实现和链接实现，以及二叉树在哈夫曼编码和哈夫曼树中的简单应用。

4.3.1　二叉树的定义

二叉树（Binary Tree）是树形结构中较为简单的一类，它或者为空，或者由一个根结点及两棵互不相交的左、右子树构成，其左、右子树又都是二叉树。注意，二叉树是有序树，必须严格区分左、右子树。即使只有一棵子树，也要说明它是左子树还是右子树。

二叉树中有两种特殊的形态——满二叉树和完全二叉树。如果一棵二叉树中任意一层的结点个数都达到了最大值，那么这棵二叉树称为满二叉树或丰满树。换句话说，一棵 k 层的满二叉树就是除第 k 层的结点外，其他结点都有两个子结点；第 k 层的结点都是叶结点，没有子结点。图 4-2（a）是一棵 3 层的满二叉树，它的结点个数达到了高度为 3 的二叉树所能达到的最大值 7。图 4-2（b）不是满二叉树，因为第 3 层的结点个数未达到最大值。这棵树也有一个特殊的名字——完全二叉树。在完全二叉树中，除最后一层外，其他所有层都必须达到结点个数的最大值。如果最后一层不满，那么缺失的结点只能出现在该层的最右侧。也就是说，所有叶结点都集中在最后一层或倒数第二层。满二叉树是完全二叉树的一种特殊情况，只有在恰好最后一层叶结点填满时，这棵完全二叉树才是一棵满二叉树。

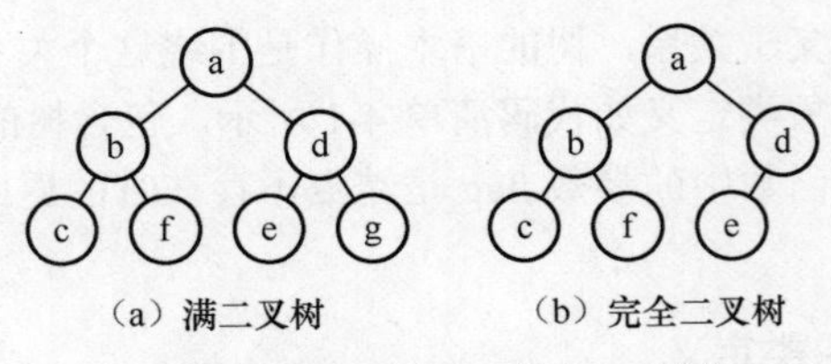

图 4-2　满二叉树和完全二叉树

下面介绍二叉树的一些性质（具体证明见附录 A.1）。

性质 1：一棵非空二叉树的第 k 层上最多有 2^{k-1} 个结点（$k \geqslant 1$）。

性质 2：一棵高度为 k 的二叉树，最多有 2^k-1 个结点。

性质 3：对于一棵非空二叉树，如果叶结点数为 n_0，度为 2 的结点数为 n_2，则 $n_0=n_2+1$。

性质 4：具有 n 个结点的完全二叉树的高度 $k=\lfloor \log_2 n \rfloor+1$。

性质 5：如果对一棵有 n 个结点的完全二叉树中的结点按层自上而下（从第 1 层到第 $\lfloor \log_2 n \rfloor+1$ 层），每一层自左至右依次编号，设根结点的编号为 1，则任一编号为 i 的结点（$1 \leqslant i \leqslant n$）有如下性质。

- 如果 $i=1$，则该结点是二叉树的根结点；如果 $i>1$，则其父结点的编号为 $\lfloor i/2 \rfloor$。
- 如果 $2i>n$，则编号为 i 的结点为叶结点，没有子结点；否则，其左子结点的编号为 $2i$。
- 如果 $2i+1>n$，则编号为 i 的结点无右子结点；否则，其右子结点的编号为 $2i+1$。

了解二叉树的这些性质可以帮助读者更好地设计并实现二叉树。计算算法的时间复杂度时也会经常用到这些性质。

参照 4.2 节树的抽象类定义给出二叉树的抽象类定义，如代码清单 4-2 所示。二叉树的抽象类定义和树的抽象类定义的差别在于：二叉树只有两个子结点，所以可以将查找第 i 个子结点的 child() 函数分解成 lchild() 和 rchild() 两个函数，可以将删除第 i 棵子树的 remove() 函数分解成 delLeft() 和 delRight() 两个函数，便于查找、删除结点的左、右子结点。

代码清单 4-2　二叉树的抽象类定义

```
template <class elemType>
class bTree {
  public:
    virtual void clear() = 0;              // 建立一棵空的二叉树
    virtual bool isEmpty() const = 0;   // 判别二叉树是否为空树
```

```
    // 返回二叉树的根结点的值，如果根结点不存在，则返回一个特殊值flag
    virtual elemType getRoot(elemType flag) const = 0;
    // 返回结点x的父结点的值，如果x是根结点，则返回一个特殊值flag
    virtual elemType parent(elemType x, elemType flag) const = 0;
    // 返回结点x的左子结点的值，如果x不存在或x的左子结点不存在，则返回一个特殊值flag
    virtual elemType lchild(elemType x, elemType flag) const = 0;
    // 返回结点x的右子结点的值，如果x不存在或x的右子结点不存在，则返回一个特殊值flag
    virtual elemType rchild(elemType x, elemType flag) const = 0;

    virtual void delLeft(elemType x) = 0;    // 删除结点x的左子树
    virtual void delRight(elemType x) = 0;   // 删除结点x的右子树
    virtual void preOrder() const = 0;       // 前序遍历二叉树
    virtual void midOrder() const = 0;       // 中序遍历二叉树
    virtual void postOrder() const = 0;      // 后序遍历二叉树
    virtual void levelOrder() const = 0;     // 层次遍历二叉树
    virtual ~bTree() {}                      // 虚析构函数
};
```

注意，如代码清单 4-2 所示，二叉树的遍历操作有 4 种：前序遍历、中序遍历、后序遍历和层次遍历。这 4 种遍历操作有不同的作用，在实际应用中会穿插使用这 4 种操作。

二叉树的遍历

前序遍历、中序遍历和后序遍历的定义非常类似，只在根结点、左子树和右子树的访问顺序上有区别。可简单地理解为，前序遍历、中序遍历和后序遍历分别对应根结点的先、中、后访问，而对左、右子树的遍历总是左优先于右，接下来再对子树应用同样的遍历方法递归访问。

1. 前序遍历

前序遍历中，最先访问的是根结点，随后递归访问左子树和右子树。前序遍历又称“先根遍历”。前序遍历的递归定义如下。

若二叉树为空，则操作为空。否则：

（1）访问根结点；

（2）前序遍历左子树；

（3）前序遍历右子树。

由于前序遍历的定义是递归的，因此对左、右子树的前序遍历是按照同样的方式进行的。生成图 4-3 所示的二叉树的前序遍历序列的过程如下。根据定义，前序遍历首先访问根结点 A。A 有两个子结点 B 和 C，随后用递归的方式依次访问以 B、C 为根结点的两棵子树。因此，可以得出该树的前序遍历序列：A [以 B 为根结点的子树的前序遍历序列] [以 C 为根结点的子树的前序遍历序列]。类似地，可以得出以 B 为根结点的子树的前序遍历序列：B [以 D 为根结点的子树的前序遍历序列]。而以 D 为根结点的子树只有一个右子节点，它的遍历序列为 D E。同样，以 C 为根结点的子树的前序遍历序列为 C F。这样一来，图 4-3 所示的二叉树的前序遍历序列为 A B D E C F。

图 4-3 二叉树的例子

2. 中序遍历

中序遍历中，根结点放在左、右子树的中间访问。中序遍历又称“中根遍历”。中序遍历的递归定义如下。

若二叉树为空，则操作为空。否则：

（1）中序遍历左子树；

（2）访问根结点；

（3）中序遍历右子树。

同样，以图 4-3 所示的二叉树为例，给出二叉树的中序遍历序列。首先中序遍历左子树，然后访问根结点 A，最后中序遍历右子树。该二叉树的中序遍历序列为 [以 B 为根结点的子树的中序遍历序列] A [以 C 为根结点的子树的中序遍历序列]。类似于前序遍历，可以继续递归访问两棵子树，最终得到二叉树的中序遍历序列：D E B A F C。

3. 后序遍历

后序遍历中，先访问左子树，再访问右子树，根结点是最后被访问的。后序遍历又称“后根遍历”。后序遍历的递归定义如下。

若二叉树为空，则操作为空。否则：

（1）后序遍历左子树；

（2）后序遍历右子树；

（3）访问根结点。

同样，以图 4-3 所示的二叉树为例，给出二叉树的后序遍历序列。首先后序遍历左子树，然后后序遍历右子树，最后访问根结点 A，因此，该二叉树的后序遍历序列为 [以 B 为根结点的子树的后序遍历序列] [以 C 为根结点的子树的后序遍历序列] A。类似于前序遍历，可以继续递归访问两棵子树，最终得到二叉树的后序遍历序列：E D B F C A。

注意，以上任何一个二叉树的遍历方法都不能够唯一地确定整棵二叉树。这是因为 3 种遍历只能得到相对顺序，却不能直接得到根结点和子树的划分，这导致多棵不同的二叉树会有相同的遍历序列。那么，两种遍历方法得到的结点序列能否唯一确定一棵二叉树呢？答案是除了前序遍历 + 后序遍历不可行，前序遍历 + 中序遍历、后序遍历 + 中序遍历都可以唯一确定一棵二叉树。证明方法及算法见附录 A.2，读者可以自行学习后实现相应的算法。

4. 层次遍历

层次遍历指的是先访问根结点，然后按从左到右的次序访问第二层的结点；访问了第 *k* 层的所有结点后，再按从左到右的次序访问第 *k*+1 层；以此类推，直到最后一层。图 4-3 所示的二叉树的层次遍历序列为 A B C D F E。

4.3.2　二叉树的顺序实现

二叉树的顺序存储

类似于线性结构，二叉树的顺序存储就是将数据元素存放在一个数组中，通过数组下标之间的关系表示数据元素之间的关系。线性结构的顺序存储非常直观，因为数组的下标之间也是线性关系。但二叉树是非线性关系，每个结点可以有两个子结点，所以如何在数组中存储非线性的父子关系是二叉树的顺序实现的关键所在。

当二叉树是一棵完全二叉树时，顺序存储的实现比较简单。回顾 4.3.1 节中的性质 5，可以发现将一棵完全二叉树按层编号，编号就可以反映父子关系。如果将编号作为存储二叉树的数组的下标，那么结点的存储位置可以反映结点之间的父子关系。存储在下标变量 k 中的结点的两个子结点分别存储在下标变量 $2k$ 和 $2k+1$ 中，它的父结点被保存在下标变量 $\lfloor k/2 \rfloor$ 中。

但是，假如需要存储的二叉树不是完全二叉树，情况就大不相同。对非完全二叉树，性质 5 并不成立，因此无法建立父、子结点编号之间的关系。此时，可以通过将一棵非完全二叉树补全成一棵完全二叉树来解决这个问题。例如，对于图 4-3 所示的非完全二叉树，首先在它上面添加一些虚结点，形成一棵图 4-4（a）所示的完全二叉树，然后用顺序存储的方法存储所有结点。在存储时，用一个特殊值表示这些虚结点。图 4-4（a）所示的完全二叉树在内存中的存储如图 4-4（b）所示。

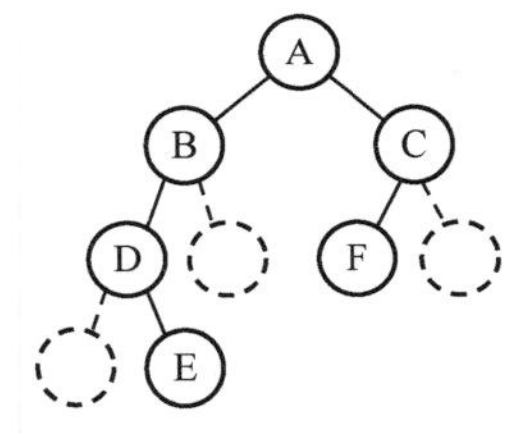

（a）对图4-3所示的二叉树添加虚结点后的完全二叉树

index	1	2	3	4	5	6	7	8	9
data	A	B	C	D	^	F	^	^	E

（b）顺序存储此完全二叉树

图 4-4　非完全二叉树的补全

上述方法虽然解决了非完全二叉树的顺序存储问题，但同时造成了存储空间的浪费。当虚结点个数远远多于实际结点时，大量的空间被浪费，二叉树的效率也大大降低。因此，二叉树的顺序存储的应用非常有限，一般只用于一些特殊的场合，如结点个数已知且不会增加或删除结点的完全二叉树或接近完全二叉树的二叉树。4.4.2 节将进一步讨论二叉树的顺序实现。

4.3.3　二叉树的链接实现

二叉树的主要存储方式是链接存储，即用指针指出父子关系。类似于线性表中的单链表和双链表，二叉树的链接存储也有两种形式：标准存储结构和广义的标准存储结构。标准存储结构类似于单链表，每个结点有两个指针，分别指向它的左子节点和右子节点。而广义的标准存储结构类似于双链表，每个结点除了有指向左子节点和右子节点的指针，还有一个指向父结点的指针。大多数时候，用户不会有查找二叉树父结点的需求，因此，本节将给出二叉树的标准存储结构（又称二叉链表）的示例代码，读者可以自行学习并实现二叉树的广义的标准存储结构。

定义二叉树类之前，首先定义二叉树的结点类作为内嵌类。每个结点包含左、右子节点的指针，以及结点本身存储的数据。二叉树类的数据成员只有根结点的指针 root，有了根结点指针，就可以找到二叉树上任意一个结点了。公有成员函数在二叉树的基本操作的基础上增加了一个公有的成员函数 createTree()，用于完成创建一棵树的任务。另外，二叉树类引入了一些私有的辅助函数，例如 find(elemType x, Node *t)，用于寻找以 t 为根结点的子树中值为 x 的结点，以及一些遍历时递归调用的辅助函数，后面的代码中将会介绍。各函数中的参数 flag 是结点不存在时返回的特殊值。采用链接存储的二叉树类的实现如代码清单 4-3 所示。

代码清单 4-3 采用链接存储的二叉树类的实现

```
template <class elemType>
class binaryTree : public bTree<elemType> {
 private:
  struct Node {              // 二叉树的结点类
    Node *left, *right;   // 结点的左、右子结点的地址
    elemType data;        // 结点的数据
    Node() : left(nullptr), right(nullptr) {}
    Node(elemType item, Node *L = nullptr, Node *R = nullptr)
        : data(item), left(L), right(R) {}
    ~Node() {}
  };
  Node *root;  // 二叉树的根结点指针
 public:
  binaryTree() : root(nullptr) {}
  binaryTree(elemType x) { root = new Node(x); }
  ~binaryTree();
  void clear();
  void createTree(elemType flag);
  bool isEmpty() const;
  elemType getRoot(elemType flag ) const;
  elemType lchild(elemType x, elemType flag) const;
  elemType rchild(elemType x, elemType flag) const;

  void delLeft(elemType x);
  void delRight(elemType x);
  void preOrder() const;
  void midOrder() const;
  void postOrder() const;
  void levelOrder() const;
  // 一般不在二叉链表中找父结点，因此标准操作中的找父结点的操作直接返回空值，不做额外的查找
  elemType parent(elemType x, elemType flag) const { return flag; }

 private:
  Node *find(elemType x, Node *t) const;
  void clear(Node *&t);
  void preOrder(Node *t) const;
  void midOrder(Node *t) const;
  void postOrder(Node *t) const;
};
```

二叉树的创造操作可以用构造函数替代，可以通过 binaryTree() 构建一棵空树，也可以通过 binaryTree(x) 构建一棵只有 root x 的二叉树。判断二叉树是否为空树的函数 isEmpty() 可以通过检查根结点是否为空实现，如果 root 是空指针则返回 true，否则返回 false。getRoot(elemType flag) 函数找出二叉树的根结点的值，只需要返回 root 指向的结点的数据即可，如果是空树则返回 flag。clear() 函数删除二叉树中的所有结点，这个过程可以用递归的方法实现。按照二叉树的递归定义，一棵二叉树由根结点和左、右子树组成，因此删除二叉树就是删除左、右子树和根结点，而删除左、右子树的方法与删除整棵树是一样的，可以递归调用本函数。由此可得递归删除二叉树的伪代码，如算法清单 4-1 所示。

算法清单 4-1　递归删除二叉树算法

```
def clear(二叉树):
  if(空树) return;
  if (左子树非空) clear(左子树);
  if (右子树非空) clear(右子树);
  删除根结点;
```

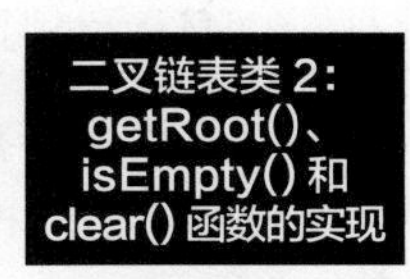

因此，需要定义一个私有函数 clear(Node *&t) 用于递归删除以 t 为根结点的子树。这里使用引用传递传入根结点的指针，原因是函数需要修改根结点指针的值（即释放其指向的空间后必须将 t 设为空指针以保证安全性），引用传递可以保证在函数调用结束后更改仍然有效。当删除整棵树时，只需要调用 clear(root) 即可。getRoot()、isEmpty() 和 clear() 函数的实现如代码清单 4-4 所示。

代码清单 4-4　二叉树的 getRoot()、isEmpty() 和 clear() 函数的实现

```
template <class elemType>
elemType binaryTree<elemType>::getRoot(elemType flag) const {
  if (root == nullptr)
    return flag;
  else
    return root->data;
}

template <class elemType>
bool binaryTree<elemType>::isEmpty() const {
  return root == nullptr;
}

template <class elemType>
void binaryTree<elemType>::clear(binaryTree<elemType>::Node *&t) {
  if (t == nullptr) return;
  // 递归删除左、右子树
  clear(t->left);
  clear(t->right);
  delete t;
  t = nullptr;
}

template <class elemType>
void binaryTree<elemType>::clear() {
  clear(root);
}
```

```
template <class elemType>
binaryTree<elemType>::~binaryTree() {
  clear(root);
}
```

前面已经提到过，二叉树的遍历方法有 4 种。除了层次遍历，另外 3 种遍历方法都是用递归的方法定义的。因此，代码清单 4-3 中定义了 3 个私有的辅助函数，用于递归遍历子树。以前序遍历为例，辅助函数 preOrder(Node *t) 用于递归输出子树的前序遍历序列，直到其子树为空，该辅助函数的实现思想如算法清单 4-2 所示。

算法清单 4-2　前序遍历的递归算法

```
def preOrder(二叉树):
  if (空树) return;
  输出根结点的数据;
  if(左子树非空) preOrder(左子树);
  if(右子树非空) preOrder(右子树);
```

当需要遍历整棵树时，只需要调用 preOrder(root) 就可以递归地遍历所有结点。类似地，可以写出其他两种遍历方法的代码。二叉树的前序遍历、中序遍历和后序遍历的实现如代码清单 4-5 所示。

代码清单 4-5　二叉树的前序遍历、中序遍历和后序遍历的实现

```
template <class elemType>
void binaryTree<elemType>::preOrder(binaryTree<elemType>::Node *t) const {
  if (t == nullptr) return;
  cout << t->data << ' ';
  preOrder(t->left);
  preOrder(t->right);
}

template <class elemType>
void binaryTree<elemType>::preOrder() const {
  cout << "\n前序遍历：";
  preOrder(root);
}

template <class elemType>
void binaryTree<elemType>::midOrder(
    binaryTree<elemType>::Node *t) const {
  if (t == nullptr) return;
  midOrder(t->left);
  cout << t->data << ' ';
  midOrder(t->right);
}

template <class elemType>
void binaryTree<elemType>::midOrder() const {
  cout << "\n中序遍历：";
  midOrder(root);
}

template <class elemType>
void binaryTree<elemType>::postOrder(
    binaryTree<elemType>::Node *t) const {
```

```
    if (t == nullptr) return;
    postOrder(t->left);
    postOrder(t->right);
    cout << t->data << ' ';
  }

  template <class elemType>
  void binaryTree<elemType>::postOrder() const {
    cout << "\n后序遍历：";
    postOrder(root);
  }
```

与另外 3 种遍历方法不同，当遍历第 k 层结点时，层次遍历需要记录下一层的全部结点。这里需要用到先进先出队列的知识，采用第 3 章提到的链接队列实现，如代码清单 4-6 所示。首先将根结点入队，然后重复以下过程直到队列为空：将队列中的第一个结点出队，访问该结点，将该结点的左子节点和右子节点入队。该队列保证了上层的结点在前，下层的结点在后，同一层的结点则按照从左到右的顺序入队，入队的有序性也保证了出队的有序性。

代码清单 4-6　二叉树的层次遍历的实现

```
  template <class elemType>
  void binaryTree<elemType>::levelOrder() const {
    linkQueue<Node *> que;
    Node *tmp;

    cout << "\n层次遍历：";
    if (root == nullptr) return;
    que.enQueue(root);

    while (!que.isEmpty()) {
      tmp = que.deQueue();
      cout << tmp->data << ' ';
      if (tmp->left) que.enQueue(tmp->left);
      if (tmp->right) que.enQueue(tmp->right);
    }
  }
```

考虑到查找存储元素 x 的结点的左、右子结点或删除存储元素 x 的结点的左、右子树时都必须先找到存储元素 x 的结点，为此，设置一个私有的成员函数 find(elemType x, Node *t) 来实现这个功能。find() 函数通过递归的方式查找存储元素 x 的结点，从根结点 t 开始查找。如果当前结点的值等于 x，则返回当前结点地址；否则先到左子树里去找，也就是对当前结点的左子结点调用 find() 函数，如果左子树中没有存储元素 x 的结点，那么就继续对当前结点的右子结点调用 find() 函数。递归过程中反复调用 find() 函数，直到当前结点为空，说明没有找到存储元素 x 的结点，返回一个空指针。

查找结点的左子结点值与右子结点值分别对应 lchild(elemType x, elemType flag) 和 rchild(elemType x, elemType flag) 两个函数。实现时，先调用 find() 函数得到指向存储元素 x 的结点的指针，再通过访问该结点的 left 和 right 成员得到左、右子结点的指针，返回对应的结点值。如果没有找到左子结点或右子结点，则返回 flag。

删除结点的左、右子树分别对应 delLeft(elemType x) 和 delRight(elemType x) 两个函数。实

现时，可以先找到存储元素 x 的结点，再调用辅助函数 clear() 删除左、右子树。

二叉树的查找与删除的实现如代码清单 4-7 所示。

代码清单 4-7　二叉树的查找与删除的实现

```
template <class elemType>
binaryTree<elemType>::Node *binaryTree<elemType>::find(
    elemType x, binaryTree<elemType>::Node *t) const {
  Node *tmp;
  if (t == nullptr) return nullptr;
  if (t->data == x) return t;
  if (tmp = find(x, t->left))
    return tmp;
  else
    return find(x, t->right);
}

template <class elemType>
void binaryTree<elemType>::delLeft(elemType x) {
  Node *tmp = find(x, root);
  if (tmp == nullptr) return;
  clear(tmp->left);
}

template <class elemType>
void binaryTree<elemType>::delRight(elemType x) {
  Node *tmp = find(x, root);
  if (tmp == nullptr) return;
  clear(tmp->right);
}

template <class elemType>
elemType binaryTree<elemType>::lchild(
    elemType x, elemType flag) const {
  Node *tmp = find(x, root);
  if (tmp == nullptr || tmp->left == nullptr) return flag;
  return tmp->left->data;
}

template <class elemType>
elemType binaryTree<elemType>::rchild(
    elemType x, elemType flag) const {
  Node *tmp = find(x, root);
  if (tmp == nullptr || tmp->right == nullptr) return flag;
  return tmp->right->data;
}
```

除了上述二叉树操作，还有根据一定的输入规则构建一棵二叉树的操作，也就是实现 createTree(elemType flag) 函数，如代码清单 4-8 所示。首先定义如下输入规则。

（1）输入根结点的值，创建根结点。

（2）对已添加到树上的每个结点，依次输入它的两个子结点的值。如果没有子结点，则输入一个事先约定的表示子结点为空的特定值。

输入参数 flag 代表子结点为空的特定值。在创建过程中，必须记住哪些结点还没有输入子结点，这些信息可以存储在一个队列中。将新加入树中的结点放入队列，然后依次出队，对每个出队的元素输入它的子结点。这就像二叉树的层次遍历，只不过在层次遍历的同时插入了结点。

代码清单 4-8　二叉树构建的实现

```
template <class elemType>
void binaryTree<elemType>::createTree(elemType flag) {
  linkQueue<Node *> que;
  Node *tmp;
  elemType x, ldata, rdata;

  // 创建树，输入flag表示空
  cout << "\n输入根结点：";
  cin >> x;
  root = new Node(x);
  que.enQueue(root);

  while (!que.isEmpty()) {
    tmp = que.deQueue();
    cout << "\n输入" << tmp->data << "的两个子结点(" << flag << "表示空结点)：";
    cin >> ldata >> rdata;
    if (ldata != flag) que.enQueue(tmp->left = new Node(ldata));
    if (rdata != flag) que.enQueue(tmp->right = new Node(rdata));
  }

  cout << "create completed!\n";
}
```

到这里就完成了二叉树的全部函数。三叉树、四叉树的实现与二叉树类似，只不过从最多两个子结点转变成了最多 3 个、4 个子结点，处理起来更复杂。

4.3.4　二叉树的简单应用：哈夫曼编码和哈夫曼树

哈夫曼编码 1：等长与非等长编码

文本处理是计算机的重要应用之一。文本由字符组成，计算机中的每一个字符都是用一个编码表示的，大多数计算机都采用 ASCII（American Stanclard Code for Information Interchange）编码。ASCII 编码是一种等长的二进制编码，每个字符的编码长度是相同的。为了提高存储和处理文本的效率，在某些场合适合采用非等长的编码，让使用频率较高的字符有较短的编码，使用频率较低的字符有较长的编码。总体来讲，这样做可减少存储文本的空间。例如，某段文本中用到了下列字符，括号中是对应字符出现的频率：

a(10), e(15), i(12), s(3), t(4), r(13), \n(1)。

以二进制编码为例，如果采用等长编码，7 个不同的字符至少要用 3 位编码，则存储这段文本需要的空间总量为

$$3\text{b}\times（10+15+12+3+4+13+1）=3\text{b}\times 58=174\text{b}$$

另一种方案是采用非等长编码。例如 a 用 001 表示，e 用 01 表示，i 用 10 表示，s 用 00000 表示，t 用 0001 表示，r 用 11 表示，\n 用 00001 表示。那么，存储这段文本需要的空间总量为

$$3b\times10+2b\times15+2b\times12+5b\times3+4b\times4+2b\times13+5b\times1=146b$$

显然，采用非等长编码可以减少占用的存储空间。将常用的字符用较短的编码表示，不常用的字符用较长的编码表示，这就是哈夫曼编码的基本思想。

介绍哈夫曼树之前，先介绍前缀编码。前缀编码要求任意一个字符的编码都不是另一个字符或数据元素编码的前缀，例如，如果一个字符 a 被编码为二进制的 000，那么以 000 开头的 0000、0001 或者更长的编码都不能用来表示任何字符了。前缀编码可以保证在解码的过程中，解码器能够清楚地知道连续两个字符编码的分界位置。也就是说，如果读到 000，就可以确定当前字符的编码已经结束，解码得到的字符是 a，不必担心 0000、0001 等情况的出现。

本节介绍一种使用二叉树管理频率数据的方法，使得层次越深的结点频率越低，并赋予该结点越长的编码。二进制编码用二叉树实现，每个字符的编码是从根结点到叶结点的路径，用 0 表示左子树，用 1 表示右子树。为了保证前缀编码的无二义性，二叉树需要保证每个被编码的结点都是叶结点。这样产生的编码是可以被唯一解码的，因为对于任何一个结点，它的路径不会是另一个结点路径的一部分。

那么，如何构造这样一棵能够管理频率数据的二叉树呢？哈夫曼算法的原理是找到加权路径之和最小的二叉树，生成的二叉树被称为哈夫曼树，从哈夫曼树上获取的编码被称作哈夫曼编码。在哈夫曼树中，每个叶结点都代表一个字符或数据元素，并且具有权重（频率）值。权重值越高，表示该字符或数据元素出现的频率越高。根据权重值的不同，哈夫曼树的形状也会发生变化。使用哈夫曼树进行数据压缩，可以将原始数据转换为相对较短的二进制编码，从而减少数据的存储空间。数据解压缩时，只需要根据哈夫曼树的编码规则进行解码，即可还原原始数据。

哈夫曼编码 2：哈夫曼算法

哈夫曼树的构建基于以下原则：权重越高的结点越靠近树的根部。构建过程中，哈夫曼算法维护一个森林，其中每棵树的权值为该树所有叶结点出现的频率之和。每次选择权重最小的两棵树（当两棵树权值一致时可以选择任意一棵），将它们归并为一棵新的子树，并且将权重设置为两者之和。算法开始时，有 n 棵单个结点组成的树，每棵树对应一个字符。经过 $n-1$ 次归并之后，所有结点都被归并成一棵树，这棵树就是哈夫曼树。

下面利用本节开头的例子演示哈夫曼树的构建，构建过程如图 4-5 所示。首先，所有结点都是一棵独立的树，图 4-5（a）所示是有 7 棵树的森林。第一次归并频率最低的两棵树，也就是字符 s 和字符 \n，合成一棵根结点权重为 4 的树。第二次继续选取权重最低的两棵树，也就是字符 t 和第一次归并后合成的树，合成后的根结点权重为 8。

以此类推，最终构建的哈夫曼树及相应字符的哈夫曼编码如图 4-6 所示。读者可以自行验证，生成的编码是前缀编码。观察发现，最常用的字符 e、i、r 在哈夫曼编码中都只有两位编码，而如果使用等长编码处理 7 个字符，则所有字符都需要三位二进制数表示。

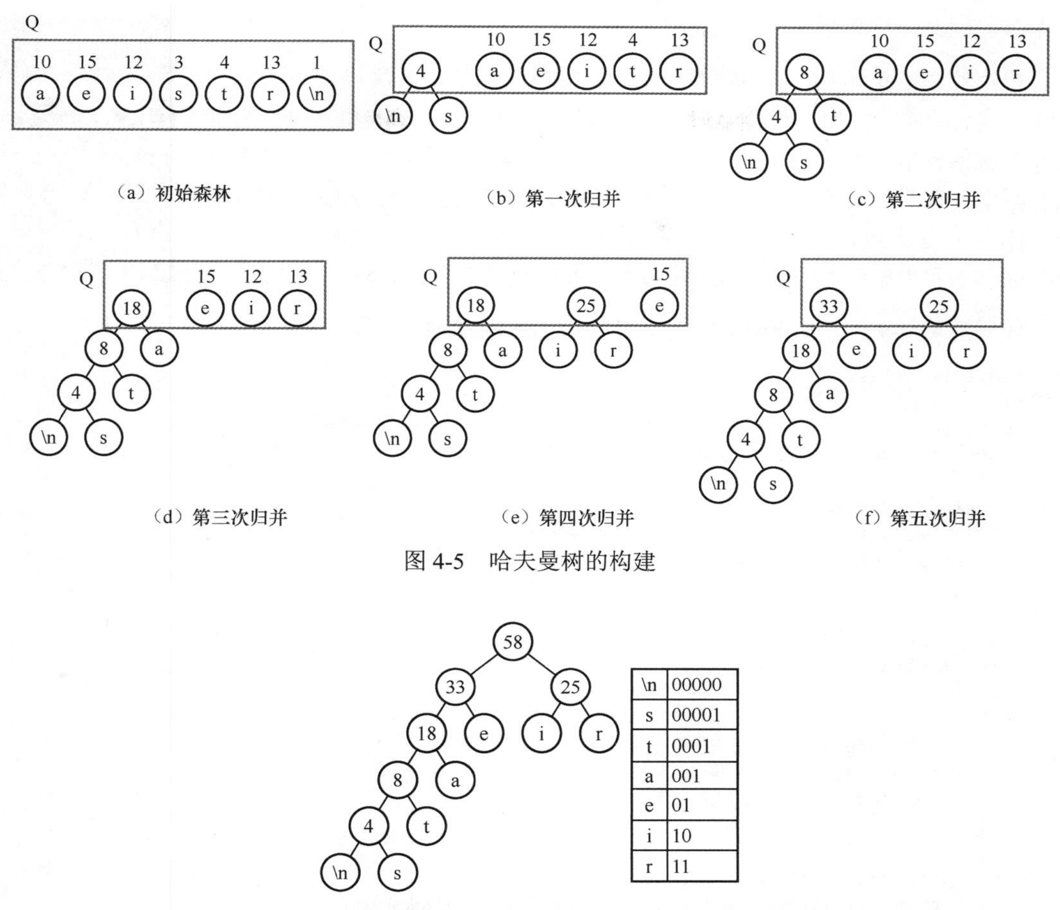

图 4-5　哈夫曼树的构建

图 4-6　最终构建的哈夫曼树及相应字符的哈夫曼编码

为了找出一组字符的哈夫曼编码，可以将哈夫曼树的构建和编码封装在一个哈夫曼树类中。由于哈夫曼树具有固定的形式，除了叶结点，其他结点的度都是 2。同时，哈夫曼树一旦被建立，就不能再修改。在这样的情况下，可以用一个数组来存储哈夫曼树，数组的每个元素就是哈夫曼树的一个结点。当待编码的元素个数为 n 时，可以知道哈夫曼树的结点个数为 $2n-1$。因此，需要申请一个大小为 $2n$ 的数组（下标为 0 的位置空置）存储这棵哈夫曼树。构建哈夫曼树的过程伪代码如算法清单 4-3 所示。

算法清单 4-3　哈夫曼树的构建过程

```
def hfTree(待编码的数据及其频率):
  申请一个大小为2n的数组;
  将待编码的数据和权值存储在数组下标为n～2n-1的位置上;
  for(i = n to 2)
    选取数组下标为i～2n-1的没有父结点的结点中权值最小的两个结点A、B;
    在数组下标为i-1的位置上存储A、B归并后的结点C;
    将C的左、右子结点设置成A、B;
    将A、B的父结点设置成C;
```

哈夫曼树构建完成后，数组下标为 1 的结点就是哈夫曼树的根结点。由算法清单 4-3 可以发现，在哈夫曼树构建过程中，需要存储每个结点的父结点，编码时也需要知道结点的左、右子结点。因此，这里采用二叉树的广义的标准存储结构。

根据算法清单 4-3 所示的哈夫曼树的构建过程，给出哈夫曼树类的定义及构造函数的实现，如代码清单 4-9 所示。哈夫曼树类的对象可以接受一组字符及对应的权值，并返回每个字符对应的哈夫曼编码。因此，哈夫曼树类应该有两个公有的成员函数：构造函数和生成哈夫曼编码的函数 getCode(hfCode result[])。构造函数接受一组待编码的字符及其权值，构造一棵哈夫曼树，getCode() 函数根据保存的哈夫曼树生成每个叶结点的哈夫曼编码。

代码清单 4-9　哈夫曼树类的定义及构造函数的实现

```
template <class elemType>
class hfTree {
 private:
  struct Node  // 数组中的元素类型
  {
    elemType data;                // 结点值
    int weight;                   // 结点的权值
    int parent, left, right;      // 父结点及左、右子结点的下标
  };

  Node *elem;
  int length;

 public:
  struct hfCode {    // 哈夫曼编码的类型
    elemType data;   // 待编码的字符
    string code;     // 对应的哈夫曼编码
  };

  hfTree(const elemType *x, const int *w, int size);
  void getCode(hfCode result[]);  // 由哈夫曼树生成哈夫曼编码
  ~hfTree() { delete[] elem; }
};

// 哈夫曼树类的构造函数
template <class elemType>
hfTree<elemType>::hfTree(const elemType *v, const int *w, int size) {
  const int MAX_INT = 32767;
  int min1, min2;               // 最小树、次最小树的权值
  int minIndex1, minIndex2;     // 最小树、次最小树的下标

  // 置初值
  length = 2 * size;
  elem = new Node[length];

  for (int i = size; i < length; ++i) {
    elem[i].weight = w[i - size];
    elem[i].data = v[i - size];
    elem[i].parent = elem[i].left = elem[i].right = 0;
  }

  // 归并森林中的树
  for (int i = size - 1; i > 0; --i) {
    min1 = min2 = MAX_INT;
    minIndex1 = minIndex2 = 0;
    for (int j = i + 1; j < length; ++j)
```

```
        if (elem[j].parent == 0)
          if (elem[j].weight < min1) {  // 元素j最小
            min2 = min1;
            min1 = elem[j].weight;
            minIndex1 = minIndex2;
            minIndex2 = j;
          } else if (elem[j].weight < min2) {  // 元素j次小
            min2 = elem[j].weight;
            minIndex1 = j;
          }
      elem[i].weight = min1 + min2;
      elem[i].left = minIndex1;
      elem[i].right = minIndex2;
      elem[i].parent = 0;
      elem[minIndex1].parent = i;
      elem[minIndex2].parent = i;
    }
  }
```

一旦生成了哈夫曼树，就可以通过对每个叶结点沿着父亲链逆向查找生成哈夫曼编码，直到达到根结点。代码清单 4-10 给出了哈夫曼树 getCode() 函数的实现，函数根据对象中保存的哈夫曼树生成哈夫曼编码并存储在数组 result 中。数组 result 中每个元素的 code 是 data 的编码。

代码清单 4-10　哈夫曼树 getCode() 函数的实现

```
template <class elemType>
void hfTree<elemType>::getCode(hfCode result[]) {
  int size = length / 2;
  int p, s;  // s是追溯过程中正在处理的结点，p是s的父结点下标

  for (int i = size; i < length; ++i) {  // 遍历每个待编码的字符
    result[i - size].data = elem[i].data;
    result[i - size].code = "";
    p = elem[i].parent;
    s = i;
    while (p) {  // 向根追溯
      if (elem[p].left == s)
        result[i - size].code = '0' + result[i - size].code;
      else
        result[i - size].code = '1' + result[i - size].code;
      s = p;
      p = elem[p].parent;
    }
  }
}
```

代码清单 4-11 展示了哈夫曼树类的使用示例。

代码清单 4-11　哈夫曼树类的使用示例

```
int main() {
  char ch[] = {"aeistdn"};
  int w[] = {10, 15, 12, 3, 4, 13, 1};
```

```
    hfTree<char> tree(ch, w, 7);
    hfTree<char>::hfCode result[7];
    tree.getCode(result);
    for (int i = 0; i < 7; ++i)
      cout << result[i].data << ' ' << result[i].code << endl;
    return 0;
}
/* 本程序的输出结果为：
a 000
e 01
i 11
s 00110
t 0010
d 10
n 00111
*/
```

4.4 优先级队列

本节将介绍优先级队列的定义和实现，以及优先级队列在任务调度中的简单应用。

4.4.1 优先级队列的定义

优先级队列 1：定义

为了解决本章开头所述的带优先级的排队交易问题，需要一种能够依照队列中元素的优先级自动维护队列次序的数据结构，元素优先级越高则出队越早，优先级越低则出队越晚。这种队列称为“优先级队列”。

与普通队列一样，优先级队列也需要支持下列操作。

- 创建队列。create()：创建一个空队列。
- 入队。enQueue(x)：将元素 x 插入队尾。
- 出队。deQueue()：删除队头元素并返回队头元素值。
- 读取队头。getHead()：返回队头元素值。
- 判队列空。isEmpty()：若队为空，返回 true，否则返回 false。

4.4.2 优先级队列的实现

优先级队列可以用现有的队列结构来实现。有两种方法可以保证出队时按元素优先级顺序出队：一种方法是不再将新入队的元素放在最后，而是按照优先级在队列中寻找合适的位置，将新入队的元素插入此位置，出队操作的实现保持不变；另一种方法是入队操作的实现保持不变，将新入队的元素放在队尾，但出队时不是取队头位置的元素，而是在整个队列中查找优先级最高的元素，让它出队。第一种方法的入队操作的时间复杂度是 $O(n)$，出队操作的时间复杂度是 $O(1)$；第二种方法的入队操作的时间复杂度是 $O(1)$，出队操作的时间复杂度是 $O(n)$，这两种方法都有一个主要操作的时间复杂度是 $O(n)$。有入队必有出队，入队和出队这两个操作中，只要有一个操作的时间复杂度是线性的，就会严重影响队列操作的性能。因此，需要设计一种新的、基于树形结构的优先级队列，减小队列操作的复杂性。

二叉堆是一种有序的二叉树，它可以使得入队和出队操作在最坏情况下的时间复杂度是 $O(\log n)$。二叉堆有两个性质：结构性和有序性，这两个性质保证了二叉堆可以被正确、高效地使用。

二叉堆的结构性指它必须是一棵完全二叉树。一般情况下，树形结构能够为二叉堆提供对数级的时间复杂度，但是也可能存在所有结点都只有左子结点或只有右子结点的情况，这时树就会退化成线性结构，性能将大大下降。为了保证最坏情况下的操作效率，希望二叉堆的高度尽可能低。因此，最理想的情况是二叉堆是一棵满二叉树，至少也应该是一棵完全二叉树。完全二叉树有一些非常有用的性质，例如对于具有 n 个结点的完全二叉树，它的高度是 $\lfloor \log_2 n \rfloor+1$。如果限制插入和删除操作只能发生在从根结点到叶结点的某条路径上，那么可以保证操作在最坏情况下的时间复杂度是对数级的，因此用顺序存储的方式存储二叉堆会让整个实现简单、清晰。

二叉堆的有序性指父结点的值一定大于（或小于）子结点，这保证了入队和出队操作的时间效率。二叉堆的有序性意味着最大（或最小）元素位于根结点的位置。根结点的子树也应该是一个堆（递归），也就是说，任何结点的值都应该比它的所有子孙结点的值大（或小）。当根结点是最大元素时，称为“最大化堆”；当根结点是最小元素时，称为“最小化堆”。图 4-7 给出了最大化堆和最小化堆的例子。图 4-7（a）是一个最大化堆，这棵树是一棵完全二叉树，满足二叉堆的结构性。这棵树的每一棵子树都满足根结点的值大于它的子孙结点的值，满足二叉堆的有序性。图 4-7（b）则是一个最小化堆。如果在优先级队列中，数值越大优先级越高，则采用最大化堆存储。如果数值越小优先级越高，则采用最小化堆存储。在之后的讨论中，都以最小化堆为例。

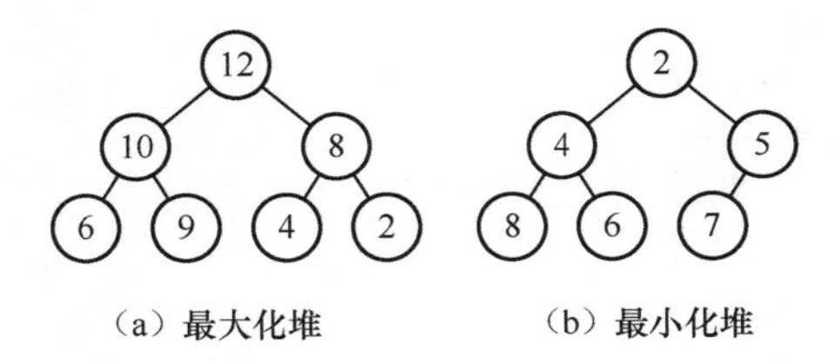

（a）最大化堆　　（b）最小化堆

图 4-7　最大化堆和最小化堆的例子

用二叉堆实现的优先级队列类的定义如代码清单 4-12 所示。优先级队列类的数据成员包括队列长度 currentSize、指向数组起始地址的指针 array 和容量 maxSize。array 指向的数组空间用来顺序存储完全二叉树，根结点从下标 1 开始存放。buildHeap() 和 percolateDown(int hole) 函数是用数组初始化二叉堆类的构造函数和实现出队操作时需要用到的辅助函数，buildHeap() 函数将整个二叉堆有序化，percolateDown() 函数则将下标为 hole 的结点调整到二叉堆中合适的位置。

优先级队列 2：类定义

代码清单 4-12　用二叉堆实现的优先级队列类的定义

```
template <class elemType>
class priorityQueue : public queue<elemType> {
 private:
  int currentSize;  // 队列长度
```

```
    elemType *array;  // 指向数组起始地址的指针
    int maxSize;      // 容量

  public:
    priorityQueue(int capacity = 100);
    priorityQueue(const elemType data[], int size);
    ~priorityQueue();
    void enQueue(const elemType &x);
    elemType deQueue();
    elemType getHead() const;
    bool isEmpty() const;

  private:
    void doubleSpace();
    void buildHeap();
    void percolateDown(int hole);
};
```

优先级队列类的构造函数和析构函数非常简单，只需要创建或释放数组空间。getHead() 函数用于获取队列的头部元素，只需要获取二叉堆的根结点，根结点被保存在 array 数组下标为 1 的位置。isEmpty() 函数用于判断队列是否为空，只需要检查 currentSize 是否为 0。doubleSpace() 函数和 2.3 节中顺序表的实现是一样的。这 5 个函数的实现如代码清单 4-13 所示。

代码清单 4-13　优先级队列类的构造函数、析构函数、getHead()、isEmpty() 和 doubleSpace() 函数的实现

```
template <class elemType>
priorityQueue<elemType>::priorityQueue(int capacity) {
  array = new elemType[capacity];
  maxSize = capacity;
  currentSize = 0;
}

template <class elemType>
priorityQueue<elemType>::~priorityQueue() {
  delete[] array;
}

template <class elemType>
elemType priorityQueue<elemType>::getHead() const {
  return array[1];
}

template <class elemType>
bool priorityQueue<elemType>::isEmpty() const {
  return currentSize == 0;
}

template <class elemType>
void priorityQueue<elemType>::doubleSpace() {
  elemType *tmp = array;
  maxSize *= 2;
  array = new elemType[maxSize];
  for (int i = 0; i <= currentSize; ++i) array[i] = tmp[i];
  delete[] tmp;
}
```

入队操作 enQueue() 函数是在二叉树中插入一个元素，插入后要保证这棵树还是一棵完全二叉树，同时保持堆的有序性。为了在堆中插入一个元素 x，需要在树上增加一个结点。由于堆是一棵完全二叉树并且使用顺序存储方式，所以新结点应该放在数组的下一个可用位置上。在这个位置创建一个空结点，如果元素 x 可以放在这个空结点中而不违反堆的有序性，也就是 x 的值大于其父结点的值，那么就将 x 放入这个空结点中，入队操作就完成了。否则，将空结点和父结点交换位置，空结点向上移动一层，继续这个过程，直到元素 x 能够被放入空结点中为止，这个过程被称为“向上过滤”。

图 4-8 通过一个例子说明二叉堆的向上过滤。假设要在初始二叉堆中插入元素 1（见图 4-8（a））。首先，在下一个可用的位置（即 5 的右子结点处）创建一个空结点（见图 4-8（b））。将 1 放入空结点会违反堆的有序性，因为 1 比 5 小，因此将 5 和空结点交换位置，原来存放 5 的结点成为新的空结点（见图 4-8（c））。此时，空结点的父结点是 3，再次尝试将 1 放入空结点仍然会违反堆的有序性，因此将 3 和空结点交换位置，原来存放 3 的结点成为新的空结点（见图 4-8（d））。尝试将 1 放入空结点仍然会违反堆的有序性，所以再次将 2 和空结点交换。现在空结点位于根结点的位置，并且将 1 放入这个结点不会违反堆的有序性，因此把 1 放入空结点中，入队操作完成（见图 4-8（e））。

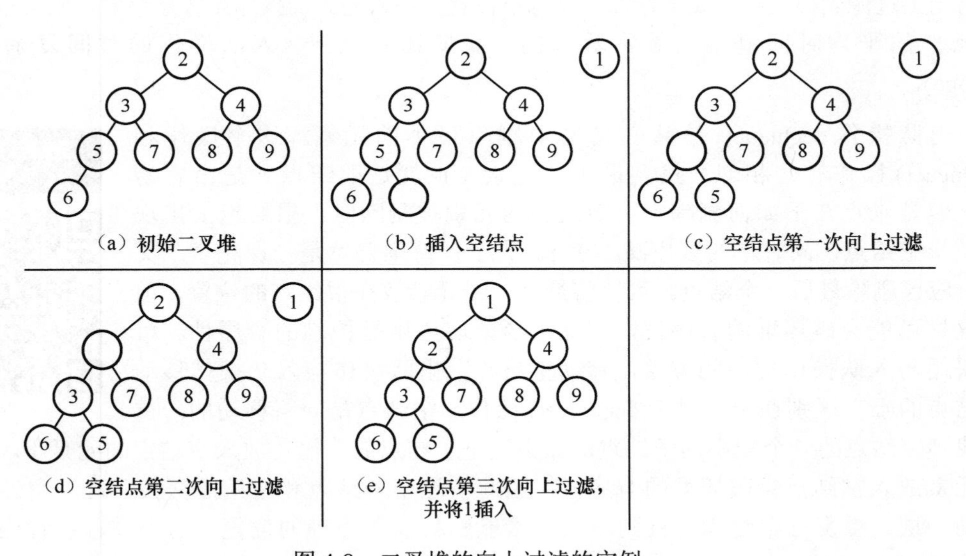

图 4-8 二叉堆的向上过滤的实例

算法清单 4-4 以伪代码的形式描述了这个过程。

算法清单 4-4 二叉堆的向上过滤

```
def upFiltering(二叉堆, 插入的值):
  创建一个空结点e;
  while(e不是根结点 && 插入的值<e的父结点的值) {
    将e的父结点的值写入结点e中;
    e = e的父结点;
  }
  将插入的值写入e;
```

二叉堆的向上过滤的具体实现如代码清单 4-14 所示。for 循环对应的是算法清单 4-4 中的 while 循环。如果空结点违反堆的有序性，则父结点的值会写入空结点，父结点成为新的空结点，空结点继续向上过滤，直到空结点的父结点小于插入值 x 或空结点为根结点，将 x 写入该空结点。在最坏情况下，寻找路径上的每一个结点，都变成其父结点的值。寻找 hole 结点的父结点的操作被写作 hole /= 2，而 for 循环的终止条件为 hole 是根结点或者找到了 x 需要写入的结点位置。

代码清单 4-14　优先级队列类的 enQueue() 函数的实现

```
template <class elemType>
void priorityQueue<elemType>::enQueue(const elemType &x) {
  if (currentSize == maxSize - 1) doubleSpace();
  // 向上过滤
  int hole = ++currentSize;
  for (; hole > 1 && x < array[hole / 2]; hole /= 2)
    array[hole] = array[hole / 2];
  array[hole] = x;
}
```

如果入队的数据元素是一个新的最小值，则入队操作的时间复杂度应该是 $O(\log n)$，因为它将向上过滤到根结点。如果在二叉堆每个位置上插入元素的操作是等概率的，则可以证明入队操作的平均时间复杂度是常数级的。而最坏情况下，入队操作的时间复杂度才是 $O(\log n)$。

出队操作 deQueue() 是从二叉堆中删除最小的元素。这个操作和 enQueue() 操作有些相似。找到最小的元素（也就是根结点）是很容易的，但是难点在于如何删除它。当最小的元素被删除时，根结点上出现了一个空结点，同时堆的规模减小了 1。为了保持堆仍然是一棵完全二叉树，应该删除最后一个结点。可以将最后一个元素放在根结点的位置，但是这样可能会破坏堆的有序性，因此需要采取措施维护堆的有序性。可以采用与入队操作类似的方法，移动空结点。出队操作与入队操作移动空结点的唯一区别在于，对于 deQueue() 操作，空结点是向下移动的。首先找到空结点的一个较小的子结点，如果这个子结点的值比待放入空结点的元素小，说明将该元素放入空结点会破坏堆的有序性，因此将这个子结点和空结点交换，这时空结点向下移动一层。重复这个过程，直到新的元素能够被放入正确的位置，这个过程被称为“向下过滤”。

优先级队列 4：出队操作

图 4-9 通过一个例子说明二叉堆的向下过滤。假设在优先级队列中执行一次 deQueue() 操作，相当于从初始二叉堆中删除值为 2 的根结点（见图 4-9（a））。删除后，根结点变成了一个空结点。尝试将最后一个元素 6 放入空结点中（见图 4-9（b））。但是将 6 放入空结点后会破坏堆的有序性，所以在空结点的两个子结点中选择较小的一个，即 3，将其放入空结点，并将原先存放 3 的结点变为新的空结点（见图 4-9（c））。然后再次尝试将 6 放入空结点，仍然会破坏有序性，所以再次选择较小的子结点 5，将其放入空结点，并将原先存放 5 的结点变为新的空结点（见图 4-9（d））。新的空结点是一个叶结点，则它没有子结点了，这样将 6 放入这个空结点不会破坏堆的有序性，所以将 6 放入这个空结点，出队操作完成。

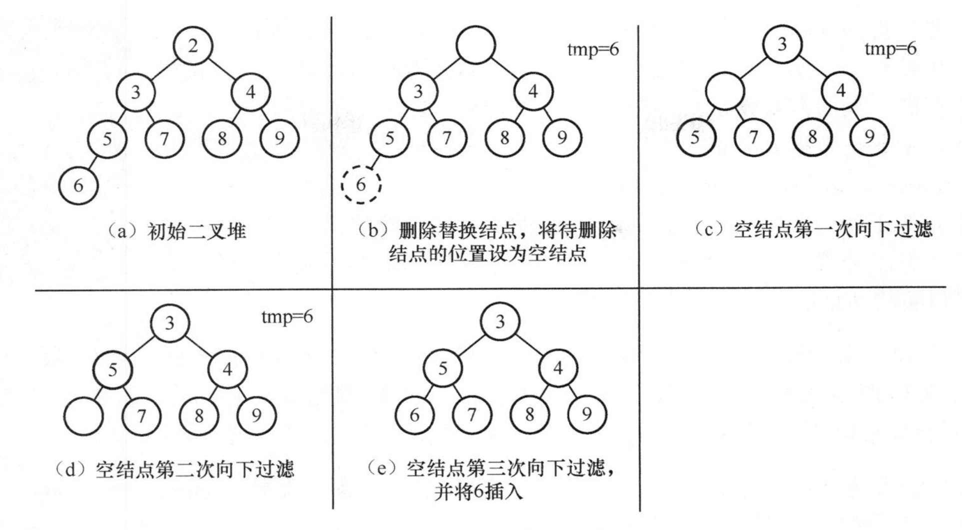

图 4-9 二叉堆的向下过滤

由于用数组初始化优先级队列类的构造函数中会用到向下过滤的过程，因此将向下过滤的过程设计为优先级队列类的私有成员函数 percolateDown()。deQueue() 和 percolateDown() 函数的实现如代码清单 4-15 所示，注释中解释了两个函数的具体实现步骤。

代码清单 4-15 优先级队列类的 deQueue() 和 percolateDown() 函数的实现

```
template <class elemType>
elemType priorityQueue<elemType>::deQueue() {
  elemType minItem;
  minItem = array[1];                    // 根结点保存的是二叉堆的最小值
  array[1] = array[currentSize--];       // 将二叉堆最后一个数据元素移到根结点
  percolateDown(1);                      // 将根结点的数据元素向下过滤
  return minItem;
}

template <class elemType>
void priorityQueue<elemType>::percolateDown(int hole) {
  int child;
  // 将待过滤结点的值保存在tmp中
  elemType tmp = array[hole];

  // 向下过滤
  // hole中保存空结点的位置
  for (; hole * 2 <= currentSize; hole = child) {
    child = hole * 2;   // 找到结点的左子结点
    if (child != currentSize && array[child + 1] < array[child])
      child++;     // child变量保存左、右子结点中值较小的子结点
    // 如果tmp比child大，那么由child代替空结点，空结点则向下过滤了一层
    if (array[child] < tmp)
      array[hole] = array[child];
    else
      break;   // 当前的空结点是一个符合规定的位置，向下过滤结束
  }
  array[hole] = tmp;   // 将待过滤结点的值写入空结点
}
```

下面分析如何将一组给定的数据构造成一个堆。假设这组数据元素存放在一个数组中，那么可以将这个数组中的数据元素看作一棵完全二叉树的顺序存储，我们需要恢复其有序性。最简单的方法是执行 n 次 enQueue() 操作，其中 n 是数据元素的个数。但是这种方法在最坏情况下的时间复杂度是 $O(n\log n)$，因为每次执行 enQueue() 操作都需要维护堆的有序性，做了很多额外的工作。实际上，在构造堆的过程中，每个数据元素加入后，堆是否有序并不重要，关键是所有数据元素都加入后，堆必须是有序的。因此，可以将构造堆的时间复杂度降低到 $O(n)$。

下面介绍如何采用递归方法构造一棵有序二叉树。假设有一个函数 buildHeap() 可以将二叉树调整为有序的，那么只需要对左、右子树调用 buildHeap()，再对根结点调用 percolateDown()，就可以将整棵二叉树调整为有序的。但是递归方法依然很复杂。

如果按照逆向层次顺序对结点调用 percolateDown()，那么在处理 percolateDown(i) 时，结点 i 的所有子孙结点都已经调用过 percolateDown()，整棵子树已经是有序的状态。这个过程使得 buildHeap() 算法变得简单、高效。注意，叶结点没有子结点，所以不需要对叶结点执行 percolateDown() 操作，因为所有叶结点都满足堆的有序性。总之，构造堆的方法是先将所有数据插入数组中，然后按照逆向层次顺序对结点调用 percolateDown() 以恢复堆的有序性，这样就能高效地构造一个有序的堆。带初始数据的堆的构造示例如图 4-10 所示。

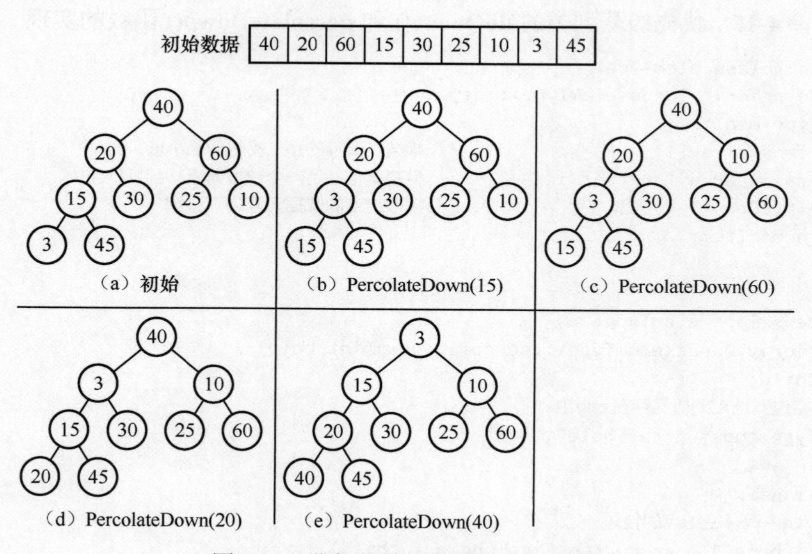

图 4-10 带初始数据的堆的构造示例

buildHeap() 函数的实现非常简单，只需要对每一个非叶结点调用向下过滤函数 percolateDown() 即可，其实现如代码清单 4-16 所示。

代码清单 4-16 优先级队列类的 buildHeap() 函数的实现

```
template <class elemType>
void priorityQueue<elemType>::buildHeap() {
  for (int i = currentSize / 2; i > 0; i--) percolateDown(i);
}
```

优先级队列类的带初始数据的构造函数可以调用 buildHeap() 函数完成堆的构造，该构造函数的实现如代码清单 4-17 所示。

代码清单 4-17 优先级队列类的带初始数据的构造函数的实现

```
template <class elemType>
priorityQueue<elemType>::priorityQueue(
    const elemType *items, int size)
    : maxSize(size + 10), currentSize(size) {
  array = new elemType[maxSize];
  for (int i = 0; i < size; i++) array[i + 1] = items[i];
  buildHeap();
}
```

注意，由于二叉堆的向上过滤与向下过滤操作不保持值相同的数据元素的次序，使用二叉堆实现的优先级队列无法保证对优先级一致的数据元素先到先处理。在实际应用中，可以通过添加额外信息来实现优先级队列中优先级一致数据元素的先到先处理，见习题（13）。

4.4.3 优先级队列的简单应用：任务调度

假设有一个任务队列，其中包含若干个待爬取的网页链接，每个链接都有一个与之关联的优先级。系统需要对这些任务进行调度，每次都选择优先级最高（优先级数字最小）的几个链接进行抓取，以确保尽快抓取到重要的内容。这个问题可以简化为输入 n（$n < 10^6$）个数字（在待爬取的网页链接任务队列中，数字为网页链接的优先级）和待查询的数字数量 k，需要查询并输出其中最小的 k 个数字。利用优先级队列能够简便地实现这个问题。

利用优先级队列类实现最小的 k 个数字的查询如代码清单 4-18 所示。先调用带初始数据的构造函数，将 n 个元素传入并建立优先级队列，然后通过循环调用 deQueue() 函数将最小的 k 个数字取出。

代码清单 4-18 利用优先级队列类实现最小的 k 个数字的查询

```
#include <iostream>
#include "priorityQueue.h"
using namespace std;
int n, k;
int arr[100000];
int main(){
  cin >> n >> k;
  for (int i = 0; i < n; i++){
    cin >> arr[i];
  }
  priorityQueue<int>* priority_queue = new priorityQueue<int>(arr, n);

  for (int i = 0;i < k; i++){
    cout << priority_queue->deQueue() << ' ';
  }
  cout  << endl;
}
```

优先级队列构造的时间复杂度为 $O(n)$，优先级队列每个出队操作的复杂度为 $O(\log n)$。因此，该实现总的时间复杂度为 MAX($O(n)$, $O(k\log n)$)。另一种方法是先将数字按照从小到大排序，然后选择最前面的 k 个数字输出，相应的排序算法将在第 7 章介绍。

4.5　大型应用实现：带优先级的排队交易类

在 3.4 节排队交易类的实现中，每提交一条购票或退票的交易请求，都会按照先来先服务的规则，记录每条交易信息，从队首开始依次尝试处理队列中的交易请求。而在现实生活中，排队次序存在很多优先情况，因此需要一个按优先级服务的交易队列，在高优先级订单到来时，自动将其"插队"到一个合适的位置。这一操作从整体上保持了队列在每个时刻的有序性。可以借助优先级队列对排队交易类进行升级，自动地按照用户优先级维护交易队列的次序。

带优先级的排队交易类 PrioritizedWaitingList 的功能如图 1-8 所示。从类设计的角度而言，该类与第 3 章中不带优先级的排队交易类是十分类似的，需要实现以下操作：

- 增加一位旅客的购票或退票交易订单，排在队伍的合适位置；
- 查看队头旅客的交易订单与用户信息，判断是否能满足该旅客的交易需求；
- 队头旅客的交易订单处理完毕，将此条记录从队头移出。

与 WaitingList 类相比，PrioritizedWaitingList 类最大的不同之处在于模块中的核心数据结构换成了优先级队列。这就需要为交易信息结构体 PurchaseInfo 定义优先级关系，通过比较订单用户的优先级决定先服务哪位用户。这个操作可由 PurchaseInfo 类的比较运算符重载函数完成，其实现如代码清单 4-19 所示。

代码清单 4-19　PurchaseInfo 类的比较运算符重载函数的实现

```
bool PurchaseInfo::operator<(const PurchaseInfo &rhs) const {
  int p1 = getUser().getPrivilege();
  int p2 = rhs.getUser().getPrivilege();
    return p1 > p2;
}
```

PrioritizedWaitingList 类的定义与实现如代码清单 4-20 所示。

代码清单 4-20　PrioritizedWaitingList 类的定义与实现

```
class PrioritizedWaitingList {
 private:
  priorityQueue<PurchaseInfo> purchaseQueue;

 public:
  PrioritizedWaitingList();
  ~PrioritizedWaitingList();
  // 将订单按照优先级插入队列的合适位置
  void addToPrioritizedWaitingList(const PurchaseInfo &purchaseInfo);
  // 将队头的订单移出队列
  void removeHeadFromPrioritizedWaitingList();
  // 获取队头的订单
  const PurchaseInfo getFrontPurchaseInfo() const;
  // 判断队列是否为空
```

```
  bool isEmpty() const;
};
PrioritizedWaitingList::PrioritizedWaitingList() {}
PrioritizedWaitingList::~PrioritizedWaitingList() {}

void PrioritizedWaitingList::addToWaitingList(
    const PurchaseInfo &purchaseInfo) {
  purchaseQueue.enQueue(purchaseInfo);
}

void PrioritizedWaitingList::removeHeadFromWaitingList() {
  purchaseQueue.deQueue();
}

const PurchaseInfo PrioritizedWaitingList::getFrontPurchaseInfo() const {
  return purchaseQueue.getHead();
}

bool PrioritizedWaitingList::isEmpty() const {
  return purchaseQueue.isEmpty();
}
```

PrioritizedWaitingList 类的完整代码参见电子资料仓库中的 code/PrioritizedWaitingList/PrioritizedWaitingList.h 文件及对应的 .cpp 文件。

4.6 小结

本章介绍了一种全新的数据结构——树形结构，它是许多重要的数据结构的基础。本章首先讨论了树与二叉树的定义、二叉树的存储与操作，然后由二叉树引出一种有序的二叉树——二叉堆，随后介绍了堆的定义与实现、优先级队列的定义与实现，并在大型应用中实现了带优先级的排队交易类。

树形结构中结点与结点之间的关系比顺序结构复杂，计算机顺序存储的物理性质导致树形结构的实现难度更大。因此，建议读者在后续章节中学习树的相关知识时，先通过图及例子理解算法的过程，阅读代码时应以理解为基础，不要拘泥于指针操作的技术细节，而是从逻辑层面理解数据结构的原理和应用。

4.7 习题

（1）对于任意一棵由 n 个结点组成的树，这棵树上所有结点的度之和是多少？

（2）对于一棵具有 n 个结点的完全二叉树，其高度是多少？

（3）如果一棵二叉树的前序遍历序列和后序遍历序列恰好相反，那么这棵二叉树的形态特征是怎样的？

（4）写一个程序，用二叉树的前序遍历序列和中序遍历序列构建二叉树。

（5）在二叉树类中增加一个求树高度的函数。

（6）实现一个具有广义的标准存储结构的二叉树类。

（7）在习题（6）的基础上，为每个结点添加一个成员 height，用于维护结点在树中的高度。

（8）结合二叉树的层次遍历，在链接实现的二叉树类（见代码清单 4-3）中实现一个输出函数 void binaryTree::printTree(elemType flag)。当函数的模板参数为 int，且 flag=−1 时，逐层输出二叉树的结点，如图 4-11 所示。

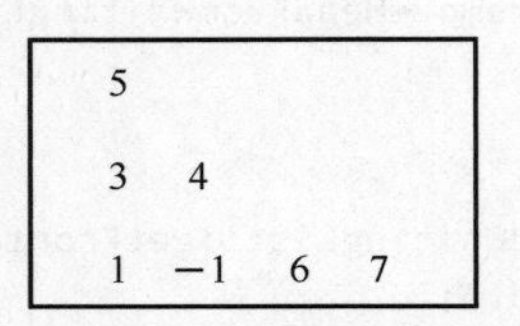

图 4-11　逐层输出二叉树的示例

（9）试用非递归的方法实现二叉树的前序遍历。

（10）对数组 {10,12,1,14,6,5,8,15,3,9,7,4,11,13,2} 调用 buildHeap() 函数构建一个最小化堆时，结点间的比较次数是多少次？

（11）有同学按照现有的二元哈夫曼编码的构造规则给出了以下 n 元哈夫曼编码（$n > 2$）的构造规则：n 元哈夫曼编码由一棵 n 叉哈夫曼树决定。初始化时，将每个待编码元素作为一棵树，组成一片森林。每次选择权值最小的 n 棵树，将它们合并为一棵新的子树，并且将权值设置为所有子树权值之和。经过若干次归并之后，所有结点都被合并成一棵树，这棵树就是 n 叉哈夫曼树。

1）设共有 m 个待编码元素，请写出该编码算法下子树的合并次数的计算公式。

2）上述 n 元哈夫曼编码规则是否是最优的前缀编码（即构造的前缀编码最短）？若是，请给出证明；若不是，请举反例进行说明，并尝试提出改进方案。

（12）在 4.5 节带优先级的排队交易类中，重载了 PurchaseInfo 类的比较运算符函数，这个函数可以改写成友元函数吗？如果能，请编写此函数；如果不能，请说明原因。

（13）在 4.5 节带优先级的排队交易类中，PurchaseInfo 的比较运算符重载函数通过比较订单用户的优先级决定先服务哪位用户。对于优先级一致的用户，并不保证订单的处理顺序。假设向 PurchaseInfo 类中新增一个 time 数据成员，用于记录用户提交订单时的时间戳，time 数据成员的类型是 time_t，可以直接使用大于号和小于号进行比较。请修改 PurchaseInfo 的比较运算符重载函数的功能，实现处理订单时先比较用户的优先级高低，优先级一致时则按照时间顺序先到先处理。

第5章 集合与静态查找表

前几章已经介绍过两种处理不同数据关系的数据结构：线性结构与树形结构。本章将介绍一种新的数据结构——集合。集合中的数据元素之间没有任何逻辑关系，只是属于同一个集合。

本章主要介绍如何在无序或有序集合中查找某一数据元素是否存在，如何实现并查集的集合合并和集合数据元素查找，以及如何使用静态查找表和并查集来处理集合数据，最后介绍如何利用并查集实现火车票管理系统的站点可达性查询。

5.1 问题引入

线性结构处理的是有顺序的数据元素，除头、尾结点外，每个数据元素都有唯一的前驱和后继，列车运行计划中途经的站点是一站接着一站，这种特性非常适合使用线性表；树形结构处理的是有层次的数据元素，除根结点和叶结点外，每个结点都有唯一的父结点及若干个子结点，排队交易类中的优先级队列就是借助基于二叉树的堆实现的。与线性结构和树形结构不同，集合中的数据元素更为松散，没有逻辑关系。

仍以火车票管理系统为例，在为管理员设计的列车运行计划管理类中，存储的每个途经站点都有先后次序。根据列车运行计划，管理员可以了解列车运行时途经的站点，包括其前驱站点和后继站点。旅客只关心站点与站点之间是否直达或中转可达。假设列车运行计划中的车次均为双向的，旅客的需求可通过本章介绍的并查集解决。

5.2 集合的定义

集合包含了一组同类数据元素，数据元素之间没有逻辑关系。集合的每一个数据元素都是不同的，数据元素之间用一个关键字来区分，其余部分叫作数据元素的值。例如，所有同学都隶属于班级2301，这个班级就是一个集合，而每个同学用班级内的学号来区分，学号就是数据元素的关键字。每个同学都有自己的姓名、生日、选课，这些信息就是数据元素的值。集合数据元素类型的定义如代码清单5-1所示。

代码清单 5-1　集合数据元素类型的定义

```
template <class KEY, class OTHER>
struct SET {
  KEY key;
  OTHER other;
};
```

由于集合的数据元素之间没有关系，因此集合的主要操作只有添加数据元素、删除数据元素，以及查找某个数据元素是否出现在集合中。查找是集合的基本操作之一，通常将用于查找的数据结构称为“查找表”。查找的目的是确定指定关键字值（简称“键值”）的数据元素在查找表中是否存在。通常来说，集合中每个数据元素的键值是不同的，但某些场合下也可能有少量的数据元素有相同的键值，有重复键值的集合又称为“多重集”。在本书中，假设每个数据元素的键值是不同的。如果查找表中的数据元素个数和每个数据元素的值是不变的，这样的查找表称为“静态查找表”。如果不仅要对查找表进行查找操作，还要进行插入、删除等操作，那么这个查找表是动态变化的，这样的查找表称为“动态查找表”。本章主要介绍静态查找表，第 6 章将介绍动态查找表。

被查找的所有数据元素全部存储在内存中的查找操作称为“内部查找”。如果数据元素过多，不能全部放在内存之中，只能将其存储在外存中，在这种情况下进行的查找操作称为“外部查找”。在外存中，每个数据元素通常被称为“数据记录”。

5.3　静态查找表

静态查找表中，数据元素的位置是固定的，在查找过程中不会插入新的数据元素。因此，数据元素的初始排序至关重要，表内数据元素是否有序会大大影响查找表的查找效率。本节将介绍无序表和有序表两种静态查找表的实现。

5.3.1　无序查找的实现

当静态查找表中的数据元素无序时，这个静态查找表称为“无序表”。无序表只能选择顺序查找，逐个比较存储在数组中的集合数据元素，直到找到一个匹配的数据元素。无序表的顺序查找的实现如代码清单 5-2 所示。其中，data 表示无序表所在的数组空间，size 表示无序表中的数据元素个数，x 为待查找的数据元素的键值。如果在无序表中成功查找到数据元素 x，则返回匹配数据元素的下标，否则返回 −1。

代码清单 5-2　无序表的顺序查找的实现

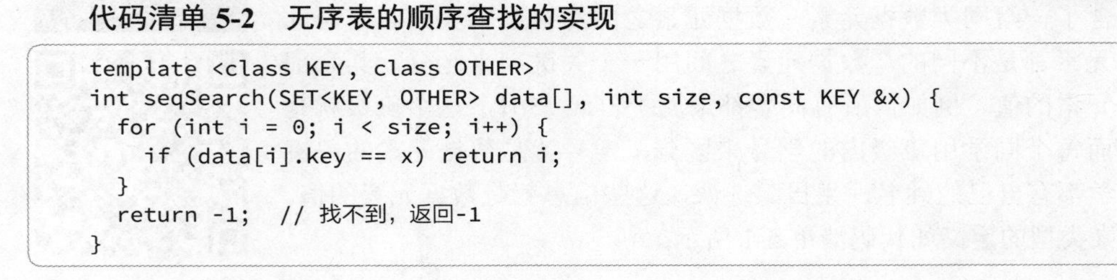

```
template <class KEY, class OTHER>
int seqSearch(SET<KEY, OTHER> data[], int size, const KEY &x) {
  for (int i = 0; i < size; i++) {
    if (data[i].key == x) return i;
  }
  return -1;  // 找不到，返回-1
}
```

在代码清单 5-2 的实现中，查找一个数据元素需要执行两次比较。第一次比较检查下标是否合法，即当前下标 i 是否小于表的大小 size；第二次比较当前位置的 key 是否和数据元素 x 匹配。当数据量 n 比较小时，执行 $2n$ 次比较的代价并不大，但是当数据量 n 比较大时，对常数 2 的优化就有必要了。常用的优化方法是空出一个数组元素（下标为 0），将待查找元素放到 data[0] 中，从后往前执行查找。如果直到比较下标为 0 的数据元素时才匹配成功，则表示查找失败，函数返回 0。改进后的代码如代码清单 5-3 所示，这样每检查无序表中的一个数据元素是否为数据元素 x，只需要执行一次比较。

代码清单 5-3 无序表的顺序查找的改进实现

```
template <class KEY, class OTHER>
int seqSearch(SET<KEY, OTHER> data[], int size, const KEY &x) {
  data[0].key = x;
  int i;
  for (i = size; x != data[i].key; --i);
  return i;
}
```

本章后续都假设被查找的数据元素下标从 1 开始存放，查找函数在查找失败时均返回 0。

5.3.2 有序查找的实现

当静态查找表中的数据元素有序时，这个静态查找表称为“有序表”。在本节中，假设有序表是按递增次序排列的。下面将介绍 4 种典型的有序查找的实现，适用于不同数据元素分布方式的有序表。

1. 顺序查找

有序表的顺序查找和无序表类似，区别在于从后向前扫描有序表时，如果被查找的数据元素的键值小于待查找的数据元素的键值，就可以提前跳出循环，结束查找。有序表的顺序查找的实现如代码清单 5-4 所示，时间复杂度仍然是 $O(n)$。

代码清单 5-4 有序表的顺序查找的实现

```
template <class KEY, class OTHER>
int seqSearch(SET<KEY, OTHER> data[], int size, const KEY &x) {
  data[0].key = x;
  int i;
  for (i = size; x < data[i].key; --i);
  if (x == data[i].key)
    return i;
  else
    return 0;
}
```

2. 二分查找

如果待查找数据是已排序的，例如从 1 ～ 100 中猜测系统预设的某个数字，系统会反馈猜测的数字太大、太小或正确。通常，玩家会先猜测中间的数字 50。如果系统反馈太大，玩家就知道正确的数字在 1 ～ 49 范围内，接下来猜测数字 25；反之，则猜测数字 76。每次猜测都将查找范围缩小一半，直到找到正确的数字。这就是二分查找的思想，二分查找的时间复杂度

下降到了 $O(\log n)$。

二分查找

为了实现这一算法，需要记录两个下标值，表示被查找数据元素的下标范围。这两个下标值分别保存在变量 low 和 high 中，mid 变量保存每次比较的中间位置，如果中间位置的键值和目标键值一致，就返回 mid；如果 mid 中的数据元素键值大于目标键值 x，说明目标位置在 low 和 mid−1 之间，则将变量 high 的值设为 mid−1；如果 mid 中的数据元素键值小于目标键值 x，说明目标位置在 mid+1 和 high 之间，则将变量 low 的值设为 mid+1。重复这个过程，如果最后两个下标值交叉了，表示查找范围为空，即所要查找的键值不在数组中。二分查找的实现如代码清单 5-5 所示。

代码清单 5-5 有序表的二分查找的实现

```
template <class KEY, class OTHER>
int binarySearch(SET<KEY, OTHER> data[], int size, const KEY &x) {
  int low = 1, high = size, mid;
  while (low <= high) {                    // 查找区间存在
    mid = (low + high) / 2;                // 计算中间位置
    if (x == data[mid].key) return mid; // 查找完成
    if (x < data[mid].key) high = mid - 1;// 数据元素键值大于目标键值，目标位置在low和mid-1之间
    else low = mid + 1;                    // 数据元素键值小于目标键值，目标位置在mid+1和high之间
  }
  return 0;
}
```

注意，对于比较小的 n，二分查找效率不高，因为当查找范围很小时，二分查找的迭代进展缓慢，每次只能消除少量的数据元素。因此，查找时可以采用混合策略：当查找范围比较大时，用二分查找；当查找范围缩小到一定程度后，采用顺序查找。这就像查字典一样，一旦将目标字确定到一页的范围内，就开始进行顺序查找。

3. 插值查找

插值查找

查字典的时候，如果需要查找“Cat”，则会从较前面的地方开始找；如果查找的单词是“Zebra”，则会直接翻到最后几页去查找。插值查找就利用了这一原理。使用插值查找估计下一个被查数据元素的位置的公式为

$$\text{next} = \text{low} + \frac{x - a[\text{low}]}{a[\text{high}] - a[\text{low}]} \times (\text{high} - \text{low} - 1)$$

其中，[low, high] 为查找的区间。假设数据元素的键值均匀分布在 a[low] 和 a[high] 之间，则上式计算得到的下标非常接近待查找数据元素 x 所在的

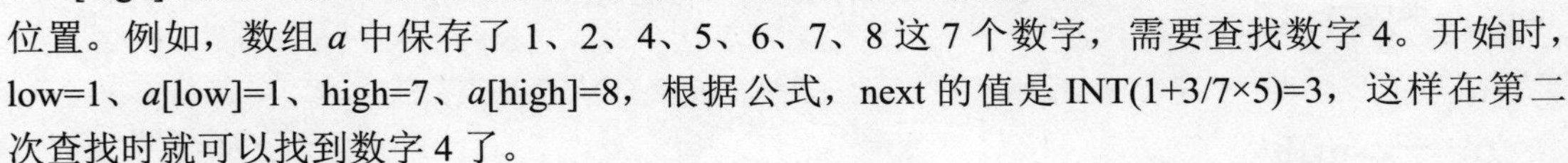

位置。例如，数组 a 中保存了 1、2、4、5、6、7、8 这 7 个数字，需要查找数字 4。开始时，low=1、a[low]=1、high=7、a[high]=8，根据公式，next 的值是 INT(1+3/7×5)=3，这样在第二次查找时就可以找到数字 4 了。

插值查找的应用场景需要满足下面两个条件：

- 访问一个数据元素比数学运算（加、减、乘、除）要费时；
- 数据有序且分布均匀。

这两个条件比较苛刻，因此大多数时候并不会使用插值查找。但是在特定的情况下，插值查找比二分查找高效得多。

4. 分块查找

《牛津高阶英汉双解词典》的侧面有 26 个蓝色的方块，分别标注以 A ～ Z 字母开头的单词的位置，这体现了分块查找的基本思想。分块查找把整个有序表分成若干块，块内的数据元素可以是有序的，也可以是无序的，但块之间必须是有序的。将查找表分块之后，就可以建立一个与字典侧面类似的索引表，索引表中的每一项包含这个块内的最大数据元素和这个块的起始地址。当应用分块查找时，需要先查找索引表，再进行块内查找。以图 5-1 所示的分块查找为例，如果需要找数字 24，就可以先利用二分查找确定它在第三个块中，这个块的起始地址是 8，终止地址是 12。然后在第三个块中查找数字 24，从下标 8 开始查找，一直向后查找到下标 12 都没有找到。因此，24 不在表中，查找失败。

最大数据元素	10	20	40	80
块的起始地址	0	4	8	13

键值	2	6	8	10	18	20	12	16	32	35	21	40	25	80	65
下标	0	1	2	3	4	5	6	7	8	9	10	11	12	13	14

图 5-1 分块查找的示例

通常来说，分块查找的性能高于顺序查找，低于二分查找。但是由于它不要求块内数据元素有序，因此在一些情况下，分块查找也是一种很有用的查找方案。

5.4 集合的简单应用：并查集

如果一个集合 S 可以被分解成多个不相交的集合 $S_1,S_2,\cdots,S_n$，这些集合合并起来是整个集合 S，那么集合 S 叫作“不相交集合”。不相交集合的基本操作是并和查找，并操作用于将两个子集合并，查找操作返回某个数据元素属于哪个子集。因此，不相交集合也被叫作“并查集”。

并查集可以用顺序表来存储，位置 i 上保存数据元素 s_i 所属子集的标识。查找操作的时间复杂度只有 $O(1)$，返回顺序表的第 i 个数据元素值即可。但是合并两个子集需要遍历整个顺序表，将一个子集的标识改成另一个子集的标识，时间复杂度为 $O(n)$，付出的代价太大了。

并查集通常使用树来存储。如图 5-2 所示，每个子集被表示为一棵树，每个数据元素是树上的一个结点，整个集合就是一片森林，树的根结点就是子集的标识。例如图 5-2（a）中，结点 2、3、5、6、7 都在同一个标识为 2 的子集中。并操作就是将两棵树合并成一棵树，由于对树的形状没有要求，因此只要将一棵树作为另一棵树的子树就可以了，时间复杂度为 $O(1)$。如图 5-2（b）所示，将标识为 4 的子集和标识为 2 的子集合并，就是将结点 4 作为结点 2 的子结点。查找操作就是找出树的根结点，树的高度一般是对数级的，因此查找操作的时间复杂度是对数级的。例如，要查找图 5-2（a）中结点 5 所在的集合，只需要向上查找父结点，直到查找到根结点 2，说明结点 5 所在集合的标识为 2。

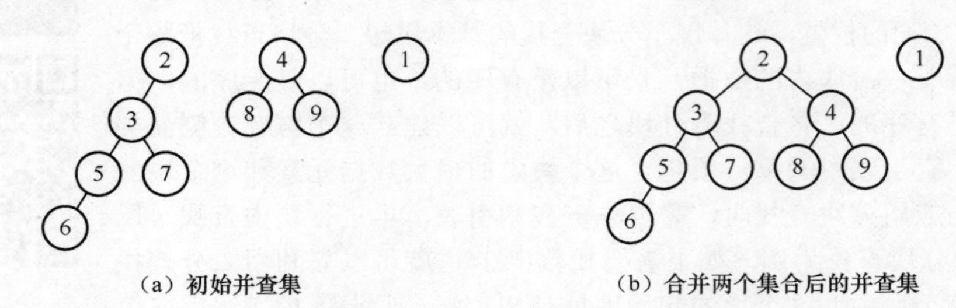

图 5-2　并查集的示例

由于并查集中只需要知道结点对应的根结点，而不需要查找结点的子结点，因此存储并查集只需要一个数组 parent，parent[i] 用于记录数据元素的父结点的下标。如果下标为 i 的数据元素是根结点，则 parent[i] 的值为 −1，i 就作为这棵树的标识。不相交集合类的定义如代码清单 5-6 所示。

代码清单 5-6　不相交集合类的定义

```
class disjointSet {
 private:
  int size;
  int *parent;

 public:
  disjointSet(int s);
  ~disjointSet() { delete[] parent; }
  void join(int root1, int root2);
  int find(int x);
};
```

图 5-2（a）中并查集的 parent 数组如图 5-3 所示。

index	1	2	3	4	5	6	7	8	9
parent	−1	−1	2	−1	3	5	3	4	4

图 5-3　图 5-2（a）中并查集的 parent 数组示例

在代码清单 5-6 中，join() 操作将两棵树合并成一棵树，也就是把一棵树作为另一棵树的子树。join(int root1, int root2) 函数传入的参数是两棵树的根结点的下标，将其中一棵树的根结点的父结点下标改成另一棵树的根结点的下标，就实现了两棵树的合并。实现 find() 操作只需要根据给定数据元素的下标，沿着父结点的指针找到根结点，返回根结点的下标即可。不相交集合的成员函数的实现如代码清单 5-7 所示。

并查集 3：实现思想优化

代码清单 5-7 不相交集合的成员函数的实现

```
disjointSet::disjointSet(int n) {
  size = n;
  parent = new int[size];
  for (int i = 0; i < size; ++i) parent[i] = -1;
}

int disjointSet::find(int x) {
  if (parent[x] < 0) return x;
  return find(parent[x]);
}

void disjointSet::join(int root1, int root2) {
  if (root1 == root2) return;
  parent[root1] = root2;
}
```

由于构建树时对树的形状没有要求，所以有可能出现一整棵树上的结点都只有一个子结点的情况，这时 find() 操作的时间复杂度依然是 $O(n)$。因此，可以从两方面来改进现有的并查集算法：执行 join() 操作时避免树变高，执行 find() 操作时改善树的结构。

并查集 4：类的实现

执行 join() 操作时，想要避免树变高，可以将结点数量较少的树作为结点数量较多的树的子树（称为“按规模并”），或者将较矮的树作为较高的树的子树（称为“按高度并”），从而使树的高度增长变慢。使用这种方法，不相交集合应该存储每棵树的规模或高度。可以用根结点的绝对值来表示树的规模或高度，在合并时比较两个根结点的绝对值，将绝对值更小的根结点作为绝对值更大的根结点的子结点。

执行 find() 操作时，改善树结构的方法被称为“路径压缩”。当执行 find(x) 时，将从 x 到根结点路径上的每一个结点的父结点都修改为根结点。当 x 的层次较深时，这种方法可以大大降低树的高度。

路径压缩能与按规模并完美地兼容，但是路径压缩与按高度并不完全兼容，因为路径压缩可能改变整棵树的高度而不知道每棵子树的高度如何改变。代码清单 5-8 利用按规模并和路径压缩算法，实现了改进版的并查集。读者可以自行思考并实现按高度并的并查集。

代码清单 5-8 不相交集合的 join() 函数和 find() 函数的改进实现

```
void disjointSet::join(int root1, int root2) {
  if (root1 == root2) return;
  if (parent[root1] > parent[root2]) {
    parent[root2] += parent[root1];
    parent[root1] = root2;
  } else {
    parent[root1] += parent[root2];
    parent[root2] = root1;
  }
}

int disjointSet::find(int x) {
  if (parent[x] < 0) return x;
  return parent[x] = find(parent[x]);
}
```

5.5 大型应用实现：列车运行图类（1）

路线查询是火车票管理系统中旅客常用的功能。旅客在出行前通常会查询路线，制订出行计划。如何实现这个功能？读者可能会想，既然已经有了列车运行计划管理类，是否可以添加成员函数，使得旅客也可以通过列车运行计划查找目标站点的路线？理论上这是可行的，但这并非最优解。要通过列车运行计划查找到达目标站点的路线，需要对线性存储的站点、历时和票价 3 个线性表进行遍历，一旦涉及中转一程甚至多程的查询，需要遍历所有车次的所有途经站点，性能很差。为此，需要一种新的数据管理方式——列车运行图，弱化车次的作用，将重点放在站点与站点间是否可以直达。

以一个实例来说明列车运行计划和列车运行图的关系。假设列车运行计划中共有以下 5 对车次①：

- G28 车次途经站点：上海虹桥站 ↔ 南京南站 ↔ 北京南站。
- G637 车次途经站点：南京南站 ↔ 合肥南站 ↔ 武汉站。
- G2698 车次途经站点：深圳北站 ↔ 合肥南站 ↔ 济南西站。
- D4 车次途经站点：重庆北站 ↔ 汉口站 ↔ 郑州站 ↔ 北京西站。
- G1141 车次途经站点：广州南站 ↔ 长沙南站 ↔ 汉口站。

将此列车运行计划绘制成列车运行图，如图 5-4 所示。

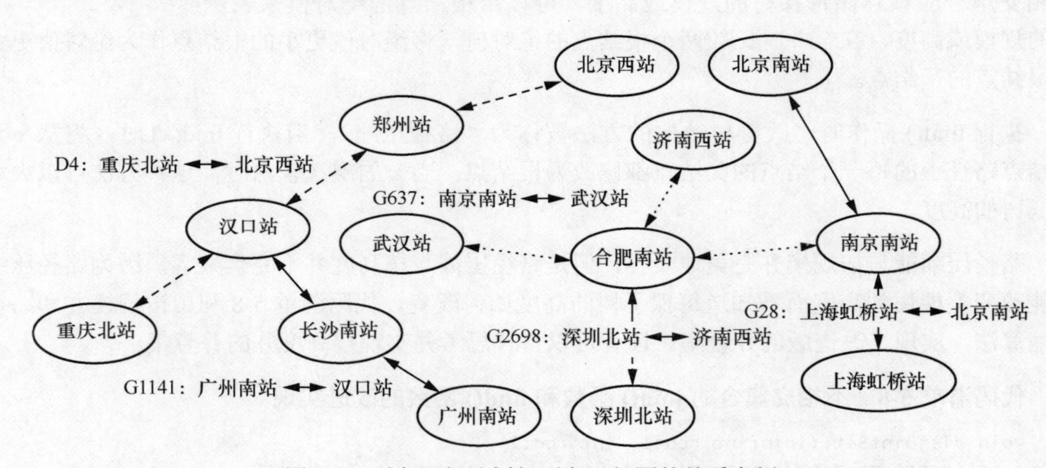

图 5-4　列车运行计划与列车运行图的关系实例

若一位旅客希望从广州南站前往北京西站，如何利用列车运行计划信息为旅客提供站点可达性查询功能？我们给出一个朴素的实现。要从广州南站出发，首先遍历所有列车运行计划，看看有没有列车运行计划的途经站点包括广州南站。G28、G637、G2698、D4 次都与广州南站无关。G1141 次途经广州南站、长沙南站与汉口站，意味着广州南站可以到达长沙南站与汉口站，但并不到达北京西站，所以若要前往北京西站，只能寄希望于在长沙南站或汉口站中转换

① 为了便于理解，本运行计划与实际情况稍有差异，省去了部分站点，省略了上下行车次号的切换。同时假设对开车次的车次号不变，例如，往返于上海虹桥站与北京南站的列车车次号均为G28。

乘。重新遍历所有列车运行计划，发现 D4 次途经汉口站，且 D4 次的途经站点也可达北京西站。最终系统提供的路线为从广州南站乘坐 G1141 次，在汉口站中转换乘 D4 次，抵达北京西站。假设列车运行计划数量为 n，列车运行计划途经站点数量最大为 m，使用列车运行计划信息提供站点可达性查询功能的时间复杂度为 $O(m^2n)$，效率较低。

有了列车运行图，路线一目了然。这里引入列车运行图类来存储与管理列车运行图。从设计规范性角度考虑，将管理员与旅客使用的功能分开封装，管理员只管理列车运行计划，旅客只查询列车运行图。列车运行图类 RailwayGraph 的功能如图 1-4 所示。

具体来说，旅客希望从列车运行图上得到以下问题的回答。

（1）两个站点之间是否可达？

（2）两个站点之间有哪些路线可走，分别途经哪些站点？

（3）是否可以按照个人购票偏好（如历时最短、票价最低）筛选出最优路线与车次？

对于问题（1），假设第 2 章列车运行计划管理类中的车次均为双向的，那么同一车次连接的站点间互相可达。如果两个车次存在相同的途经站点，那么两个车次中的所有站点都互相可达。因此，可以将站点集合看作一个并查集，将互相可达的站点组成一个子集。进行可达性查询时，查询两个站点分别属于哪个子集，如果属于同一子集，则表明此两个站点之间可达。

截至第 5 章，读者所掌握的数据结构还不足以解决问题（2）与（3），本书将在第 9 章与第 10 章中逐步完善列车运行图类。本节仅使用并查集实现两个站点之间的可达性查询功能。RailwayGraph 类的可达性查询部分的定义如代码清单 5-9 所示。

代码清单 5-9 RailwayGraph 类的可达性查询部分的定义

```
class RailwayGraph {
 private:
  disjointSet stationSet;

 public:
  // 把两个站点所属子集合并
  void connectStation(
      StationID departureStationID, StationID arrivalStationID);

  // 查询两个站点之间是否可达
  bool checkStationAccessibility(
      StationID departureStationID, StationID arrivalStationID);
};
```

站点并查集 stationSet 是 RailwayGraph 类的数据成员，它的初始化由构造函数完成，由于涉及列车运行图的存储，完整的构造函数将在第 9 章介绍。RailwayGraph 类的功能 connectStation() 和 checkStationAccessibility() 分别对应并查集的合并与查找操作。当添加列车运行计划时，为每一对相邻的站点调用 connectStation() 函数。当旅客需要查询两个站点之间是否可达时，可以调用 checkStationAccessibility() 函数。这两个函数的实现如代码清单 5-10 所示。

代码清单 5-10 RailwayGraph 类的 connectStation() 和 checkStationAccessibility() 函数的实现

```
void RailwayGraph::connectStation(
    StationID departureStationID, StationID arrivalStationID) {
  int x = stationSet.find(departureStationID);
```

```
    int y = stationSet.find(arrivalStationID);
    if (x != y)
      stationSet.join(x, y);
  }

bool RailwayGraph::checkStationAccessibility(
    StationID departureStationID, StationID arrivalStationID) {
  return stationSet.find(departureStationID)
      == stationSet.find(arrivalStationID);
}
```

站点并查集 stationSet 与两个成员函数 connectStation()、checkStationAccessibility() 仅实现了列车运行图查询功能的一小部分。RailwayGraph 类的完整代码参见电子资料仓库中的 code/RailwayGraph/RailwayGraph.h 文件及对应的 .cpp 文件。

5.6　小结

本章介绍了集合这种数据结构，首先介绍集合的静态查找操作的实现，对于无序表，只能进行顺序查找；而对于有序表，除顺序查找外，二分查找、插值查找和分块查找的性能更好。

不相交集合的基本操作是并和查找。为了提高查操作的效率，本章还介绍了按规模并、按高度并，以及路径压缩算法。

最后，本章使用并查集实现了大型应用中列车运行图类的可达性查询功能。

静态查找表是支持静态数据查找的数据结构，如果数据是有序的，则采用有序查找可以大大提升效率。然而，集合数据的固定性始终是很大的局限，第 6 章将通过树形结构和哈希表引入动态查找表，从而规避静态数据的局限性。

5.7　习题

（1）在什么情况下，插值查找比二分查找有更优的性能？请给出一个例子。

（2）请为不支持关系运算符的数据类型提供一个二分查找的函数模板，该函数模板需要传入额外的比较函数作为参数。

（3）请实现一个猜数字游戏的程序，该程序随机生成一个 1 ～ 100 范围内的数字作为目标数字，玩家输入猜测数字后，程序返回该数字比目标数字大、小、一致。如果玩家在 6 次猜测内成功猜出目标数字，则玩家胜利；否则，玩家失败。

（4）采用分块查找时，假设采用顺序查找确定被查数据元素所在的块。若线性表一共有 n 个数据元素，最佳的块大小是多少？

（5）请实现分块查找算法，假设每一块的大小为 10，函数原型为 int blockSearch(int a[], int blockInfo[], int n, int x)，a 为被查找的数组，blockInfo 数组依次保存每个块中数据的最大值，n 为 blockInfo 数组的大小，x 为待查找的数字，返回值为 x 在 a 中的下标。如果查询失败，则

返回 −1。

（6）请用非递归的方式实现并查集的 find() 函数。

（7）请在代码清单 4-3 定义的二叉树类中添加一个函数，查找两个结点最近的共同祖先。

（8）请画出图 5-5 中的并查集执行 find(4) 路径压缩操作后的形态。

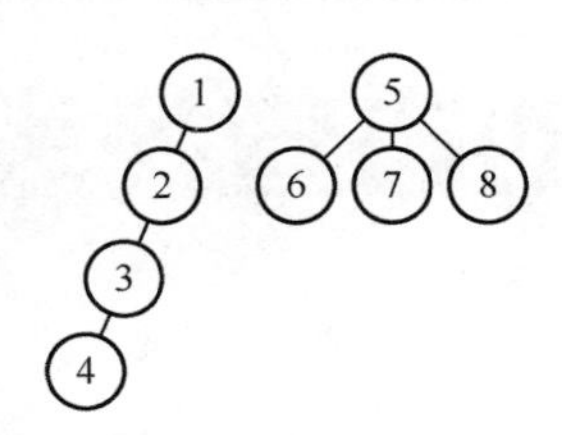

图 5-5 习题（8）中的并查集对应的树

（9）请实现不带路径压缩、按高度并的并查集。

（10）请为并查集添加一个成员函数 int getSetNum()，用于统计并查集中共有多少个子集。

（11）请为并查集添加一个成员函数 int getSetSize(int x)，用于统计数据元素 x 所在子集的大小。

第 6 章

动态查找表

静态查找表不能插入、删除、修改元素，导致其在实际场景中的应用非常有限。动态查找表是一种同时支持查找、插入、删除和修改操作的数据结构。本章将介绍多种动态查找表的实现，包括一些能够提高查找、插入、删除、修改性能的特殊树结构及哈希表。本章的最后将介绍如何使用动态查找表维护旅客管理子系统中的旅客信息。

6.1 问题引入

第 5 章介绍了如何用集合与静态查找表存储和处理站点这一类没有逻辑联系的数据元素。然而，静态查找表的局限之处在于集合是不能变的，既不能插入元素，也不能删除元素，还不能修改数据元素的值。在火车票管理系统中，几乎只能找到“站点”这一符合静态查找表的数据元素。在大多数情况下，需要插入与删除集合中的元素。一个最简单且常用的例子就是旅客信息管理，旅客需要频繁地进行注册与信息修改，需要设计一种数据结构来维护这种动态变化，这便是本章要介绍的动态查找表。

6.2 动态查找表的定义

动态查找表是一种同时支持查找、插入、删除和修改操作的数据结构。动态查找表在增删数据的过程中还需要支持高效的查找，如果采用有序的顺序表存储，插入和删除操作会造成大量的数据移动，导致查找表操作的整体时间复杂度为 $O(n)$。如果采用链接表存储，虽然在插入和删除时不需要移动数据，但是查找时需要从链接表的头结点开始，逐个向后检查，时间复杂度仍然是 $O(n)$，在火车票管理系统这种数据量很大的情况下并不适用。本章介绍两种动态查找表：查找树和哈希表。动态查找表抽象类的定义如代码清单 6-1 所示。

代码清单 6-1　动态查找表抽象类的定义

```
template <class KEY, class OTHER>
class dynamicSearchTable {
```

```
  public:
    virtual SET<KEY, OTHER> *find(const KEY &x) const = 0;
    virtual void insert(const SET<KEY, OTHER> &x) = 0;
    virtual void remove(const KEY &x) = 0;
    virtual ~dynamicSearchTable() {};
};
```

动态查找表需要实现高效的查找、插入和删除操作，使得处理时间尽可能少。本章主要介绍二叉查找树、AVL 树和红黑树等较为常用的查找树，并介绍哈希表。

6.3　二叉查找树

二叉查找树是查找树的基本结构，它的结点排列具有一定的有序性，本节主要介绍二叉查找树的定义及实现。

6.3.1　二叉查找树的定义

二叉查找树是最简单且高效的查找树。二叉查找树或者是一棵空树，或者满足以下条件：

（1）它是一棵二叉树，即每一个结点的子结点至多只有 2 个；

（2）若左子树不空，则左子树中的所有元素的键值都比根结点的键值小；

（3）若右子树不空，则右子树中的所有元素的键值都比根结点的键值大；

（4）它的左、右子树也都是二叉查找树。

图 6-1 展示了一棵典型的二叉查找树，该二叉查找树满足以上 4 个条件。观察图 6-1 可以发现，如果中序遍历一棵二叉查找树，就可以得到所有结点的键值从小到大的顺序列表。

图 6-1　一棵典型的二叉查找树

6.3.2　二叉查找树的实现

二叉查找树就是一棵二叉树，存储方式与二叉树一致。因为二叉查找树需要频繁地进行插入和删除操作，形状相对不固定，通常采用二叉树的标准存储法存储。二叉查找树类中定义一个存储结点信息的类 binaryNode，结点类中存储数据元素 data（包括键值、其他数据）、左子结点指针 left 和右子结点指针 right。二叉查找树类 binarySearchTree 中只需要保存一个指向根结点的指针 root，根据这个指针就可以查询到整棵树的信息。二叉查找树类的定义如代码清单 6-2 所示，二叉查找树的构建是从空树开始不断插入，构造函数中只需要构建一棵空树。除了查找、插入和删除 3 个基本操作函数，二叉查找树类中还包括一些私有的成员函数，作为递归时的辅助函数，每个辅助函数的用途已在注释中标注。

代码清单 6-2　二叉查找树类的定义

```
template <class KEY, class OTHER>
class binarySearchTree : public dynamicSearchTable<KEY, OTHER> {
 private:
  struct binaryNode {
    SET<KEY, OTHER> data;
    binaryNode *left;
    binaryNode *right;

    binaryNode(const SET<KEY, OTHER> &thedata,
        binaryNode *lt = nullptr, binaryNode *rt = nullptr)
        : data(thedata), left(lt), right(rt) {}
  };
  binaryNode *root;

 public:
  binarySearchTree();
  ~binarySearchTree();
  SET<KEY, OTHER> *find(const KEY &x) const;
  void insert(const SET<KEY, OTHER> &x);
  void remove(const KEY &x);

 private:
  // 递归插入，将键值为x的结点插入以t为根结点的子树
  void insert(const SET<KEY, OTHER> &x, binaryNode *&t);
  // 递归删除以t为根结点的子树中的键值为x的结点
  void remove(const KEY &x, binaryNode *&t);
  // 在以t为根结点的子树中递归查找键值为x的结点
  SET<KEY, OTHER> *find(const KEY &x, binaryNode *t) const;
  // 删除以t为根结点的子树上的所有结点
  void makeEmpty(binaryNode *t);
};
```

由于二叉查找树的有序性，查找函数只需要进行递归查找，首先将待查找的键值 x 与根结点的键值进行比较，判断该结点在左子树还是在右子树，然后在左子树或右子树上递归查找，直到找到该结点。二叉查找树的递归查找的伪代码如算法清单 6-1 所示。

二叉查找树 2：查找

算法清单 6-1　二叉查找树的递归查找

```
def find(树，待查找键值x):
  if (树为空树)
    查找的元素不存在;
  else if (t.key == x)
    查找成功，目标结点为t;
  else if (t.key > x)
    find(左子树, x);
  else
    find(右子树, x);
```

以图 6-1 所示的查找树为例，如果需要查找键值为 24 的结点，比较 18 和 24，判断目标结点在右子树；紧接着比较 29 和 24，判断目标结点在左子树；再比较 26 和 24、24 和 24，直到找到键值为 24 的结点。如果目标结点的键值为 25，前面的步骤都是一样的，直到找到 24，发

现键值为 24 的结点没有右子结点了，因此查找失败。二叉查找树 find(const KEY & x) 函数可以通过调用查找辅助函数 find(const KEY &x, binaryNode *t) 来实现，从根结点开始查找键值为 x 的目标结点。根据算法清单 6-1，find() 函数的实现如代码清单 6-3 所示。

代码清单 6-3　二叉查找树类的 find() 函数的实现

```
template <class KEY, class OTHER>
SET<KEY, OTHER> *binarySearchTree<KEY, OTHER>::find(
    const KEY &x) const {
  return find(x, root);
}

template <class KEY, class OTHER>
SET<KEY, OTHER> *binarySearchTree<KEY, OTHER>::find(
    const KEY &x, binaryNode *t) const {
  if (t == nullptr || t->data.key == x)  //  找到或不存在
    return (SET<KEY, OTHER> *)t;
  if (x < t->data.key)
    return find(x, t->left);  // 继续查找左子树
  else
    return find(x, t->right);  // 继续查找右子树
}
```

插入函数类似于查找函数，只需要找到合适的位置并插入相应结点即可。在二叉查找树上进行插入操作的原则是不破坏二叉查找树的性质，因此，插入操作首先需要进行查找。如果找到了待插入的键值 x，那么就与原有的树冲突了，则不进行插入。如果最后查找的位置为空，那么直接在这个位置插入新的结点。以图 6-1 为例，如果需要插入键值为 8 的结点，从根结点开始一路找到键值为 6 的结点，发现该结点的右子结点为空，就把键值为 8 的结点插入键值为 6 的结点的右子结点位置上，插入操作完成。插入函数也可以被描述为和查找函数类似的递归过程，其算法的伪代码如算法清单 6-2 所示。

算法清单 6-2　二叉查找树的递归插入

```
def insert(树，待插入结点data和对应键值x):
  if (树为空树)
    data插入为根结点;
  else if (t.key == x)
    已经有了该元素，插入失败;
  else if (t.key > x)
    insert(左子树, x);
  else
    insert(右子树, x);
```

根据算法清单 6-2，代码清单 6-4 给出了二叉查找树的插入函数及递归插入函数的具体实现。递归插入函数 insert(const SET<SET,OTHER> & x, binaryNode *& t) 实现了在根结点为 t 的树上插入结点 x，插入函数直接调用语句 insert(x, root)。

代码清单 6-4　二叉查找树类的 insert() 函数的实现

```
template <class KEY, class OTHER>
void binarySearchTree<KEY, OTHER>::insert(const SET<KEY, OTHER> &x) {
  insert(x, root);
}
```

```
template <class KEY, class OTHER>
void binarySearchTree<KEY, OTHER>::insert(
    const SET<KEY, OTHER> &x, binaryNode *&t) {
  if (t == nullptr)
    t = new binaryNode(x, nullptr, nullptr);
  else if (x.key < t->data.key)
    insert(x, t->left);
  else if (t->data.key < x.key)
    insert(x, t->right);
}
```

删除操作相对比较复杂，因为在删除过程中需要保证树的有序性和完整性。这里分以下 3 种情况介绍。

二叉查找树 4：
删除

（1）最简单的情况：待删除结点是叶结点，那么只需要从树中删除这个结点，例如图 6-1 中键值为 15 的结点和键值为 24 的结点。

（2）比较简单的情况：待删除结点只有一个子结点，那么只需要用其左（右）子结点替换当前结点，其他结点保持不变即可，例如图 6-1 中键值为 17 的结点和键值为 26 的结点。

（3）最复杂的情况：待删除结点同时有左、右子结点，为了保证树的完整性，需要执行的是替换和删除操作。我们希望能够在某棵子树上找到一个结点，用这个结点替换待删除结点后，二叉查找树仍然保持有序。不难发现，这个替换结点的键值应该是右子树的最小键值或左子树的最大键值。用这个结点替换待删除结点不会影响二叉查找树的有序性。

假设用右子树的键值最小的结点替换，因为替换结点的右子树上所有键值都比它的键值大，同时因为它的键值比待删除结点大（因为它在待删除结点的右子树上），所以自然也就比待删除结点的左子树上所有结点的键值都要大。为了查找右子树的最小键值，只需要从右子树的根结点找起，一直找结点的左子结点，直到找到一个没有左子结点的结点，这个结点就拥有右子树上的最小键值。找到替换结点后，将该结点替换到待删除结点在树上的位置，并在替换结点的原位置执行删除操作。替换结点或者是一个叶结点，或者只有右子结点，因此该位置的删除操作正好是第（1）或第（2）种情况。

以删除图 6-1 中键值为 12 的结点为例，首先查找其右子树（右子树的根结点的键值为 17）的最小值。从根结点 17 开始，一直找到没有左子结点的结点，其键值为 15，将键值为 15 的结点替换到键值为 12 的结点的位置，并删除原来键值为 15 的结点，这个结点没有子结点，可以直接删除。执行替换和删除操作后的二叉查找树如图 6-2 所示，仍然满足二叉查找树的性质。

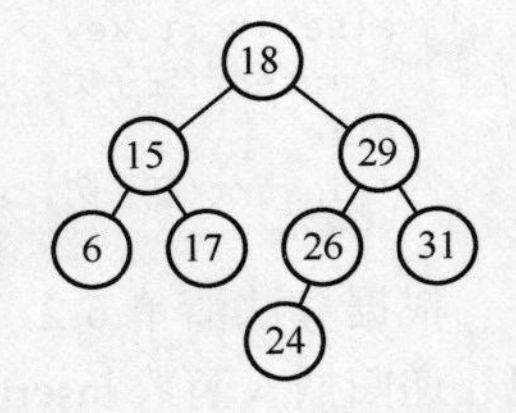

图 6-2　删除图 6-1 中键值为 12 的结点后的二叉查找树

仍然使用递归删除的办法实现删除函数。递归辅助函数 remove(const KEY &x, binaryNode *&t) 代表在以 t 为根结点的子树上删除键值为 x 的结点。二叉查找树的删除仍然要从查找结点开始，如果没有找到键值为 x 的结点，则不执行任何操作。如果待删除结点在当前结点的左子树，那么就在当前结点的左子树上执行删除操作。待删除结点在右子树上时，删除操作同理。找到待删除结点后，就分上述

3 种情况删除结点。二叉查找树的 remove() 函数的实现如代码清单 6-5 所示。

代码清单 6-5　二叉查找树的 remove() 函数的实现

```
template <class KEY, class OTHER>
void binarySearchTree<KEY, OTHER>::remove(const KEY &x) {
  remove(x, root);
}

template <class KEY, class OTHER>
void binarySearchTree<KEY, OTHER>::remove(const KEY &x, binaryNode *&t) {
  if (t == nullptr) return;  // 待删除结点不存在
  if (x < t->data.key)
    remove(x, t->left);
  else if (t->data.key < x)
    remove(x, t->right);
  // 上面3种情况还没有定位待删除结点，执行递归查找
  // 下面两种情况是找到了待删除结点，即此时t为待删除结点
  else if (t->left != nullptr && t->right != nullptr) { // 有两个子结点的情况
    binaryNode *tmp = t->right;
    // 循环找左子结点，直到找到没有左子结点的结点，将内存地址保存在tmp中
    while (tmp->left != nullptr) tmp = tmp->left;
    t->data = tmp->data;  // 用右子树的键值最小的结点替换待删除结点t
    remove(t->data.key, t->right);  // 将结点tmp删除
  } else {  // 待删除结点是叶结点或只有一个子结点
    binaryNode *oldNode = t;
    t = (t->left != nullptr) ? t->left : t->right;
    delete oldNode;
  }
}
```

二叉查找树类的构造函数只需要构建空树。makeEmpty(binaryNode *t) 辅助函数在递归地删除左、右子树后，再删除当前的结点。析构函数利用 makeEmpty() 辅助函数，递归地删除所有结点。这 3 个函数的实现如代码清单 6-6 所示。

代码清单 6-6　二叉查找树类的构造函数、makeEmpty() 辅助函数和析构函数的实现

```
template <class KEY, class OTHER>
binarySearchTree<KEY, OTHER>::binarySearchTree() {
  root = nullptr;
}

template <class KEY, class OTHER>
void binarySearchTree<KEY, OTHER>::makeEmpty(binaryNode *t) {
  if (t == nullptr) return;
  makeEmpty(t->left);
  makeEmpty(t->right);
  delete t;
}

template <class KEY, class OTHER>
binarySearchTree<KEY, OTHER>::~binarySearchTree() {
  makeEmpty(root);
}
```

当二叉查找树是平衡的时（见 6.4 节对“平衡二叉树”的定义），访问结点的时间复杂度是对数级的。但是在最坏的情况下，二叉查找树一直插入一个有序序列（例如从大到小插入），二叉查找树将退化成单链表，访问结点的时间复杂度为 $O(n)$。因此，需要设计更高效的树来解决动态查找的问题。

6.4　AVL树

本节将介绍 AVL 树的定义和实现。

6.4.1　AVL树的定义

为了使二叉查找树的查找、插入和删除操作的性能达到最优，最基本的思想是让树尽可能地保持矮、胖的形态，其中满二叉树或完全二叉树是最理想的。然而，在保持满二叉树或完全二叉树特性的同时进行插入和删除操作是非常耗时的，因此可以采用一些次优的解决方案，通过引入一定的平衡条件，使得二叉查找树尽可能地保持矮、胖的状态，不一定要求是满二叉树或完全二叉树。这种平衡条件有助于提高二叉查找树的性能，减少查找、插入和删除操作的时间复杂度。满足这种平衡条件的树被称作“平衡二叉树”，即树中任意结点的左、右子树的高度差保持在一个可控的范围内。

苏联数学家 G. M. Adelson-Velski 和 E. M. Landis 在 1962 年提出了一种平衡方法，规定任一结点的左、右子树的高度差不超过 1。为了纪念这两位数学家，这样的树被命名为 AVL 树。

AVL 树仍然是一棵二叉查找树，需要满足二叉查找树的条件。图 6-3（a）展示了一棵典型的 AVL 树，其中结点旁边的数字是结点的“平衡度”，表示结点左子树的高度减去右子树的高度。由 AVL 树的定义可以知道，AVL 树上结点的平衡度的值只能取 {−1,0,+1}，显然图 6-3（b）中的二叉树不满足 AVL 树的定义。

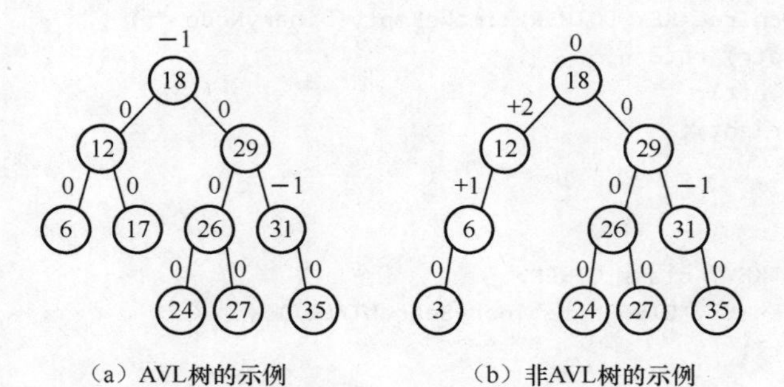

图 6-3　AVL 树与非 AVL 树

可以证明，AVL 树的高度是对数级别的。详细的数学证明过程参见附录 A.3。

与二叉查找树类似，AVL 树也继承了动态查找表类 dynamicSearchTable。AVL 树的每个结点除了需要存储结点值和左、右子树信息，还需要存储便于获取结点的平衡度的信息。因此，每个结点新增了一个数据成员 height，用于保存结点的高度。AVL 树类的定义如代码清单 6-7 所示，在私有成员函数中，AVL 树类定义了几个辅助函数。LL(AVLNode *&t)、RR(AVLNode *&t)、LR(AVLNode *&t) 和 RL(AVLNode *&t) 是 4 种恢复结点 t 的平衡的函数。makeEmpty(AVLNode *t) 是清空 AVL 树的辅助函数，用于清空以 t 为根结点的子树。height(AVLNode *t) 函数用于返回以 t 为根结点的子树的高度。adjust(AVLNode *t, int subTree) 函数用于调整以 t 为根结点的子树的平衡，其中 subTree 参数用于标识左、右子树（0 为左子树，1 为右子树）。在后续使用的时候，会给出各个函数的具体实现。

代码清单 6-7 AVL 树类的定义

```
template <class KEY, class OTHER>
class AVLTree : public dynamicSearchTable<KEY, OTHER> {
  struct AVLNode {
    SET<KEY, OTHER> data;
    AVLNode *left;
    AVLNode *right;
    int height;  // 结点的高度

    AVLNode(const SET<KEY, OTHER> &element, AVLNode *lt, AVLNode *rt,
        int h = 1)
        : data(element), left(lt), right(rt), height(h) {}
  };

  AVLNode *root;

 public:
  AVLTree() { root = nullptr; }
  ~AVLTree() { makeEmpty(root); }
  SET<KEY, OTHER> *find(const KEY &x) const;
  void insert(const SET<KEY, OTHER> &x);
  void remove(const KEY &x);

 private:
  void insert(const SET<KEY, OTHER> &x, AVLNode *&t);
  bool remove(const KEY &x, AVLNode *&t);
  void makeEmpty(AVLNode *t);
  int height(AVLNode *t) const {
    return t == nullptr ? 0 : t->height;
  }
  void LL(AVLNode *&t);
  void RR(AVLNode *&t);
  void LR(AVLNode *&t);
  void RL(AVLNode *&t);
  int max(int a, int b) { return (a > b) ? a : b; }
  bool adjust(AVLNode *&t, int subTree);
};
```

6.4.2　AVL树的实现

AVL 树插入 1：
问题描述

AVL 树满足二叉查找树的性质，因此其查找过程与二叉查找树相同。二叉查找树中，查找操作为递归实现。为了减少工具函数的定义，在 AVL 树的实现中，查找操作为非递归实现。非递归实现非常简单，如果要查找键值为 x 的结点，设根结点为待查结点，如果 x 比待查结点的键值小，则将待查结点设为当前待查结点的左子结点，否则将待查结点设为当前待查结点的右子结点。继续比较 x 和待查结点的键值，直到待查结点为空或者待查结点的键值为 x。AVL 树的 find() 函数的非递归实现如代码清单 6-8 所示。

代码清单 6-8　AVL 树的 find() 函数的非递归实现

```
template <class KEY, class OTHER>
SET<KEY, OTHER> *AVLTree<KEY, OTHER>::find(const KEY &x) const {
  AVLNode *t = root;

  while (t != nullptr && t->data.key != x)
    if (t->data.key > x)
      t = t->left;
    else
      t = t->right;

  if (t == nullptr)
    return nullptr;
  else
    return (SET<KEY, OTHER> *)t;
}
```

AVL 树插入 2：
LL 与 RR

在 AVL 树上插入一个结点，不仅需要保证有序性，还要满足 AVL 树的平衡条件，如果插入结点后不满足平衡条件了，就需要调整树使之平衡。通过观察可以发现，插入一个结点时，只有从插入点到根结点的路径上的结点的高度会发生变化，也只有这些结点的平衡度可能发生变化。因此插入一个结点后需要从插入点向根结点回溯，检查每个结点的平衡情况。当发现结点失去平衡时，需要重新恢复它的平衡。找到第一个失衡的结点进行调整，假设要重新平衡的结点为 A，A 只有在图 6-4 中展示的 4 种情况下失衡，阴影部分表示插入的位置，图 6-4（a）～图 6-4（d）分别对应 LL、RR、LR 和 RL 的情况，其中浅色矩形代表某棵子树，深色矩形代表子树额外的一层，使用大括号标记子树高度，h 是一个正整数。

- LL 情况：原来结点 A 的左子树比右子树高，插入发生在 A 的左子结点的左子树（根结点为 B）中，使 A 的左子树增高。
- RR 情况：原来结点 A 的右子树比左子树高，插入发生在 A 的右子结点的右子树（根结点为 B）中，使 A 的右子树增高。
- LR 情况：原来结点 A 的左子树比右子树高，插入发生在 A 的左子结点的右子树（根结点为 B）中，使 A 的左子树增高。
- RL 情况：原来结点 A 的右子树比左子树高，插入发生在 A 的右子结点的左子树（根结点为 B）中，使 A 的右子树增高。

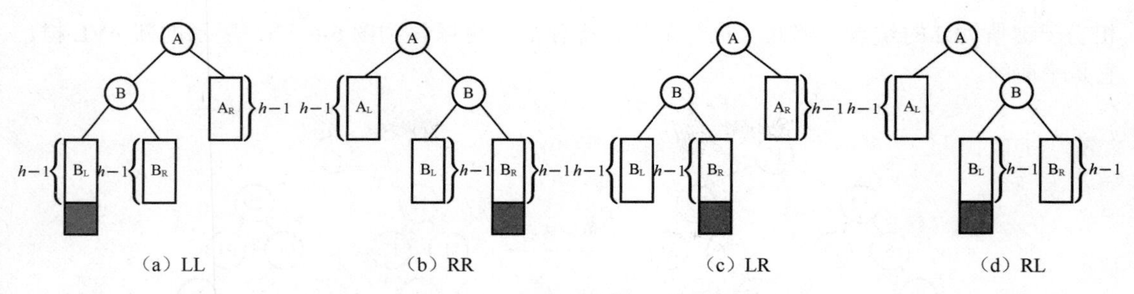

图 6-4 AVL 树失衡的 4 种情况

LL 情况和 RR 情况是对称的，LR 情况则和 RL 情况是对称的，以 LL 情况和 LR 情况为例，解释两种情况的解决方案。

LL 情况相对比较简单，只需要旋转一次就可以让树平衡，因此叫作“单旋转”。以图 6-5（a）为例，在插入之前，结点 A 是平衡的，它的左子树比右子树高一层。插入前结点 B 的平衡度为 0。这是因为如果插入前结点 B 的平衡度为 +1（即左子树比右子树高 1），在 B 的左子树插入新结点后，B 才是最先失去平衡的结点。如果插入前结点 B 的平衡度为 −1，在 B 的左子树插入新结点后 A 不会失衡。只有在结点 B 的平衡度为 0 的情况下，插入新结点后，结点 A 违反了 AVL 树的平衡性。子树 B 的高度增加了 1 层，导致 A 的右子树比以 B 为根结点的子树矮了 2 层。

为了重新平衡这棵树并保持有序性，可以进行单旋转操作。可以想象，树是灵活的，抓住结点 B 并晃动，让树在重力的控制下摆动。单旋转操作的结果是 B 变成了新的根结点，而 A 成为 B 的右子结点。B 的左子结点和 A 的右子结点保持不变。同时，原来 B 的右子树由大于 B 的键值且小于 A 的键值的结点构成，在新树中成为 A 的左子树。如图 6-5（b）所示，执行单旋转后，A 和 B 的平衡度都恢复为 0，并且调整后树的高度与插入前的树高度相同。执行单旋转操作后，不需要再更新根路径上其他结点的高度，因为这些结点的平衡度不会改变。

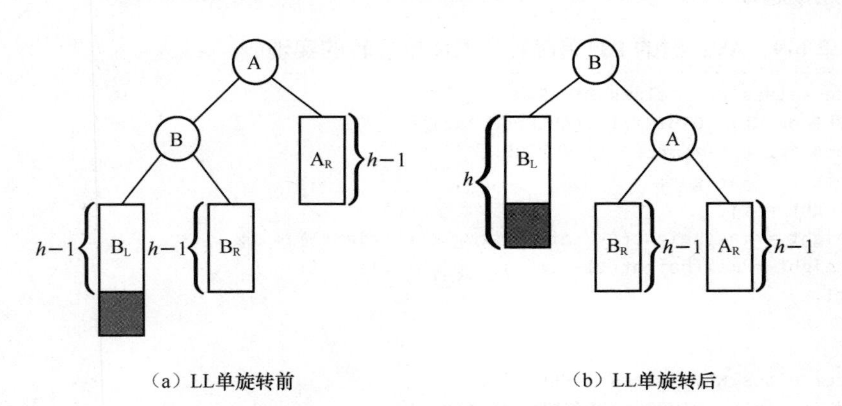

图 6-5 AVL 树的 LL 单旋转

执行单旋转操作后，这棵树仍然保持有序。这样一来，不需要进行其他操作就成功地重新平衡了 AVL 树。例如，在图 6-3（a）中插入键值为 4 的结点后，AVL 树仍然符合条件。但是当再插入一个键值为 2 的结点后，如图 6-6（a）所示，AVL 树中键值为 6 的结点的左、右子树高度差变成了 2，不满足平衡条件。在这里，键值为 6 的结点类似于图 6-5 中的结点 A，键值为 4 的结点类似于图 6-5 中的结点 B，图 6-5 中的 B_R 和 A_R 为空，阴影部分新添加的结点就相当于键值为 2 的结点。因此，执行单旋转操作后，可以得到图 6-6（b）所示的新 AVL 树，它是平衡的。

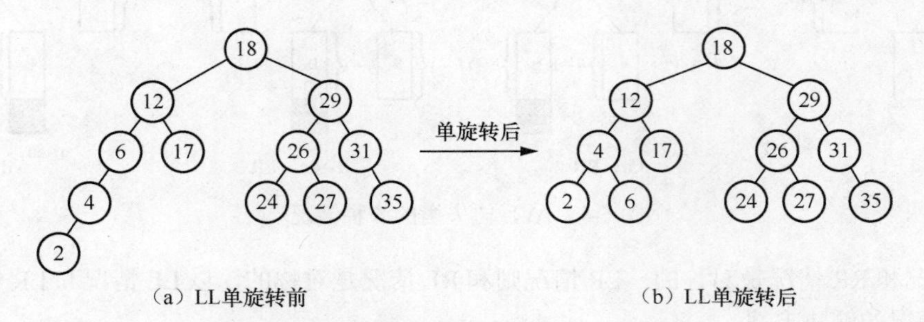

图 6-6　AVL 树的 LL 单旋转实例

RR 情况的单旋转操作和 LL 情况完全对称，图 6-7 给出了一个 RR 单旋转的例子。

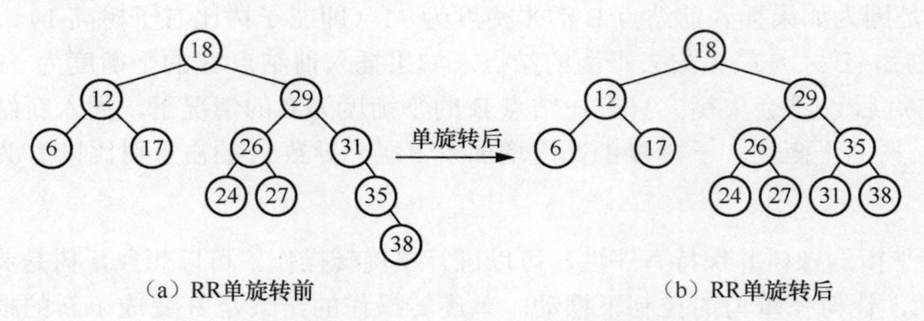

图 6-7　AVL 树的 RR 单旋转实例

代码清单 6-9 给出了 AVL 树的 LL 单旋转和 RR 单旋转的实现。注意，这两个函数的参数都是通过引用传递的，因为单旋转将改变子树的根结点，引用传递可以将子树的新根结点和子树的父结点连接起来。

代码清单 6-9　AVL 树的 LL 单旋转和 RR 单旋转的实现

```
template <class KEY, class OTHER>
void AVLTree<KEY, OTHER>::LL(AVLNode *&t) {
  AVLNode *t1 = t->left;  // 未来的树根
  t->left = t1->right;
  t1->right = t;
  t->height = max(height(t->left), height(t->right)) + 1;
  t1->height = max(height(t1->left), height(t)) + 1;
  t = t1;
}

template <class KEY, class OTHER>
void AVLTree<KEY, OTHER>::RR(AVLNode *&t) {
  AVLNode *t1 = t->right;
  t->right = t1->left;
  t1->left = t;
  t->height = max(height(t->left), height(t->right)) + 1;
  t1->height = max(height(t1->right), height(t)) + 1;
  t = t1;
}
```

单旋转不能解决 LR 和 RL 的问题，因为失衡结点较深的子树存在于以失衡结点为根结点的子树的内侧（即左子树的右子结点或者右子树的左子结点），只旋转一次并不能让失衡结点 A 平衡。解决方案就是通过将较深的子树单旋转一次，把失衡结点较深的子树旋转到以失衡结点为根结点的子树的外侧（即左子树的左子结点或者右子树的右子结点），就可以转化为 LL 和 RR 情况，最后对失衡结点执行单旋转操作，即可恢复失衡结点的平衡。这个过程叫作 AVL 树的“双旋转”。以图 6-4(c) 所示的 LR 情况为例，可以将不平衡的树表示成图 6-8(a) 所示的情况。注意，结点 C 的深度为 h 且平衡，以 C_L 和 C_R 为根结点的左、右子树之一有可能高度只为 $h-2$。为了方便演示，图 6-8 中广义地定义子树高度均为 $h-1$。先对以 B 为根结点的子树进行 RR 单旋转，让左子树比右子树高 1，旋转后的树如图 6-8（b）所示，这和 LL 单旋转的情况一致。因此，再对以 A 为根结点的子树进行 LL 单旋转，再次单旋转后的树如图 6-8（c）所示，所生成的树满足 AVL 的平衡条件。

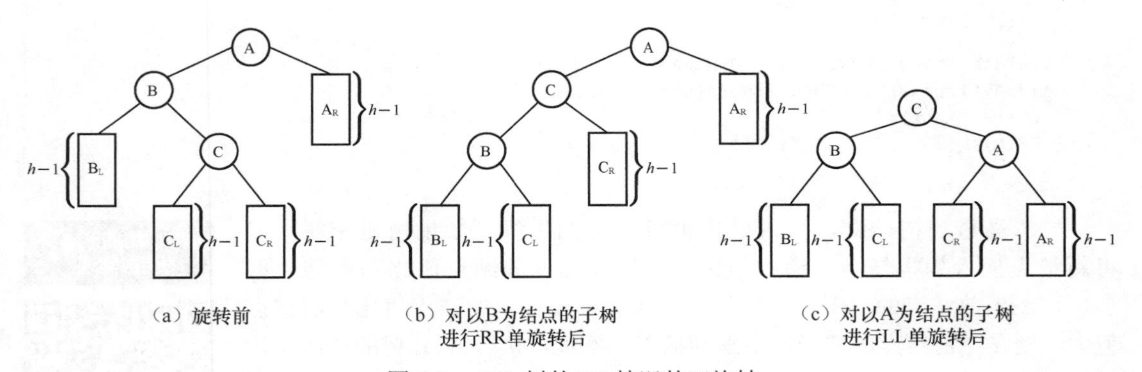

图 6-8　AVL 树的 LR 情况的双旋转

图 6-9 给出了一个 LR 情况的双旋转的例子。在图 6-9（a）所示的 AVL 树中插入键值为 14 的结点后得到图 6-9（b），键值为 18 的结点的左子树比右子树高了 2，成为失衡结点。通过两次单旋转，最终树回到了平衡状态，如图 6-9（d）所示。

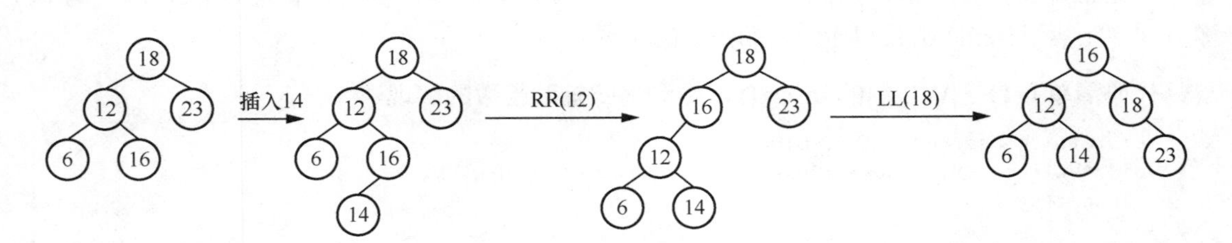

图 6-9　AVL 树的 LR 情况的双旋转实例

RL 情况也是如此。与 LR 的旋转方向相反，先将失衡结点的右子结点进行 LL 单旋转，再对失衡结点进行 RR 单旋转。图 6-10 给出了一个 RL 情况的双旋转的实例。

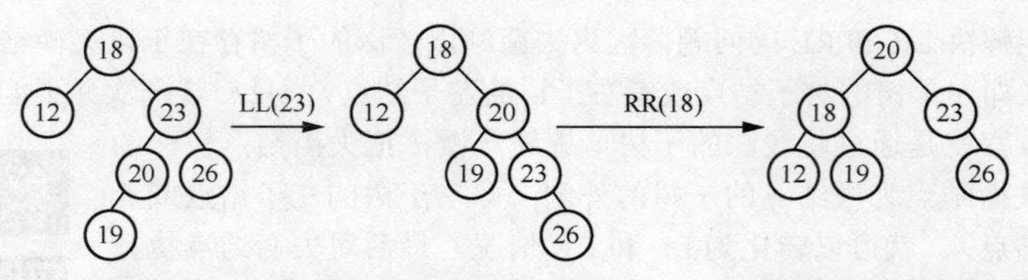

（a）原始AVL树　（b）以键值为23的结点为根结点的子树进行LL单旋转后　（c）以键值为18的结点为根结点的子树进行RR单旋转后

图 6-10　AVL 树的 RL 情况的双旋转实例

利用单旋转实现 LR 和 RL 情况的双旋转的代码如代码清单 6-10 所示。

代码清单 6-10　AVL 树的 LR 和 RL 情况的双旋转的实现

```
template <class KEY, class OTHER>
void AVLTree<KEY, OTHER>::LR(AVLNode *&t) {
  RR(t->left);
  LL(t);
}

template <class KEY, class OTHER>
void AVLTree<KEY, OTHER>::RL(AVLNode *&t) {
  LL(t->right);
  RR(t);
}
```

AVL 树插入 4：
函数实现

与二叉查找树一样，插入操作也可以递归进行。如果树是空树，就将新结点插入为根结点，递归结束。如果要插入的结点值比当前结点值小，则在当前结点的左子树中继续插入。如果要插入的结点值比当前结点值大，则在当前结点的右子树中继续插入。不过，执行 AVL 树的插入操作时还需要额外的步骤，就是在插入后检查从插入结点到根结点的路径上是否存在失衡的结点。如果存在失衡结点，则需要进行相应的调整操作。这个回溯过程会由递归函数自动完成，在递归调用结束后，检查根结点的平衡度。检查平衡度时，可以通过比较左、右子树的高度和左、右子树的左、右子树的高度来确定当前属于哪一种失衡情况。附录 A.4 证明了 AVL 树插入后至多只需要调整一个结点即可恢复平衡，因此仅需要计算查找操作的时间复杂度，也就是 $O(\log n)$。代码清单 6-11 给出了 insert() 函数和递归辅助函数的实现。

代码清单 6-11　AVL 树的 insert() 函数和递归辅助函数的实现

```
template <class KEY, class OTHER>
void AVLTree<KEY, OTHER>::insert(const SET<KEY, OTHER> &x) {
  insert(x, root);
}

template <class KEY, class OTHER>
void AVLTree<KEY, OTHER>::insert(
    const SET<KEY, OTHER> &x, AVLNode *&t) {
  if (t == nullptr)  // 在空树上插入
    t = new AVLNode(x, nullptr, nullptr);
  else if (x.key < t->data.key) {  // 在左子树上插入
    insert(x, t->left);
    if (height(t->left) - height(t->right) == 2)  // t失衡
```

```
        if (x.key < t->left->data.key)
          LL(t);  // LL情况
        else
          LR(t);  // LL情况
    } else if (t->data.key < x.key) {  // 在右子树上插入
      insert(x, t->right);
      if (height(t->right) - height(t->left) == 2)  // t失衡
        if (t->right->data.key < x.key)
          RR(t);  // RR情况
        else
          RL(t);  // RL情况
    }
    // 重新计算t的高度
    t->height = max(height(t->left), height(t->right)) + 1;
}
```

从 AVL 树中删除键值为 x 的结点的操作与二叉查找树上的删除操作类似，但因为删除结点后可能导致树失去平衡，所以需要进行额外的平衡调整。删除键值为 x 的结点的操作包括以下两个步骤。

（1）在 AVL 树上删除键值为 x 的结点。这个操作与在二叉查找树上执行删除操作相同。总结起来，二叉查找树的删除操作最终会归结为删除一个叶结点或删除只有一个子结点的结点 P。删除结点 P 可能导致从 P 的父结点到根结点路径上的某些结点失去平衡。

（2）进行平衡调整。与插入操作类似，删除结点 P 后，从 P 的父结点到根结点的路径上可能存在失衡的结点。因此，删除一个结点之后，需要沿着路径向上回溯，随时调整路径上的结点的平衡度。平衡调整仍然通过旋转来实现。不过，与插入操作不同的是，删除操作可能会导致整棵子树的高度减小，进而影响该子树的父结点的平衡度。只有当某个结点的高度在删除前后保持不变时，才无须继续调整。因此，设计私有的删除函数返回一个布尔值：当子树的高度没有改变时，返回 true，表示父结点无须检查平衡；当子树的高度减小时，返回 false，表示父结点可能失去平衡。

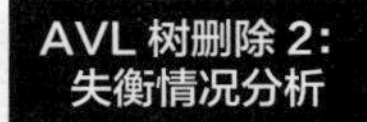

当在结点的某棵子树上删除一个结点，导致该子树的高度减小 1 时，可能会出现图 6-11 所示的 5 种情况。由于在左、右子树上删除结点的情况是完全轴对称的，此处假设在结点 A 的左子树上删除一个结点。

（1）情况 1：图 6-11（a）中，原来的 AVL 树是完全平衡二叉树，左、右子树高度都为 h，删除一个结点后，左子树高度减 1，整棵树仍然保持平衡，以 A 为根结点的子树高度保持不变。

（2）情况 2：图 6-11（b）中，原来的 AVL 树的结点 A 的平衡度是 +1，删除左子树的结点后，结点 A 的平衡度变成 0，仍然符合 AVL 树的定义。但是以结点 A 为根结点的子树高度也相应减小了 1，因此要继续回溯，检查 A 的父结点的平衡性。

（3）图 6-11（c）、图 6-11（e）、图 6-11（g）中，原来结点 A 的平衡度为 −1，删除结点后 A 失去平衡，因此需要调整树的平衡。A 的右子树形态对应以下 3 种情况。

- 情况 3.1：图 6-11（c）对应 RR 情况，因此进行 RR 单旋转，RR 旋转后的子树形态如图 6-11（d）所示。这会导致以 A 为根结点的子树（现在根结点变成了 B）高度减 1，需要继续检查父结点的平衡性。

- 情况 3.2：图 6-11（e）对应 RL 情况（注意，C_L 和 C_R 两棵子树有可能有一棵高度只有 h−3，依然符合 AVL 树的定义，这里处理广义的情况），进行 RL 双旋转后的子树形态如图 6-11（f）所示。RL 双旋转后，以 A 为根结点的子树高度减小，需要检查 A 的祖先结点的平衡性。
- 情况 3.3：图 6-11（g）中，结点 B 仍然平衡，可以对结点 A 执行 RR 单旋转或者 RL 双旋转，一般选择便于执行的 RR 单旋转。执行 RR 单旋转后的子树形态如图 6-11(h) 所示，执行 RR 单旋转后，以 A 为根结点的子树（现在高度不变）不再需要检查 A 的祖先结点的平衡性。

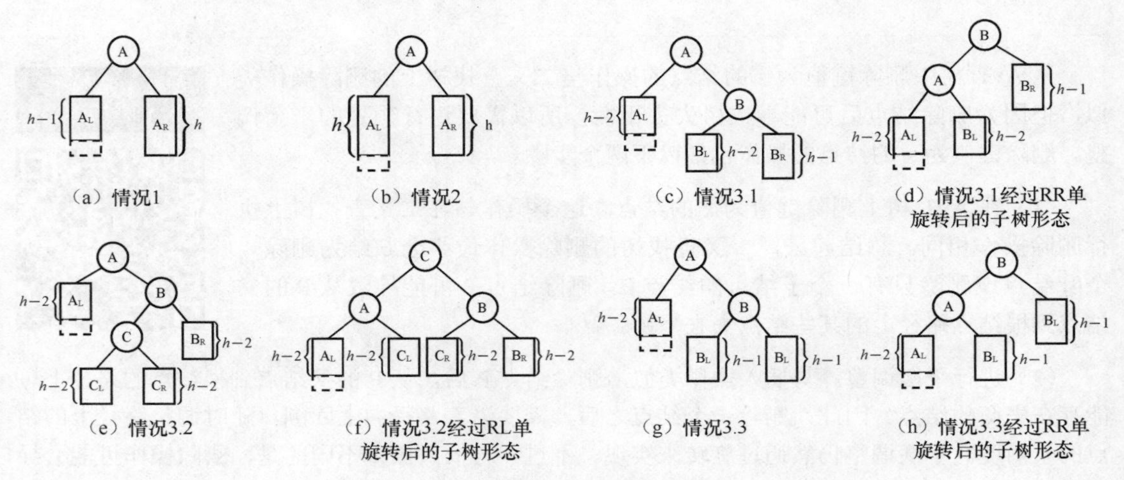

（a）情况1　（b）情况2　（c）情况3.1　（d）情况3.1经过RR单旋转后的子树形态

（e）情况3.2　（f）情况3.2经过RL单旋转后的子树形态　（g）情况3.3　（h）情况3.3经过RR单旋转后的子树形态

图 6-11　AVL 树删除的 5 种情况

AVL 树删除 3：remove() 函数的实现

代码清单 6-12 给出了 remove(const KEY & x) 函数的实现。由于 remove() 函数是递归实现的，因此在 AVL 树类中定义了一个私有的 remove(KEY &x, AVLNode * & t) 辅助函数，x 表示要删除的结点键值，t 表示当前子树的根结点。这个函数的返回值是一个布尔值，表示删除后树的高度是否维持原状，返回 true 表示高度没变，不需要检查父结点的平衡度，否则需要检查父结点有没有失衡。

递归的 remove() 函数开始运行时，首先判断当前子树是否为空树，如果是空树，则待删除结点不存在且子树的高度不会改变，无须进行删除操作，直接返回 true 表示调整停止。

接下来，remove() 函数检查是否删除根结点 t，删除根结点 t 的过程与二叉查找树类似，可以分为以下两种情况。

（1）待删除结点是叶结点或待删除结点只有一个子结点，此时直接删除该结点即可。如果该结点有一个子结点，则直接让它的子结点替代待删除结点的位置。结点被删除后，这棵子树的高度减小了 1 层，需要检查父结点的平衡度，因此返回 false。

（2）待删除结点有两个子结点，此时需要在待删除结点的右子树上寻找“替身”结点，并且对右子树调用递归的 remove() 函数来删除这个替身结点。如果递归调用的返回值是 false，表示右子树的高度减小了，那么就调用 adjust() 辅助函数检查并调整当前结点的平衡性。

如果 remove() 函数不删除根结点，则根据根结点的键值和待删除结点的键值的关系，决定在左子树还是在右子树递归调用 remove() 函数，并根据函数的返回值决定是否需要调用 adjust() 辅助函数来继续调整当前结点的平衡性。

AVL 树删除 4：adjust() 函数的实现

adjust(AVLNode * &t, int subTree) 辅助函数根据图 6-11 所示的 5 种情况，执行 AVL 树的平衡调整。t 表示待调整平衡的结点，subTree 表示删除发生在左子树还是发生在右子树上（0 表示左子树，1 表示右子树）。adjust() 函数首先判断删除发生在哪棵子树上，然后根据当前结点的左、右子树的高度差来判断属于哪一种情况。以删除发生在左子树上为例（即 subTree=0），判断过程如下。

- 如果左子树的高度减去右子树的高度等于 −1，则属于情况 1，直接返回 true。
- 如果左子树的高度和右子树的高度相等，则属于情况 2，将当前结点的高度减 1，然后返回 false。
- 如果右子树的左子树的高度大于右子树的右子树的高度，则属于情况 3.2，执行一次 RL 双旋转操作，并返回 false。
- 其他情况下，执行一次 RR 单旋转操作，并根据当前结点的左、右子树的高度来判断是否需要继续调整。如果高度相等，则属于情况 3.1，返回 false；否则，属于情况 3.3，返回 true。

同理，如果删除发生在右子树上，就按照轴对称的处理方式进行平衡调整。

代码清单 6-12　AVL 树的 remove() 函数的实现

```
template <class KEY, class OTHER>
void AVLTree<KEY, OTHER>::remove(const KEY &x) {
  remove(x, root);
}

template <class KEY, class OTHER>
bool AVLTree<KEY, OTHER>::remove(const KEY &x, AVLNode *&t) {
  if (t == nullptr) return true;
  if (x == t->data.key) {  // 删除根结点
    if (t->left == nullptr || t->right == nullptr) {
      // 待删除结点是叶结点或只有一个子结点的结点
      AVLNode *oldNode = t;
      t = (t->left != nullptr) ? t->left : t->right;
      delete oldNode;
      return false;
    } else {
      // 待删除结点有两个子结点
      AVLNode *tmp = t->right;
      while (tmp->left != nullptr) tmp = tmp->left;
      t->data = tmp->data;
      if (remove(tmp->data.key, t->right))
        return true;  // 删除后右子树没有变矮
      return adjust(t, 1);
    }
  }
```

```
    if (x < t->data.key) {                          // 在左子树上删除
      if (remove(x, t->left)) return true;    // 删除后左子树没有变矮
      return adjust(t, 0);
    } else {                                          // 在右子树上删除
      if (remove(x, t->right)) return true;  // 删除后右子树没有变矮
      return adjust(t, 1);
    }
  }

template <class KEY, class OTHER>
bool AVLTree<KEY, OTHER>::adjust(AVLNode *&t, int subTree) {
  if (subTree) {  //  在右子树上删除，使右子树变矮
    if (height(t->left) - height(t->right) == 1)  return true;  // 情况1
    if (height(t->right) == height(t->left)) {                  // 情况2
      --t->height;
      return false;
    }
    if (height(t->left->right) > height(t->left->left)) {       // 情况3.2
      LR(t);
      return false;
    }
    LL(t);
    if (height(t->right) == height(t->left))  // 情况3.1
      return false;
    else                                      // 情况3.3
      return true;
  } else {
    if (height(t->right) - height(t->left) == 1) return true;  // 情况1
    if (height(t->right) == height(t->left)) {                 // 情况2
      --t->height;
      return false;
    }
    if (height(t->right->left) > height(t->right->right)) {    // 情况3.2
      RL(t);
      return false;
    }
    RR(t);
    if (height(t->right) == height(t->left)) // 情况3.1
      return false;
    else                                     // 情况3.3
      return true;
  }
}
```

makeEmpty() 函数的实现和二叉查找树完全一致，如代码清单 6-6 所示。

6.5　红黑树

红黑树的定义

本节将介绍红黑树的定义和实现。

6.5.1　红黑树的定义

红黑树也是一种平衡二叉树，常用来代替 AVL 树。它的时间复杂度也

是 $O(\log n)$。红黑树具有以下性质：

（1）每个结点被标记为红色或黑色；

（2）根结点是黑色结点；

（3）如果一个结点是红色结点，那么它的子结点必须是黑色结点；

（4）从任意结点出发到空结点（即空指针指向的结点）的路径上，必须包含相同数量的黑色结点。

图 6-12 展示了一棵典型的红黑树。为了方便表示，后续所有图片中，用深灰色表示黑色结点，浅灰色表示红色结点。根据红黑树的特点，可以看出红黑树的平衡性比 AVL 树要弱一些。根据性质（4）可知，如果只考虑黑色结点而忽略红色结点，则红黑树是完全平衡的。根据性质（3）可知，任意路径上不能有两个连续的红色结点，因而每条路径上红色结点的个数是有限制的。也就是说，路径长度的差异是有限的。因为最长路径由红色结点和黑色结点交替组成，所以最长路径的长度最多是最短路径的两倍。

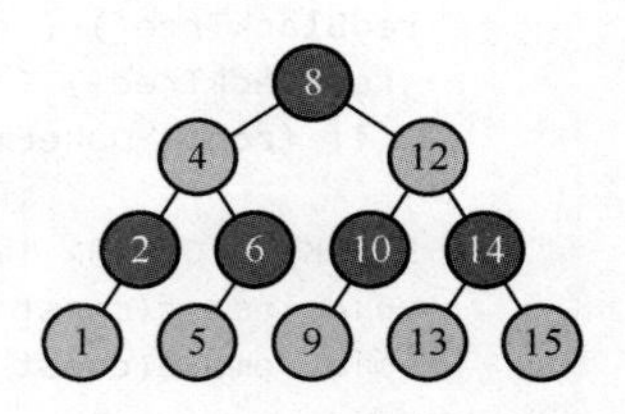

图 6-12 红黑树的实例

如果从根结点到某个结点的路径上有 H 个黑色结点，那么这条路径上最多有 $2H$ 个结点，整棵树至少有 2^H-1 个结点，至多有 $2^{2H}-1$ 个结点。假设红黑树共有 n 个黑色结点，红黑树的高度至多为 $2\log(n+1)$，这样保证了红黑树对数级别的查找。

红黑树也是一棵二叉查找树，需要实现查找、插入和删除 3 种操作。红黑树类的定义如代码清单 6-13 所示。不同于其他的查找树，红黑树结点内嵌类 redBlackNode 中除了存储左、右子结点的指针和结点的数据，还存储了结点的颜色和一个指向父结点的指针。红黑树的结点的颜色用枚举类型 Color 来表示。在红黑树操作的实现中，需要频繁回溯访问父结点。红黑树结点内嵌类中还定义了红黑树的结点的构造函数，方便在新建结点时直接调用。和其他的查找树类似，红黑树的私有成员只有一个指向根结点的指针 root。红黑树的成员函数除了查找、插入和删除，还包括一些私有辅助函数，后面用到时再另行介绍。

红黑树类定义

代码清单 6-13 红黑树类的定义

```
template <class KEY, class OTHER>
class redBlackTree: public dynamicSearchTable<KEY, OTHER> {
 private:
  enum Color { RED, BLACK };      // 结点颜色的枚举类型
  class redBlackNode {
   public:
    Color color;
    redBlackNode *parent;         // 父结点
    redBlackNode *left, *right;   // 左、右子结点
    SET<KEY, OTHER> data;
    redBlackNode() = default;
    redBlackNode(Color color, const SET<KEY, OTHER> &element,
        redBlackNode *pt = nullptr, redBlackNode *lt = nullptr,
        redBlackNode *rt = nullptr)
```

```
        : data(element) {
      this->color = color;
      parent = pt, left = lt, right = rt;
    }
    ~redBlackNode() = default;
  };

private:
  redBlackNode *root;

public:
  redBlackTree() { root = nullptr; }
  ~redBlackTree() {
    if (root) makeEmpty(root);
  }
  SET<KEY, OTHER> *find(const KEY &x) const;
  void insert(const SET<KEY, OTHER> &x);
  void remove(const KEY &x);

private:
  void makeEmpty(redBlackNode *t);
  void LL(redBlackNode *t);
  void RR(redBlackNode *t);
  void LR(redBlackNode *t);
  void RL(redBlackNode *t);
  void insertionRebalance(redBlackNode *u);
  void removalRebalance(redBlackNode *u);
  void insert(
      const SET<KEY, OTHER> &x, redBlackNode *p, redBlackNode *&t);
  void remove(const KEY &x, redBlackNode *&t);
};
```

6.5.2 红黑树的实现

和 AVL 树一样，插入和删除结点之后，红黑树也通过旋转来调整树的平衡。红黑树插入结点的方法和普通二叉查找树一样，都是将新结点 u 作为一个叶结点插入树的底部。红黑树默认插入的新结点为红色结点，如果插入新结点的树违反了红黑树的性质，将会进行调整。调整算法的设计原则是保证同一时刻红黑树最多违反一条性质。

插入结点 u 后，如果 u 的父结点 p 是黑色结点，结点 p 到叶结点各条路径上的黑色结点个数（称为“黑高”）没有发生改变，则不需要调整平衡。调整平衡的操作只会在父结点 p 为红色结点时发生，这时红黑树的性质保证了父结点 p 的父结点 g（u 的祖父结点）是黑色结点。找到父结点的兄弟结点 s（称为“叔结点”），根据 s 的颜色进行不同的处理。下面分 3 种情况进行讨论，如图 6-13 所示。

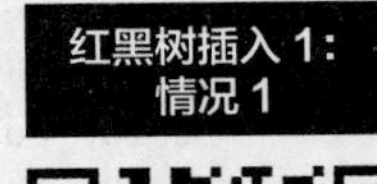

（1）情况 1：如图 6-13（a）所示，如果结点 s 存在且为红色结点，这时父结点 p 和叔结点 s 都是红色结点。在这种情况下，需要进行重新着色，将父结点 p 和叔结点 s 染成黑色，然后将祖父结点 g 染成红色。调整完成后，由于祖父结点 g 由黑色变为红色，有可能违反红黑树的性质（3），需要从祖父结点 g 继续向上进行调整。注意，在情况 1 中，无论结点 u 是 p 的左 /

右子结点，还是结点 p 是 g 的左 / 右子结点，都不影响调整的策略。

（2）结点 s 不存在或者为黑色结点时，需要根据结点 u 和祖父结点 g 的关系分析，进行不同的旋转和重新着色操作。

- 情况 2.1：如图 6-13（b）所示，如果结点 u 是祖父结点 g 的内侧结点（结点 g 的左子结点的右子结点或结点 g 的右子结点的左子结点），需要对结点 p 进行一次单旋转操作，将两个连续的红色结点旋转到以祖父结点 g 为根的树的外侧。接下来红黑树的处理就变成了情况 2.2。
- 情况 2.2：如图 6-13（c）所示，如果结点 u 是祖父结点 g 的外侧结点（结点 g 的左子结点的左子结点或结点 g 的右子结点的右子结点），就对祖父结点 g 进行一次单旋转操作，然后将父结点 p 染成黑色，将祖父结点 g 染成红色。这样可以保证调整后的树仍然满足红黑树的性质。

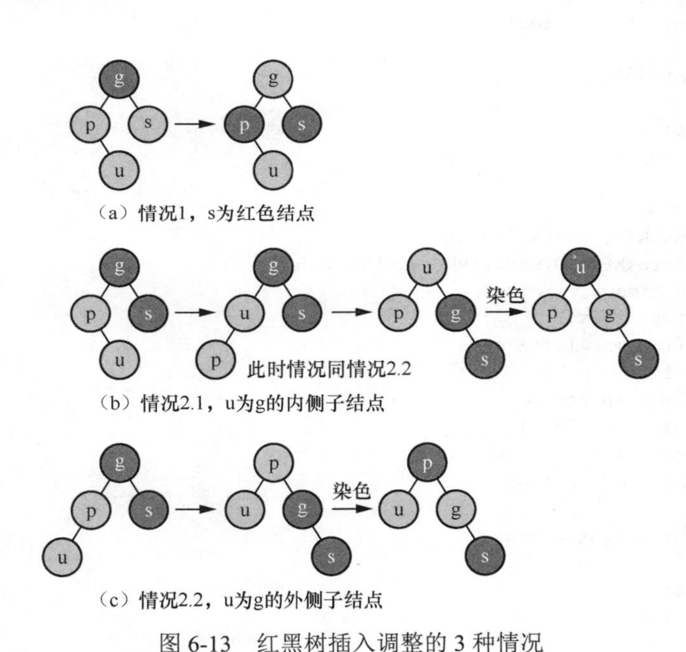

（a）情况1，s为红色结点

（b）情况2.1，u为g的内侧子结点

（c）情况2.2，u为g的外侧子结点

图 6-13　红黑树插入调整的 3 种情况

红黑树插入 4：insert() 函数的实现

函数 insertionRebalance(redBlackNode *u) 是进行红黑树插入操作后用于调整平衡的函数，传入的参数 u 是插入的结点。它通过不断向上遍历树来检查并修复可能破坏红黑树性质的情况。在函数中，使用一个 while 循环来遍历从插入的结点 u 到根结点 root 的路径。首先，获取当前结点 u 的父结点 p，然后判断父结点是否为黑色结点，如果是，则不需要进行进一步调整，直接结束循环，否则继续执行调整操作。接下来，获取祖父结点 g 和叔结点 s，根据 s 的颜色进行不同的处理。如果为情况 1，在执行结束后仍然有可能违反红黑树的性质，需要继续向上回溯调整。如果为情况 2.1 或情况 2.2，旋转操作可以分别被实现为重新染色后执行 LR（RL）单旋转或 LL（RR）单旋转，情况 2.1 和情况

2.2 调整结束后的祖父结点为黑色结点，不会违反红黑树的性质，因此可以直接跳出循环，结束调整。最后，在循环结束后，将根结点的颜色设置为黑色，以确保整个红黑树的性质得到维护。

和 AVL 树一样，红黑树的插入调用了递归的 insert() 函数来查找插入位置，找到插入位置 t 并插入后，调用 insertionRebalance(SET<KEY, OTHER> &x, redBlackNode *p, redBlackNode *&t) 辅助函数进行平衡度的调整。辅助函数执行的 LL、LR、RL 和 RR 旋转与 AVL 树一致，都是旋转了相关结点。红黑树的 insert() 函数及其辅助函数的实现如代码清单 6-14 所示。

代码清单 6-14　红黑树的 insert() 函数及其辅助函数的实现

```
template <class KEY, class OTHER>
void redBlackTree<KEY, OTHER>::LL(redBlackNode *t) {
  redBlackNode *tmp = t->left;
  t->left = tmp->right;
  if (tmp->right) tmp->right->parent = t;
  tmp->right = t;
  tmp->parent = t->parent;
  if (t->parent != nullptr) {
    if (t->parent->left == t)
      t->parent->left = tmp;
    else
      t->parent->right = tmp;
  } else
    root = tmp;
  t->parent = tmp;
}

template <class KEY, class OTHER>
void redBlackTree<KEY, OTHER>::RR(redBlackNode *t) {
  redBlackNode *tmp = t->right;
  t->right = tmp->left;
  if (tmp->left) tmp->left->parent = t;
  tmp->left = t;
  tmp->parent = t->parent;
  if (t->parent != nullptr) {
    if (t->parent->left == t)
      t->parent->left = tmp;
    else
      t->parent->right = tmp;
  } else
    root = tmp;
  t->parent = tmp;
}

template <class KEY, class OTHER>
void redBlackTree<KEY, OTHER>::LR(redBlackNode *t) {
  RR(t->left);
  LL(t);
}

template <class KEY, class OTHER>
void redBlackTree<KEY, OTHER>::RL(redBlackNode *t) {
  LL(t->right);
  RR(t);
}

template <class KEY, class OTHER>
```

```
void redBlackTree<KEY, OTHER>::insertionRebalance(redBlackNode *u) {
  if (u == nullptr) return;
  while (u != root) {
    redBlackNode *p = u->parent;  // 父结点p
    if (p->color == BLACK)
      break;  // 如果父结点为黑色结点，则说明不再出现相邻的红色结点，可以结束调整
    redBlackNode *g = p->parent;  // 祖父结点g
    redBlackNode *s =
        (p == g->left) ? g->right : g->left;  // 叔结点s
    // 情况1：结点s为红色结点，重新着色并递归向上调整
    if (s != nullptr && s->color == RED) {
      p->color = BLACK;
      s->color = BLACK;
      g->color = RED;
      u = g;
    }
    // 情况2：结点s为黑色结点(或不存在)，旋转与重新着色
    else {
      // 仔细分析情况2.1和情况2.2，可以发现它们的处理方式等价于
      // 分类讨论后染色并执行LR（RL）单旋转或LL（RR）单旋转
      if (p == g->left && u == p->left) {
        p->color = BLACK;
        g->color = RED;
        LL(g);
      } else if (p == g->left && u == p->right) {
        u->color = BLACK;
        g->color = RED;
        LR(g);
      } else if (p == g->right && u == p->left) {
        u->color = BLACK;
        g->color = RED;
        RL(g);
      } else if (p == g->right && u == p->right) {
        p->color = BLACK;
        g->color = RED;
        RR(g);
      }
      break;  // 无论哪种情况都可以完成调整
    }
  }
  root->color = BLACK;
}

template <class KEY, class OTHER>
void redBlackTree<KEY, OTHER>::insert(const SET<KEY, OTHER> &x) {
  insert(x, nullptr, root);
}

template <class KEY, class OTHER>
void redBlackTree<KEY, OTHER>::insert(
    const SET<KEY, OTHER> &x, redBlackNode *p, redBlackNode *&t) {
  if (t == nullptr) {
    t = new redBlackNode(RED, x, p);
```

```
        insertionRebalance(t);
    } else if (x.key < t->data.key) {
        insert(x, t, t->left);
    } else if (x.key > t->data.key) {
        insert(x, t, t->right);
    }
}
```

接下来考虑红黑树的删除操作。红黑树的删除操作分成以下两步：

（1）执行二叉查找树的删除操作；

（2）通过旋转和重新着色来修正这棵树，使之符合红黑树的性质。

执行第（1）步时，根据二叉查找树删除的操作，需要对待删除结点执行替换操作。二叉查找树的替换结点搜索算法是寻找右子树的最左子结点，交换后，需要将替换结点删除，这时最终需要删除的结点 t 最多只有一个右子结点，删除的问题就被简化了一些。红黑树删除操作的时间复杂度取决于删除结点的颜色，需要进行分类讨论来执行第（2）步的操作。如果 t 是红色结点，红黑树的性质保证了它不会有子结点，所以可以直接删除它，且不会影响原有红黑树的平衡性，如图 6-14（a）所示。如果 t 是黑色结点，且有红色子结点 v，那么只需要将子结点 v 染成黑色，然后用该子结点替换它，整棵红黑树的黑高也不会改变，如图 6-14（b）所示。如果 t 是黑色结点且没有子结点，进行删除操作可能会造成红黑树的不平衡，则需要运行辅助函数 removalRebalance(t) 进行调整和旋转。

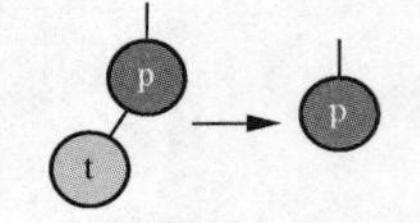

（a）t为红色结点，没有子结点

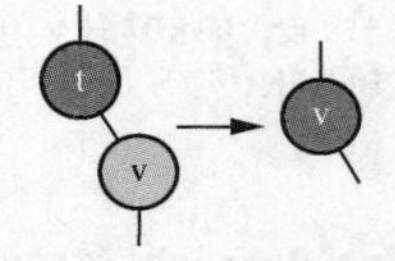

（b）t为黑色结点，t的子结点为红色结点

图 6-14 红黑树替换结点的两种情况

红黑树进行删除操作后的调整和旋转是向上递归的，如果删除当前结点 u 后，经过调整，u 所在的子树不能再保证删除前的黑高（也就是子树的黑高减小了 1），那么就向父结点递归，请求父结点协助调整。注意，调整后的子树，虽然黑高变了，但是依然是一棵红黑树，仍然符合红黑树的性质。接下来的描述中，假设结点 u 为黑高减一的子树的根结点，它的父结点为 p，它的兄弟结点为 s，兄弟结点的子结点分别是 n_1 和 n_2。在需要调整的场景下，p 的以 u 为根结点的子树的黑高总是比以 s 为根结点的子树少 1。调整的目标是让 u 所在的子树与兄弟子树有一样的黑高。调整的原则是优先在以 p 为根结点的子树内完成调整，否则再向上请求调整。根据兄弟结点 s 的颜色的不同，removalRebalance() 函数的调整可以分为以下几种情况。图 6-15～图 6-18 中，以结点 s 为结点 p 的右子结点为例，结点 s 为结点 p 的左子结点的情况是轴对称的。

红黑树删除 2：调整平衡情况 1

（1）情况 1：s 是红色结点，则 p、n_1 和 n_2 一定都是黑色结点。如图 6-15 所示，将 s 和 p 重新染色，并将 s 向上旋转。这时，结点 p 仍然不平衡，但是它的兄弟结点变成了 n_2（黑色结点），也就是脱离了情况 1，转化成了情况 2。

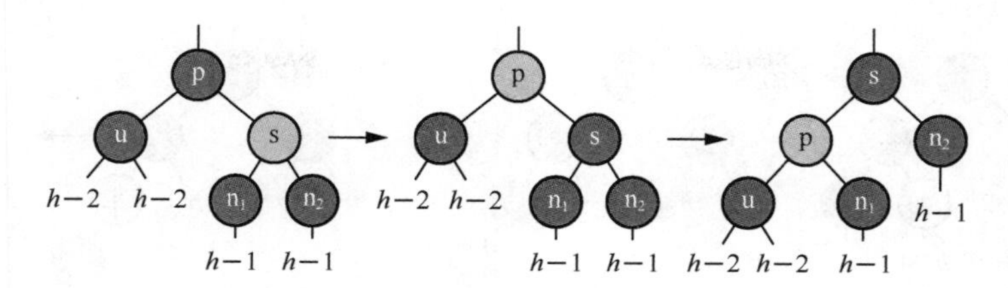

图 6-15 红黑树删除调整的情况 1

（2）情况 2：s 是黑色结点。这时又可以分成 3 种情况。

红黑树删除 3：调整平衡情况 2

- 情况 2.1：s 是黑色的，n_1 和 n_2 也是黑色的。由于以 s 为根结点的子树比以 u 为根结点的子树高 1，首先将 s 结点染成红色，这样 p 的左、右子树就平衡了，但是以 p 为根结点的子树的高度降了 1。这时如果 p 是红色结点（如图 6-16(a) 所示），把 p 染成黑色之后，整棵树恢复了原来的黑高，不平衡的问题也解决了，不需要继续回溯，可以结束调整。如果 p 是黑色结点，(如图 6-16（b）所示)，那么现在以 p 为根结点的子树的黑高减小了 1，因此 p 变成了新的结点 u，需要继续向上递归调整。

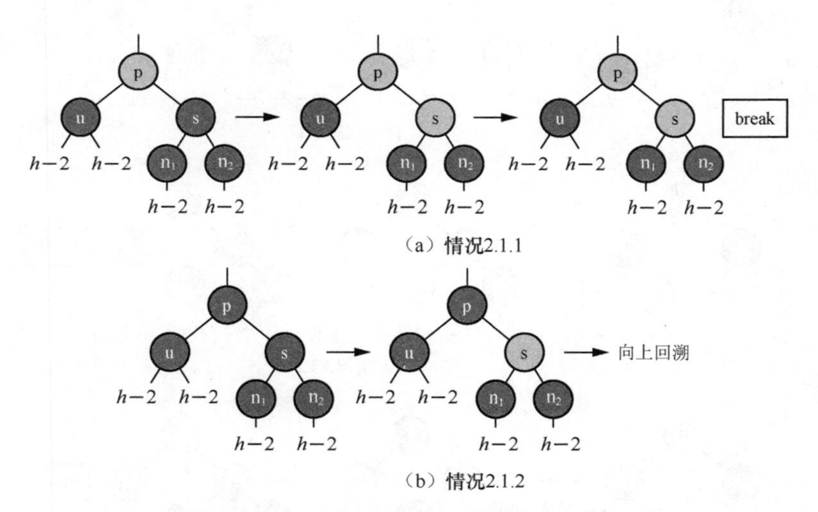

（a）情况2.1.1

（b）情况2.1.2

图 6-16 红黑树删除调整的情况 2.1

- 情况 2.2：s 是黑色结点，s 的内侧子结点（如果 s 是右子结点，则内侧子结点是其左子结点；如果 s 是左子结点，则内侧子结点就是它的右子结点）是红色结点，且 s 的外侧子结点是黑色结点。如图 6-17 所示，以 s 为 p 的右子结点、u 为 p 的左子结点为例，可以先通过旋转 s 的内侧子结点（图 6-17 中为 n_1），将红色结点放到 s 的位置上，再对 n_1 和 s 重新染色。这时，p 的右子树的黑高没有发生变化，但是顺利地脱离了情况 2.2，转化成了情况 2.3（u 的兄弟结点是黑色，u 的兄弟结点的外侧子结点是红色）。

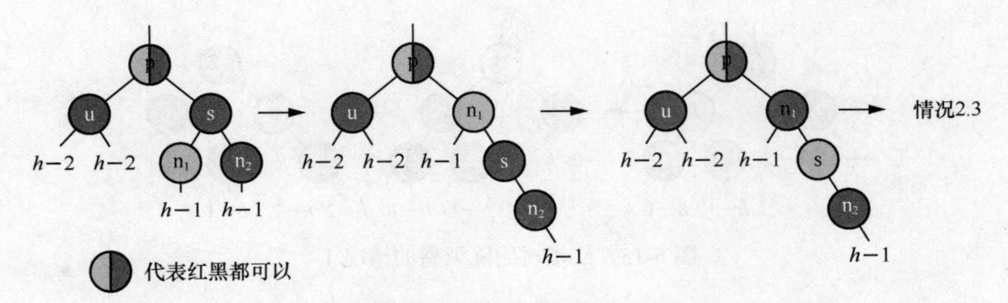

图 6-17 红黑树删除调整的情况 2.2

- 情况 2.3：s 是黑色结点，s 的外侧子结点（如果 s 是右子结点，则外侧子结点是 s 的右子结点；如果 s 是左子结点，则外侧子结点就是 s 的左子结点）是红色结点。依然以 s 为 p 的右子结点、u 为 p 的左子结点为例，根据 p 的颜色和 n_1 的颜色分成了 4 种情况，如图 6-18 所示。4 种情况的调整是一样的，都是将 s 向上旋转，然后将 s 和 n_2 重新染色。读者可以自行验证，这样操作过后，根结点的颜色没有改变，整棵子树是平衡的，且高度为 *h*。

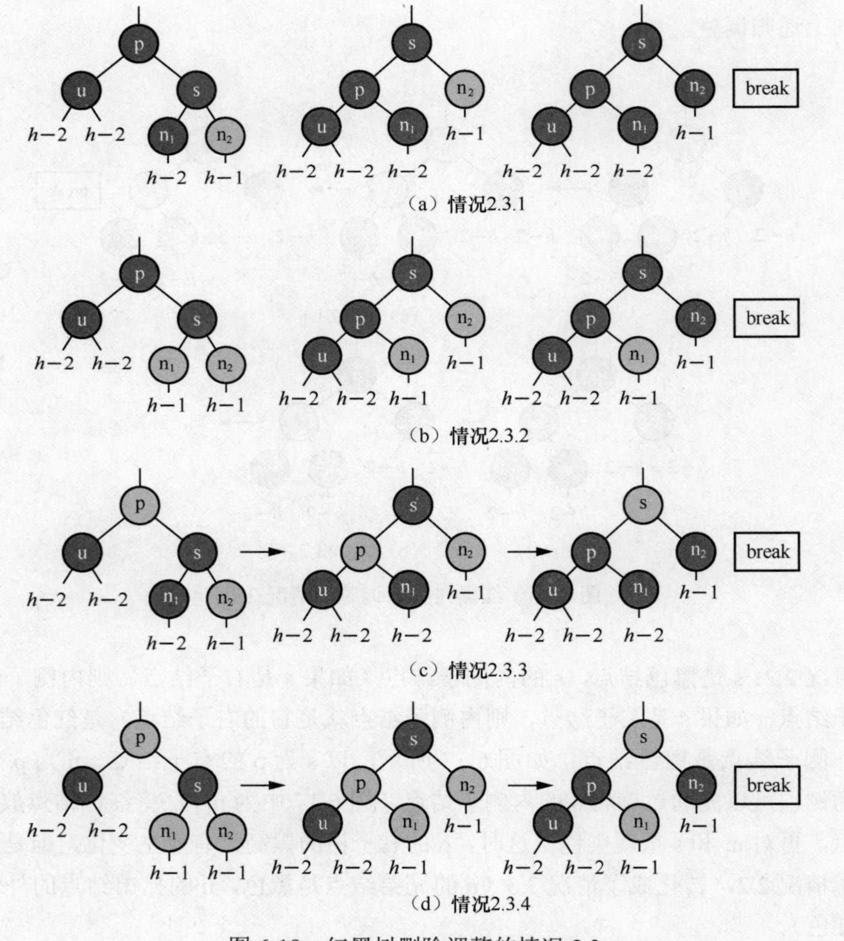

图 6-18 红黑树删除调整的情况 2.3

至此，所有调整情况都被考虑到，根据这些情况，可以写出 removalRebalance() 辅助函数的主体部分。注意，如果 p 已经是根结点，就没有办法再向上调整了。算法清单 6-3 展示了 removalRebalance() 辅助函数的流程。

算法清单 6-3　删除结点后调整平衡

```
def removalRebalance(待调整结点u):
  while(u不是根结点)
    p=u的父结点;
    s=u的兄弟结点;
    if (s是红色结点) 执行情况1的调整，u保持不变;
    if (s是黑色结点) //  情况2
      if (s的子结点都是黑色结点) //  情况2.1
        if (p是红色结点) 执行情况2.1.1的调整，调整完成后结束调整（break）;
        if (p是黑色结点）执行情况2.1.2的调整，设置u=p，继续回溯;
      else if (s的内侧子结点是红色结点) 执行情况2.2的调整，u保持不变;
      else 执行情况2.3的调整，调整完成后结束调整（break）;
  把根结点设置成黑色结点;
```

在算法清单 6-3 的基础上，加上红黑树删除的第一步，则红黑树的 remove() 函数的实现如代码清单 6-15 所示。

代码清单 6-15　红黑树的 remove() 函数的实现

红黑树删除 4：remove() 函数的实现

```
template <class KEY, class OTHER>
void redBlackTree<KEY, OTHER>::removalRebalance(redBlackNode *u) {
  if (u == nullptr) return;
  while (u != root) {
    redBlackNode *p = u->parent;  // 结点u的父结点p
    redBlackNode *s =
        (u == p->left) ? p->right : p->left;  // 结点u的兄弟结点s

    // 情况1: 结点s为红色结点
    if (s->color == RED) {
      p->color = RED;
      s->color = BLACK;
      if (s == p->left)
        LL(p);
      else
        RR(p);
    } else {
      // 关注结点s的子结点的颜色
      bool leftIsRed = s->left != nullptr && s->left->color == RED;
      bool rightIsRed = s->right != nullptr && s->right->color == RED;

      // 情况2.1:结点s是黑色结点，它的子结点都是黑色结点（或不存在）
      if (!leftIsRed && !rightIsRed) {
        // 情况2.1.1:父结点p是红色结点，可以通过重新染色完成调整
        if (p->color == RED) {
          s->color = RED;
          p->color = BLACK;
          break;
        }
        // 情况2.1.2:父结点p是黑色结点，仍需要递归向上调整
        else {
          s->color = RED;
```

```
                u = p;
            }
        }
            // 情况2.2:
            // 结点s为黑色结点，s的内侧子结点是红色结点（s是p的右子结点）
            else if (s == p->right && leftIsRed) {
            s->left->color = BLACK;
            s->color = RED;
            LL(s);
        }
            // 情况2.2:
            // 结点s为黑色结点，s的内侧子结点是红色结点（s是p的左子结点）
            else if (s == p->left && rightIsRed) {
            s->right->color = BLACK;
            s->color = RED;
            RR(s);
        }
            // 情况2.3:
            // 结点s为黑色结点，s的外侧子结点是红色结点（s是p的右子结点）
            else if (s == p->right && rightIsRed) {
            s->color = p->color;
            p->color = BLACK;
            s->right->color = BLACK;
            RR(p);
            break;
        }
            // 情况2.3:
            // 结点s为黑色结点，s的外侧子结点是红色结点（s是p的左子结点）
            else if (s == p->left && leftIsRed) {
            s->color = p->color;
            p->color = BLACK;
            s->left->color = BLACK;
            LL(p);
            break;
        }
      }
    }
    root->color = BLACK;
  }

  template <class KEY, class OTHER>
  void redBlackTree<KEY, OTHER>::remove(const KEY &x) {
    remove(x, root);
  }

  template <class KEY, class OTHER>
  void redBlackTree<KEY, OTHER>::remove(
      const KEY &x, redBlackNode *&t) {
    if (!t) return;
    // 步骤1:找到需要删除的结点t
    if (x == t->data.key) {
      // 步骤2: 确定替换结点v
      if (t->left != nullptr && t->right != nullptr) {
        // 类似于二叉搜索树的删除，用后继结点替换
        redBlackNode *tmp = t->right;
        while (tmp->left != nullptr) tmp = tmp->left;
        t->data = tmp->data;
        remove(tmp->data.key, t->right);
      } else {
```

```
        redBlackNode *v = nullptr;  // 结点v用于替换待删除结点t
        if (t->left) v = t->left;
        if (t->right) v = t->right;
        // 步骤3:调整红黑树，使删除结点t后的树仍然平衡
        if (t->color == BLACK) {
          if (v && v->color == RED)
            v->color = BLACK;
          else
            removalRebalance(t);
        }
        // 步骤4:删除结点t
        if (v) v->parent = t->parent;
        delete t;
        t = v;
      }
    } else if (x < t->data.key) {
      remove(x, t->left);
    } else {
      remove(x, t->right);
    }
}
```

红黑树的 find(KEY &x) 函数、makeEmpty(redBlackNode *t) 函数和二叉查找树的 find()、makeEmpty() 函数一样，通过递归和循环实现，如代码清单 6-16 所示。

代码清单 6-16　红黑树的 find() 和 makeEmpty() 函数的实现

```
template <class KEY, class OTHER>
void redBlackTree<KEY, OTHER>::makeEmpty(redBlackNode *t) {
  if (t->left) makeEmpty(t->left);
  if (t->right) makeEmpty(t->right);
  delete t;
}

template <class KEY, class OTHER>
SET<KEY, OTHER> *redBlackTree<KEY, OTHER>::find(const KEY &x) const {
  redBlackNode *t = root;
  while (t != nullptr) {
    if (x == t->data.key) return &t->data;
    if (x < t->data.key)
      t = t->left;
    else
      t = t->right;
  }
  return nullptr;
}
```

根据算法中的分类讨论，对红黑树执行插入、删除操作时，对单个结点的调整所做的旋转操作不会超过 2 次，由于红黑树的高度是对数级别的，沿树回溯至多 $O(\log n)$ 次。因此，红黑树的插入和删除操作的时间复杂度都是 $O(\log n)$。

6.6 哈希表

本节将介绍哈希表的定义和实现。

6.6.1　哈希表的定义

哈希表（Hash Table）亦称散列表，是一种常用的数据结构，用于快速存储和查找数据。它利用一个比集合规模略大的数组来存储数据元素，通过哈希函数将键值映射到数组的特定位置，即数据元素的存放位置，从而实现快速的插入、查找和删除操作。理想情况下，查找操作的时间复杂度可以从顺序查找的 $O(n)$、二分查找和查找树的 $O(\log n)$ 下降到 $O(1)$。

6.6.2　哈希表的实现

哈希表所有操作都需要先计算哈希函数值，而且哈希函数的定义域范围比值域大，不同的数据元素可能被映射到相同的数组位置，这就产生了冲突或碰撞的问题。因此，哈希表的实现由两大部分组成，第一部分是设计一个哈希函数，使得计算速度尽可能快，而且函数值的分布尽可能均匀，冲突概率尽可能小；第二部分是解决哈希冲突。

1. 常用的哈希函数

常用的哈希函数有直接定址法、除留余数法、数字分析法、平方取中法和折叠法等。

直接定址法指直接取键值作为哈希地址，或者将键值传入某个线性函数后，取得到的值作为哈希地址。设键值为 x，则其哈希地址为

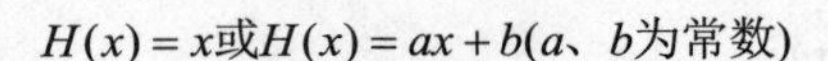

$$H(x) = x \text{或} H(x) = ax + b(a\text{、}b\text{为常数})$$

例如，对于键值集合 {100, 400, 600, 200, 800}，利用直接定址法，若选取哈希函数为 $H(x)=x/100$，键值映射后的地址下标分别为 {1, 4, 6, 2, 8}，则构造出来的哈希表就是 [空 ,100,200, 空 ,400, 空 ,600, 空 ,800]。

在除留余数法中，如果 M 是哈希表的大小（称为“单元总数”），键值为 x 的数据元素的哈希地址为

$$H(x)=x \bmod M$$

在除留余数法中，选取合适的 M 很重要。如果 M 选取不当，则将造成大量的“碰撞”。例如，在一个数据元素的键值都为 5 的倍数的集合中，取 M=100，键值 {100, 200, 300, …} 都会映射到下标为 0 的地址中，从而发生碰撞。由于键值都为 5 的倍数，下标为 {1,2,3,4,6,7,8,… ,98,99} 的地址不会有数据保存，4/5 的空间将被浪费。经验表明，选取的 M 为素数时，哈希函数值的分布会比较均匀。

数字分析法假设每个键值均由 n 位数字 $(x_1, x_2, \cdots, x_n)$ 组成，分析键值中每一位数字的分布规律，并从中提取分布均匀的若干位或它们的组合作为函数值。例如，在一个小学生班级中，用学生的身份证号作为关键字，前 6 位为出生地，同一个地区的小朋友的身份证号在前 6 位不具有区分度。第 7 ～ 10 位是出生年份，由于小朋友几乎都是同一年出生的，这 4 位也不具有区分价值。而从第 11 位开始，不同的小朋友的出生日期大概率不同，选用这几位作为函数值是非常合适的，可以根据空间的大小选择哈希地址的位数。

平方取中法指将键值进行平方运算后，取其结果的中间各位作为哈希函数值。由于中间各位和每一位数字都有关系，因此均匀分布的可能性较大，例如 4731×4731 = 22382361。中间部分究竟选取几位，取决于哈希表的单元总数。若哈希表总共有 100 个单元，可以选取平方运算后的两位作为哈希函数值，取运算结果最中间的两位，即应选 4731 平方后结果的第 4、5 位，那么键值为 4731 的结点的哈希地址可选为 82。

折叠法指选取一个长度后，将键值按此长度分组相加。如果键值所在区间范围很大，以至于比哈希表的单元总数大得多，则可采用此法。例如，键值为 542242241，按 3 位折叠，可以得到 542+242+241=1025。若哈希表总共有 100 个单元，则抛弃百位和千位，得到哈希结果为 25。

在实际应用中，要根据计算时间、键值范围、哈希表长度（哈希地址范围）、键值分布情况和数据的查找频率选取对应的哈希函数。

2. 哈希冲突的解决方法

哈希表 3：冲突解决

由于哈希函数是多个键值对应一个函数值的关系，不可避免地会遇到冲突。选择适当的冲突解决策略可以进一步提高哈希表的性能。当遇到冲突时，可以将溢出的数据元素存放到哈希表中没有使用过的单元中，也可以将映射到同一地址的数据元素组织成一个线性表。下面就对这两种方法进行介绍。

将溢出的数据元素存放到哈希表中没有使用过的单元中是一种封闭式的空间管理方法，不需要开辟额外的空间，被称作“闭哈希表”。线性探测法、二次探测法和再哈希法是有代表性的 3 种闭哈希表的空间管理方法。

线性探测法指在存储单元中从哈希函数计算得到的位置开始顺序搜索，直到发现一个空位置。如果需要的话，该搜索会从最后一个位置执行到第一个位置。插入操作和查找操作都是先通过哈希函数确定下标，然后从此下标开始查找，直到到达一个空位置，此时插入操作将溢出的数据元素插入空位置，而查找操作如果到达空位置则说明被查找的键值不存在。对于删除操作，由于每个单元不仅代表自己，还作为解决碰撞的占位符，因此一般采用“迟删除”的方法，用一个特定标识表示该数据元素被删除。基于线性探测法的闭哈希表的实现如代码清单 6-17 所示。假设采用的是除留余数法哈希函数。

代码清单 6-17　基于线性探测法的闭哈希表的实现

```
template <class KEY, class OTHER>
class closeHashTable : public dynamicSearchTable<KEY, OTHER> {
 private:
  struct node {  // 哈希表的结点类
    SET<KEY, OTHER> data;
    int state;  // 0：结点为空   1：结点已用   2：结点已被删除

    node() { state = 0; }
  };

  node *array;
  int size;
```

```
    int (*key)(const KEY &x);
    static int defaultKey(const int &x) { return x; }

  public:
    closeHashTable(int length = 101, int (*f)(const KEY &x) = defaultKey);
    ~closeHashTable() { delete[] array; }
    SET<KEY, OTHER> *find(const KEY &x) const;
    void insert(const SET<KEY, OTHER> &x);
    void remove(const KEY &x);
};

template <class KEY, class OTHER>
closeHashTable<KEY, OTHER>::closeHashTable(
        int length, int (*f)(const KEY &x)) {
    size = length;
    array = new node[size];
    key = f;
}

template <class KEY, class OTHER>
void closeHashTable<KEY, OTHER>::insert(const SET<KEY, OTHER> &x) {
    int initPos, pos;
    initPos = pos = key(x.key) % size;
    do {
        if (array[pos].state != 1) {  // 找到空位置
            array[pos].data = x;
            array[pos].state = 1;
            return;
        }
        pos = (pos + 1) % size;
    } while (pos != initPos);
}

template <class KEY, class OTHER>
void closeHashTable<KEY, OTHER>::remove(const KEY &x) {
    int initPos, pos;
    initPos = pos = key(x) % size;
    do {
        if (array[pos].state == 0) return;
        if (array[pos].state == 1 &&
            array[pos].data.key == x) {  // 找到键值为x的数据元素，删除
            array[pos].state = 2;
            return;
        }
        pos = (pos + 1) % size;
    } while (pos != initPos);
}

template <class KEY, class OTHER>
SET<KEY, OTHER> *closeHashTable<KEY, OTHER>::find(const KEY &x) const {
    int initPos, pos;
    initPos = pos = key(x) % size;
    do {
        if (array[pos].state == 0) return nullptr;  // 没有找到
        if (array[pos].state == 1 && array[pos].data.key == x)  // 找到
            return (SET<KEY, OTHER> *)&array[pos];
```

```
      pos = (pos + 1) % size;
    } while (pos != initPos);
  }
```

哈希表是动态查找表的一种实现，删除操作是不可避免的。代码运行一段时间后，数组中大部分单元的状态可能都变成了“被删除”，这将大大影响查找的效率。因此，哈希表时常需要整理，将被删除的数据元素物理地从数组中删除。

在线性探测法中，碰撞会引起连锁反应，使哈希表中形成一些较长的连续被占单元，从而导致哈希表的性能下降，二次探测法可以很好地解决这种问题。

哈希表 5：二次探测法

在二次探测法中，当发生碰撞时，它不是直接检查下一单元，而是检查远离初始探测点的某一单元来消除线性探测法的初始聚集的问题。当哈希函数计算出下标 h，且 h 已经被占用时，依次尝试在单元 $h+1^2, h+2^2, h+3^2, \cdots$ 中插入数据元素。可以证明，如果数组的大小是素数，并且负载因子从不超过 0.5，即数组中有一半以上的空单元，则二次探测法总能插入一个新的数据元素 x。

再哈希法有两个哈希函数 $H_1()$ 和 $H_2()$。H_1 用来计算探测的起始位置，H_2 用来计算下一个探测位置的步长。再哈希法依次探测 $H_1(x), (H_1(x)+H_2(x)) \bmod M, (H_1(x)+2\times H_2(x)) \bmod M, \cdots$ 其中 M 为表长，x 为插入的数据元素。

哈希表 6：开哈希表

将映射到同一地址的数据元素组织成一个线性表的方法称为“开哈希表”，一般将具有同一哈希地址的数据元素都存放在一个单链表中。在开哈希表中，插入、删除和查找操作的实现都相当简单。插入键值为 x 的数据元素时，首先计算 $H(x)$，将该数据元素插入 $H(x)$ 指向的单链表的表头。查找时，也是先计算 $H(x)$，然后顺序查找 $H(x)$ 指向的单链表。删除操作同样如此，先计算 $H(x)$，然后顺序查找 $H(x)$ 指向的单链表，找到 x 后把它删除。开哈希表的定义和实现如代码清单 6-18 所示。

代码清单 6-18　开哈希表的定义和实现

```
template <class KEY, class OTHER>
class openHashTable : public dynamicSearchTable<KEY, OTHER> {
 private:
  struct node {  // 开哈希表中链接表的结点类
    SET<KEY, OTHER> data;
    node *next;

    node(const SET<KEY, OTHER> &d, node *n = nullptr) {
      data = d;
      next = n;
    }
    node() { next = nullptr; }
  };

  node **array;  // 指针数组
  int size;
  int (*key)(const KEY &x);
  static int defaultKey(const int &x) { return x; }
```

```
    public:
     openHashTable(
         int length = 101, int (*f)(const KEY &x) = defaultKey);
     ~openHashTable();
     SET<KEY, OTHER> *find(const KEY &x) const;
     void insert(const SET<KEY, OTHER> &x);
     void remove(const KEY &x);
   };

   template <class KEY, class OTHER>
   openHashTable<KEY, OTHER>::openHashTable(
       int length, int (*f)(const KEY &x)) {
     size = length;
     array = new node *[size];
     key = f;
     for (int i = 0; i < size; ++i) array[i] = nullptr;
   }

   template <class KEY, class OTHER>
   openHashTable<KEY, OTHER>::~openHashTable() {
     node *p, *q;

     for (int i = 0; i < size; ++i) {  // 释放所有单链表的空间
       p = array[i];
       while (p != nullptr) {
         q = p->next;
         delete p;
         p = q;
       };
     }

     delete[] array;
   }

   template <class KEY, class OTHER>
   void openHashTable<KEY, OTHER>::insert(const SET<KEY, OTHER> &x) {
     int pos;
     node *p;

     pos = key(x.key) % size;
     array[pos] = new node(x, array[pos]);
   }

   template <class KEY, class OTHER>
   void openHashTable<KEY, OTHER>::remove(const KEY &x) {
     int pos;
     node *p, *q;

     pos = key(x) % size;
     if (array[pos] == nullptr) return;
     p = array[pos];
     if (array[pos]->data.key == x) {
       array[pos] = p->next;
       delete p;
       return;
     }
     while (p->next != nullptr && !(p->next->data.key == x)) p = p->next;
     if (p->next != nullptr) {
```

```
    q = p->next;
    p->next = q->next;
    delete q;
  }
}

template <class KEY, class OTHER>
SET<KEY, OTHER> *openHashTable<KEY, OTHER>::find(const KEY &x) const {
  int pos;
  node *p;

  pos = key(x) % size;
  p = array[pos];
  while (p != nullptr && !(p->data.key == x)) p = p->next;
  if (p == nullptr)
    return nullptr;
  else
    return (SET<KEY, OTHER> *)p;
}
```

6.7 大型应用实现：旅客管理类

旅客管理类

第 5 章采用并查集实现了站点可达性查询功能。火车票管理系统的大部分数据都会频繁地进行插入、删除与修改操作，需要用到本章介绍的动态查找表进行高效维护。本节将基于红黑树实现旅客管理类。

旅客信息是整个火车票管理系统非常基础的数据，购票、退票及行程管理中都要用到。旅客管理子系统的功能主要有以下 3 个：

- 用户注册。注册时添加一条旅客信息。注册时，旅客输入用户名和密码，系统为旅客生成一个 userID 和默认优先级，userID 是每位旅客的唯一标识，也是登录凭证。
- 旅客信息修改。用户登录后可以修改自己的用户名和密码，管理员可以修改旅客的优先级。
- 用户登录。用户登录时，系统需要查找旅客的详细信息，如 userID、用户名、密码、优先级，旅客购票和退票时需要使用这些信息。

火车票管理系统中的旅客信息是海量的，为了高效维护旅客信息，本系统设计了旅客管理类 UserManager，用红黑树存储旅客信息，将 userID 作为键值，将旅客信息作为待存储的数据元素。将旅客信息定义为结构体 UserInfo，如代码清单 6-19 所示。

代码清单 6-19 旅客信息结构体 UserInfo 的定义

```
struct UserInfo {
  UserID userID;
  char username[MAX_USERNAME_LEN];
  char password[MAX_PASSWORD_LEN];
  int privilege;  // 数字越大，则购票优先级越高

  UserInfo() = default;
```

```
    UserInfo(UserID userID, const char *username, const char *password,
        int privilege);
    UserInfo(const UserInfo &rhs);
    ~UserInfo() = default;
};

UserInfo::UserInfo(UserID userID, const char *username,
    const char *password, int privilege) {
  this->userID = userID;
  this->privilege = privilege;
  memcpy(this->username, username, MAX_USERNAME_LEN);
  memcpy(this->password, password, MAX_PASSWORD_LEN);
}

UserInfo::UserInfo(const UserInfo &rhs) {
  this->userID = rhs.userID;
  this->privilege = rhs.privilege;
  memcpy(this->username, rhs.username, MAX_USERNAME_LEN);
  memcpy(this->password, rhs.password, MAX_PASSWORD_LEN);
}
```

对应上述 3 个系统功能，旅客管理类 UserManager 需要提供旅客信息的插入、查找、删除和修改功能。旅客管理类 UserManager 的功能如图 1-9 所示。

旅客信息的插入、查找和删除操作均可直接调用红黑树的对应功能，用户名、密码与优先级修改时则先利用红黑树查找到对应旅客数据，再更新对应信息。旅客管理类 UserManager 的定义和实现如代码清单 6-20 所示。

代码清单 6-20　UserManager 类的定义与实现

```
class UserManager {
  private:
    redBlackTree<UserID, UserInfo> userInfoTable;

  public:
    UserManager() = default;
    ~UserManager() = default;

    void insertUser(const UserID userID, const char *username,
        const char *password, const int privilege);
    UserInfo *findUser(const UserID &userID);
    void removeUser(const UserID &userID);
    void modifyUserPrivilege(const UserID &userID, int newPrivilege);
    void modifyUsername(const UserID &userID, const char *newUername);
    void modifyUserPassword(const UserID &userID, const char *newPassword);
};

void UserManager::insertUser(const UserID userID,
    const char *username, const char *password, const int privilege) {
  userInfoTable.insert(SET<UserID, UserInfo>(
      userID, UserInfo(userID, username, password, privilege)));
}

UserInfo *UserManager::findUser(const UserID &userID) {
  SET<UserID, UserInfo> *data = userInfoTable.find(userID);
```

```
    // 注意，获取键值对以后比较 value 的方式
    if (data == nullptr)
      return nullptr;
    else
      return &data->other;
  }

  void UserManager::removeUser(const UserID &userID) {
    userInfoTable.remove(userID);
  }

  void UserManager::modifyUserPrivilege(
      const UserID &userID, int newPrivilege) {
    SET<UserID, UserInfo> *data = userInfoTable.find(userID);
    if (data != nullptr) { data->other.privilege = newPrivilege; }
  }

  void UserManager::modifyUsername(
      const UserID &userID, const char *newUsername) {
    SET<UserID, UserInfo> *data = userInfoTable.find(userID);
    if (data != nullptr) {
      int len = strlen(newUsername);
      if (len > MAX_USERNAME_LEN) len = MAX_USERNAME_LEN;
      memcpy(data->other.username, newUsername, len);
      data->other.username[len] = '\0';
    }
  }

  void UserManager::modifyUserPassword(
      const UserID &userID, const char *newPassword) {
    SET<UserID, UserInfo> *data = userInfoTable.find(userID);
    if (data != nullptr) {
      int len = strlen(newPassword);
      if (len > MAX_PASSWORD_LEN) len = MAX_PASSWORD_LEN;
      memcpy(data->other.password, newPassword, len);
      data->other.password[len] = '\0';
    }
  }
```

UserManager 类的完整代码参见电子资料仓库中的 code/UserManager/UserManager.h 文件。注意，红黑树是一种适合内存储的动态查找表，然而，作为大型应用，将旅客信息存储在内存中并不安全，因为一旦断电内存信息就会丢失。真正的旅客信息是用外存中的查找树存储的，第 8 章将介绍可保存在外存中的查找树，电子资料仓库的 trainsys 目录中呈现的旅客管理类可能与本书有所差异。

6.8 小结

静态查找表不能插入、删除、修改数据元素，为了解决这一问题，本章介绍了动态查找表这种可同时支持高效查找和增删改操作的集合。动态查找表最基本的组织方式是查找树和哈希表。

动态查找表需要支持动态更新，可以采用树形结构来组织这种层次数据，更新过程中需要保证树的有序性和完整性。最基本的查找树是二叉查找树，它满足左子树上结点的键值均小于根结点的键值，右子树上结点的键值均大于根结点的键值。在最好的情况下，二叉查找树可以在对数级时间复杂度内进行查找、插入和删除操作，但是在最坏的情况下，二叉查找树将退化成单链表，查找性能将下降到 $O(n)$。为了防止二叉查找树退化，最基本的思想是让树尽可能平衡，保持矮、胖的形态，因此引入了平衡二叉树。本章介绍了两种经典的平衡二叉树，第一种是 AVL 树，它要求任何结点的两棵子树高度差的绝对值不能超过 1，以保证树的平衡。第二种是红黑树，它通过为每个结点添加颜色属性，并遵循一定的规则来保证树的平衡性，保证最长查找路径不超过最短查找路径的两倍。本章介绍了这两类平衡二叉树的插入、查找和删除操作的实现，以及如何通过旋转操作维护树的平衡。

哈希表也是一种支持动态数据的查找表。它利用哈希函数将键值映射到数组中，映射过程中需要解决哈希冲突问题。哈希表的效率取决于哈希函数的设计质量和键值的分布，在理想情况下，采用合适的哈希函数和冲突解决策略，哈希表可以在常量级的时间复杂度内实现数据元素的插入、删除和查找操作。

本章以火车票管理系统的旅客管理类为例，利用红黑树动态维护旅客信息，支持旅客信息的增查删改操作。

6.9　习题

（1）请在二叉查找树类中增加一个成员函数 void modify(KEY & key, OTHER &other)，用于将键值为 key 的目标结点中的数据修改为 other。

（2）请将二叉查找树类的插入、删除和查找函数修改成非递归的实现。

（3）请在二叉查找树类中增加一个成员函数 int getDepth(KEY & key)，返回键值为 key 的结点在二叉查找树中的深度。

（4）请在二叉查找树类中增加一个查找键值最大的结点的成员函数 SET<KEY, OTHER> * findMax()。

（5）请在二叉查找树类中增加一个成员函数 void print()，从小到大地输出所有数据元素。

（6）对于有序序列 {1,2,3}，思考它对应的二叉查找树共有多少种可能的形态。

（7）有序地插入数字 $\{1,2,\cdots,n\}$ 到二叉查找树中，思考按序查询 1 ～ n、重复 n 次查询数字 1 的操作，和重复 n 次查询数字 n 的操作，请考虑哪一种情况的时间复杂度最低。

（8）请绘制在图 6-3（a）中插入 25 并调整平衡后 AVL 树的形态。

（9）请绘制在图 6-3（a）中删除 17 并调整平衡后 AVL 树的形态。

（10）请绘制在图 6-19 所示的红黑树中插入 45 的过程。

（11）请绘制在图 6-19 所示的红黑树中删除 23 的过程。

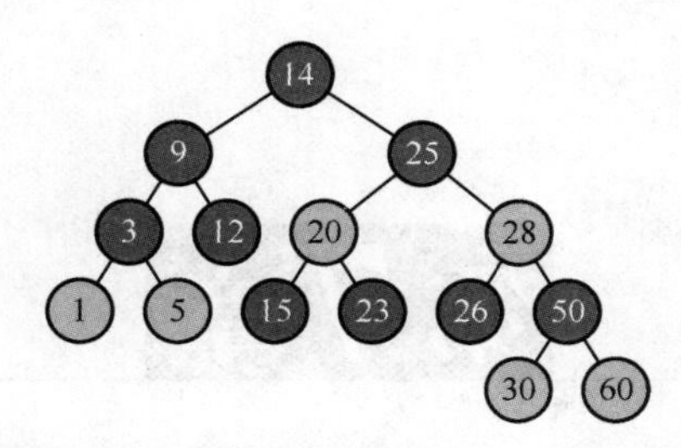

图 6-19 习题（10）、习题（11）红黑树的实例

（12）设有一个 100×100 的稀疏矩阵，其中约有 1% 的非 0 数据元素，每个非 0 数据元素以一个三元组 (行号 , 列号 , 数据元素值) 表示。欲将此矩阵中的非 0 数据元素存放在一个代码清单 6-17 所示的闭哈希表中。试设计哈希表的长度、哈希表中数据元素的类型，以及键值到整型数的转换函数。

（13）定义一个线性探测哈希表，向表中插入 10,000 个随机产生的整数，并统计所用的平均探测数。表的长度约为 25,000（调整到素数）。

（14）在代码清单 6-20 定义的旅客管理类 UserManager 中，查找旅客的接口 UserInfo *UserManager::findUser(const UserID &userID) 返回了一个指针，是否可以使用值返回？为什么？

第 7 章

排序

第 5 章和第 6 章分别介绍了两种不同形式的集合：静态查找表和动态查找表。静态查找表中的查找在数据有序时可以使用更高效的二分查找、分块查找，因此将集合中的数据元素排成一个有序序列是非常有意义的。排序作为一个常用的工具，在计算机应用中起到了至关重要的作用。本章主要介绍 5 种常用的排序算法及其实现，并介绍排序算法在不同场景中的性能。

7.1 问题引入

为了方便查找，在集合的实际维护过程中，会将集合中的数据元素按照键值次序排列。生活中也有此类应用，例如在英文词典中查找某个单词的含义非常容易，但如果要根据含义来找一个贴切的单词，则几乎是不可能的，这是因为英文词典是按单词的字母顺序排序的，而不是按单词的含义排序的。火车票管理系统中也有同样的应用：在列车运行计划和列车运行图中，站点都是用编号表示的，这个编号是存储所有站点的数组中站点的下标，为了快速找到站点名对应的下标，希望这个数组是按站点名有序排列的。

本章将介绍如何高效地实现一个固定数据元素的集合的排序。

7.2 排序的定义

排序是将集合中的数据元素按照它们的键值排列成一个有序序列的过程，可以形式化地描述如下：假设有一个初始排列 $\{R_1,R_2,\cdots,R_n\}$，对应的键值是 $\{K_1,K_2,\cdots,K_n\}$，重新排列这些数据元素，使得键值满足 $K_1' \leqslant K_2' \leqslant \cdots \leqslant K_n'$，最终得到序列 $\{R_1',R_2',\cdots,R_n'\}$。这个过程被称为“排序”。

在待排序的集合中，可能存在多个键值相同的数据元素。如果经过排序，这些数据元素的相对次序保持不变（即在原序列中 $K_i=K_j$，且 $i<j$，那么排序后，R_i 仍然在 R_j 的前面），这种排序方法被称为“稳定”的，否则称为“不稳定”的。

排序的方法会依据数据元素的形式、数量和存储设备而有所差异。根据待排序数据存储设备的不同，排序可分为“内排序”和“外排序”。内排序是指所有被排序的数据元素都存放在内存中，并且在内存中调整数据元素的相对位置，适用于数据元素数量较少的情况。外排序是指在排序过程中，数据元素主要存放在外存（如硬盘）中，在排序时借助内存逐步调整数据元素之间的相对位置，适用于有大量数据元素，无法一次性将所有数据元素放入内存的情况。

通过排序，数据元素可以按照键值大小有序排列，从而更便于进行查找等操作。不同的排序方法适用于不同的场景和需求。本章将介绍各种典型的内排序算法，包括插入排序、选择排序、交换排序、归并排序和基数排序。如没有特殊说明，本章均采取非递减排序。

7.3　插入排序

插入排序指每次将一个待排序的数据元素按其键值大小插入一组已经排好序的数据元素中的适当位置，直到所有数据元素全部插入为止。将一个数据元素插入前面已排序序列中的过程称为“一趟排序”。根据在已经排好序的有序数据元素序列中插入待排序数据元素的方法不同，可以将插入排序进一步分为直接插入排序、二分插入排序和希尔排序。

7.3.1　直接插入排序

直接插入排序在插入时采用的是暴力算法，即采用逐个比较的方法寻找插入位置。对序列 {5, 3, 8, 2, 1} 进行直接插入排序的过程如图 7-1 所示：第 1 趟排序假设序列 {5} 已经有序；第 2 趟排序在该序列内查找插入的位置，找到后将 3 插入 5 前面，得到有序序列 {3, 5}；第 3 趟排序将 8 插入序列中，得到有序序列 {3, 5, 8}；第 4 趟排序将数字 2 插入序列中，得到有序序列 {2, 3, 5, 8}；第 5 趟排序，将 1 插入序列，完成排序。

假设有一个待排序的数组 a，其中包含 n 个数据元素：{a[0],a[1],a[2],…,a[$n-1$]}，要将这个数组按照非递减的顺序进行排序。对于每个 $1 \leqslant j<n$ 的 j 值，要将 a[j] 插入已经排好序的序列 {a[0],a[1],a[2],…,a[$j-1$]} 中。插入过程如下：首先将 a[j] 存放在一个临时变量 tmp 中，然后从右到左依次将 tmp 与 a[$j-1$],a[$j-2$],…,a[2],a[1],a[0] 进行比较。如果 tmp 小于 a[$j-1$]，则将 a[$j-1$] 的值移到 a[j] 中，然后继续将 tmp 与 a[$j-2$] 进行比较。如果 tmp 小于 a[$j-2$]，则将 a[$j-2$] 的值移到 a[$j-1$] 中。重复这个过程，直到找到一个小于或等于 tmp 的数组元素 a[k]，那么 tmp 应该插入 a[k] 右侧的位置，即将 tmp 存入 a[$k+1$]。如果一直找到 a[0] 都没有找到一个小于 tmp 的值，那么 tmp 就是序列中的最小数据元素，将 tmp 存入 a[0]。按照这个思想，直接插入排序的实现如代码清单 7-1 所示。

初始	5	3	8	2	1
第1趟	**5**	3	8	2	1
第2趟	**3**	**5**	8	2	1
第3趟	**3**	**5**	**8**	2	1
第4趟	**2**	**3**	**5**	**8**	1
第5趟	**1**	**2**	**3**	**5**	**8**

图 7-1　直接插入排序的示例

代码清单 7-1　直接插入排序的实现

```
template <class KEY, class OTHER>
void simpleInsertSort(SET<KEY, OTHER> a[], int size) {
  int k;
```

```
    SET<KEY, OTHER> tmp;

    for (int j = 1; j < size; ++j) {
      tmp = a[j];
      for (k = j - 1; k >= 0 && tmp.key < a[k].key; --k)
        a[k + 1] = a[k];
      a[k + 1] = tmp;
    }
}
```

直接插入排序是一种简单但有效的排序方法，适用于数据规模较小或部分有序的情况。下面来分析直接插入排序算法的时间复杂度。最外层的循环一共执行了 $n-1$ 次，用于插入数据元素 a[j]；内层循环从 a[$j-1$] 开始到 a[0]，逐个与待插入的数据元素 tmp 比较大小，如果 tmp 更小，则将当前位置的数据元素后移一个位置。在最好的情况下，数组 a 原本就有序，内层循环判断一次后直接跳出，因此整个排序的时间复杂度为 $O(n)$。在最坏的情况下，数组 a 原来是从大到小排列的，每次进行内层循环时数据元素 a[j] 都需要被放到第一位，这时时间复杂度为 $O(n^2)$。平均情况下，每次内层循环需要比较的次数为 $(j-1)/2$ 次，整体的时间复杂度依然是 $O(n^2)$。直接插入排序是稳定排序。

7.3.2　二分插入排序

从 7.3.1 节的分析来看，直接插入排序的代价主要耗费在比较次数和数据元素移位次数过多。要想减少比较次数，二分查找是一个有效的手段。在 a[j] 插入前，a[0] 到 a[$j-1$] 已经是一个有序序列，可以利用二分查找的方法找到需要插入的位置，这时查找插入位置（即代码中的内层循环）的复杂度为 $O(\log n)$。但是二分插入排序并没有减少数据元素移动的次数，因此总的时间复杂度仍然是 $O(n^2)$。二分插入排序是一种不稳定排序。

7.3.3　希尔排序

希尔排序是一种改进的直接插入排序，它基于插入排序，通过减少数据元素移动的次数来提高排序的效率。在直接插入排序中，如果一个数据元素与它的正确位置相隔很远，那么该数据元素需要多次移位才能到达正确的位置，这会导致排序的代价较大。希尔排序先比较离得较远的数据元素，通过一次交换就让两个数据元素都移动了较长的距离，快速逼近正确位置。

开始希尔排序前，需要选定一个递增序列，称为增量序列 $\{h_1,h_2,\cdots,h_t\}$，其中 h_1 的值必须为 1。首先对序列进行 h_t 排序，然后进行 h_{t-1} 排序，以此类推，最后进行 h_1 排序。其中，h_k 排序是将间隔为 h_k 的数据元素按照直接插入排序的方式进行排序，使它们成为有序序列。经过一个 h_k 排序后，对满足 $i+h_k$ 为有效索引的每个 i，都有 $a[i] \leqslant a[i+h_k]$，即间隔为 h_k 的数据元素已经是有序的，此时称序列为 h_k 有序。

下面通过图 7-2 来详细解释希尔排序的过程。假设有一个待排序的序列 {9, 5, 1, 3, 7, 4, 2, 8, 6}，增量序列为 {1, 2, 4}。首先进行 4 排序，将间隔为 4 的数据元素（{9, 7, 6}、{5, 4}、{1, 2}、{3, 8}）按照直接插入排序的方式分别进行排序，得到序列 {6, 4, 1, 3, 7, 5, 2, 8, 9}。接下来进行 2 排序，将间隔为 2 的数据元素（{6, 1, 7, 2, 9}、{4, 3, 5,8}）按照直接插入排序的方式分别进行排序，得到序列 {1, 3, 2, 4, 6, 5, 7, 8, 9}。最后进行 1 排序，将间隔为 1 的数据元素按照直接插入排序的方式进行排序，得到最终的有序序列 {1, 2, 3, 4, 5, 6, 7, 8, 9}。

初始	9	5	1	3	7	4	2	8	6
第1趟，增量为4	6	4	1	3	7	5	2	8	9
第2趟，增量为2	1	3	2	4	6	5	7	8	9
第3趟，增量为1	1	2	3	4	5	6	7	8	9

图 7-2　希尔排序的示例

可以看到在每次排序过程中，相距较远的数据元素被先比较和交换，这样一次交换就让两个数据元素都移动了较长的距离，从而加快了排序的速度。下面更详细地分析希尔排序为什么有更高的排序效率。直观上来看，希尔排序在 1 排序之前会进行若干次 h_k 排序，但是要注意，当待排序的序列是有序的时，直接插入排序的运行时间是线性级的而不是平方级的。在希尔排序中，每一次 h_k 排序都会改进 h_{k-1} 排序的原始序列的有序性。因此，每个 h_k 排序不会遇到更坏的情况，而是更接近最好情况。希尔排序使用增量序列逐渐改善序列的有序性，使得每次排序都更接近最好情况，从而提高了时间性能。在实践中，希尔排序通常比直接插入排序具有更好的性能，尤其适用于大型数据集合的排序。希尔排序法建议增量从 $N/2$ 开始设置直到增量为 1，之后程序可终止。代码清单 7-2 给出了采用建议的增量序列实现的希尔排序。

代码清单 7-2　希尔排序的实现

```
template <class KEY, class OTHER>
void shellSort(SET<KEY, OTHER> a[], int size) {
  int step, i, j;
  SET<KEY, OTHER> tmp;

  for (step = size / 2; step > 0; step /= 2)  // step为希尔增量
    for (i = step; i < size; ++i) {
      // 对相距step的数据元素序列采用直接插入排序
      tmp = a[i];
      for (j = i - step; j >= 0 && a[j].key > tmp.key; j -= step)
        a[j + step] = a[j];
      a[j + step] = tmp;
    }
}
```

希尔排序的时间复杂度难以精确确定，它与所选择的增量序列有关。对特定增量序列，可以准确地计算出数据元素的比较次数和移动次数，但想要确定数据元素的比较次数和移动次数与增量序列之间的关系，并给出完整的数学分析，这还是数学界的一大难题。在最坏的情况下，希尔排序需要进行 $O(n^2)$ 次比较和交换；在最好的情况下，希尔排序需要进行 $O(n)$ 次比较，不需要交换。目前，希尔排序的平均时间复杂度 $O(n^{1.3})$ 是实验统计的结果，而非理论证明，采用的增量序列是希尔 ① 设计的增量序列。希尔排序是非稳定排序。

① SHELL D L. A High-Speed Sorting Procedure[J]. Communications of the ACM. 1959,2 (7): 30-32.

7.4 选择排序

选择排序是一种简单且直观的排序算法。假设有一个包含 n 个待排序数据元素的序列。首先，从这 n 个数据元素中选择键值最小的数据元素，将其放在序列的第一个位置上。然后，从剩下的 $n-1$ 个数据元素中选择键值最小的数据元素，即整个序列中次最小的数据元素，将其放在序列的第二个位置上。以此类推，每次从剩下的数据元素中选择键值最小的数据元素，直到序列中只剩下一个数据元素为止。按照这种方式选择数据元素，并将它们按照选择的顺序排列，就得到了一个有序序列。

从一个序列中选择最小的数据元素有多种方法，每种选择方法都对应一种不同的选择排序算法。本节将介绍两种常见的选择排序算法：直接选择排序和堆排序。

7.4.1 直接选择排序

直接选择排序是一种简单的选择排序方法，它采用顺序查找的方法选择最小数据元素。整个排序过程可以描述为以下几个步骤：首先，使用顺序查找在所有数据元素中选出最小的数据元素，然后将其与第一个数据元素交换位置；接下来，再次使用顺序查找在剩余的数据元素中选出最小的数据元素，并将其与第二个数据元素交换位置；以此类推，继续进行顺序查找和交换操作，直到所有数据元素都放到了正确的位置。

下面通过一个例子详细说明直接选择排序的过程，如图 7-3 所示。假设有一个待排序的序列 {5, 3, 8, 2, 1}。首先，在所有数据元素中找到最小数据元素 1，并将其与第一个数据元素 5 交换位置，得到序列 {1, 3, 8, 2, 5}。然后，在剩下的数据元素中找到最小数据元素 2，并将其与第二个数据元素 3 交换位置，得到序列 {1, 2, 8, 3, 5}。接着，继续这个过程，每次找到最小数据元素并与相应位置的数据元素交换，直到所有数据元素都放到了正确的位置。最终得到按非递减顺序排列的有序序列 {1, 2, 3, 5, 8}。

初始	5	3	8	2	1
第1趟	**1**	3	8	2	5
第2趟	**1**	**2**	8	3	5
第3趟	**1**	**2**	**3**	8	5
第4趟	**1**	**2**	**3**	**5**	**8**

图 7-3　直接选择排序的示例

直接选择排序的实现如代码清单 7-3 所示。

代码清单 7-3　直接选择排序的实现

```
template <class KEY, class OTHER>
void simpleSelectSort(SET<KEY, OTHER> a[], int size) {
  int i, j, min;
  SET<KEY, OTHER> tmp;

  for (i = 0; i < size - 1; ++i) {
    min = i;
    for (j = i + 1; j < size; ++j)
      if (a[j].key < a[min].key) min = j;
    tmp = a[i];
    a[i] = a[min];
    a[min] = tmp;
  }
}
```

直接选择排序的优点是简单、易懂，并且只需要 $O(1)$ 的额外空间。如果待排序序列本身就是有序的，则数据元素移动的次数为 0；如果待排序序列是逆序的，则数据元素移动的次数最多，达到了 $3(n-1)$ 次。直接选择排序的缺点是比较次数较多。对于 k 个数据元素，每次选出最小数据元素需要 $k-1$ 次比较。因此，对于一个包含 n 个数据元素的序列，所需的比较次数为 $(n-1)+(n-2)+\cdots+2+1=n(n-1)/2=O(n^2)$。也就是说，直接选择排序的时间复杂度为 $O(n^2)$。尽管比较次数较多，但对于较小规模的数据集，直接选择排序仍然是一个简单而有效的排序算法。直接选择排序是不稳定排序。

7.4.2 堆排序

堆排序是一种使用优先级队列的排序算法，时间复杂度为 $O(n\log n)$。堆排序改进了直接选择排序中每次选择最小数据元素的效率。在堆排序中，使用二叉堆来组织一个优先级队列，通过不断删除最小数据元素（出队操作），将数据元素按照非递减顺序进行排序。通过使用二叉堆这种优先级队列的数据结构，堆排序能够快速找到最小数据元素并进行排序，提高了排序效率。

下面以图 7-4 为例详细说明堆排序的过程。假设有一个待排序的序列 {9, 5, 1, 3, 7, 4, 2, 8, 6}，首先将这个序列插入一个空的二叉堆（最小化堆）中，并形成一个优先级队列，通过逐个插入数据元素可以得到图 7-4 所示的堆结构。接下来，不断从优先级队列中删除最小数据元素（出队操作），并按照顺序依次放置到一个新的数组中，具体步骤如下：每次删除优先级队列的根结点（最小数据元素），并将其放置到新的序列的末尾，然后对优先级队列进行调整，使其重新满足堆的性质。重复上述步骤，直到优先级队列为空。最终得到按非递减顺序排列的有序序列 {1, 2, 3, 4, 5, 6, 7, 8, 9}。

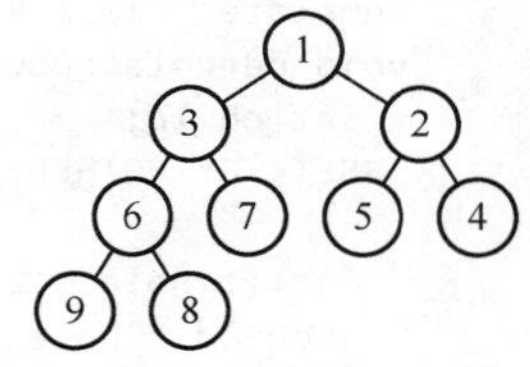

图 7-4 堆排序的实例

使用这样的实现方法，存储二叉堆需要用到大小为 n 的空间，存储排序后的序列需要用到大小为 n 的数组空间。为了避免耗费额外的空间，可以对上述处理过程做两个修改。首先，通过观察可知，每次执行出队操作后，堆的规模都减小了 1，减少的这个空间可以用来放被删除的数据元素。其次，修改二叉堆为最大化堆，将每次出队的最大数据元素放在二叉堆空出来的位置。仍然以 {9, 5, 1, 3, 7, 4, 2, 8, 6} 为例，构建的最大化堆和数据元素存放在数组中的位置如图 7-5 所示。

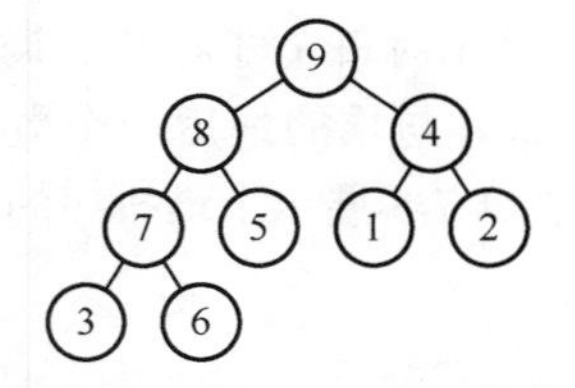

（a）序列{9, 5, 1, 3, 7, 4, 2, 8, 6}对应的最大化堆

a[0] ... a[8]

9	8	4	7	5	1	2	3	6

（b）最大化堆和数据元素存放在数组中的位置

图 7-5 堆排序构建的最大化堆

第一次出队操作将数据元素 9 从堆里取出来，并放到了空出来的 a[8] 的位置；同样，第二次出队操作取出数据元素 8，放到了 a[7] 的位置。执行第一次和第二次出队操作后，堆和数组

存储的数据元素的情况如图 7-6 所示。以此类推，最终数组 a 中存储的就是一个从小到大的序列了。

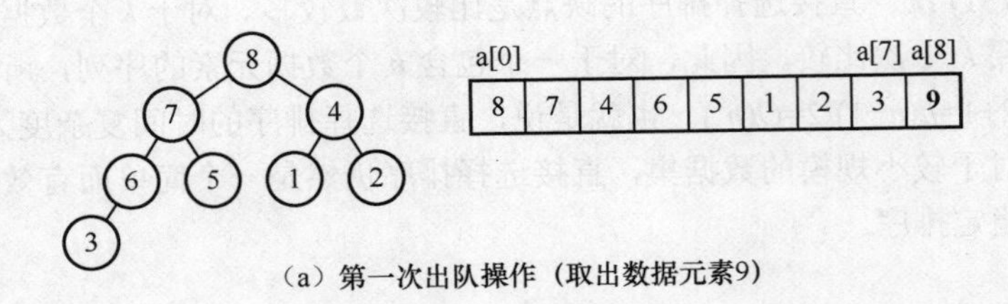

（a）第一次出队操作（取出数据元素9）

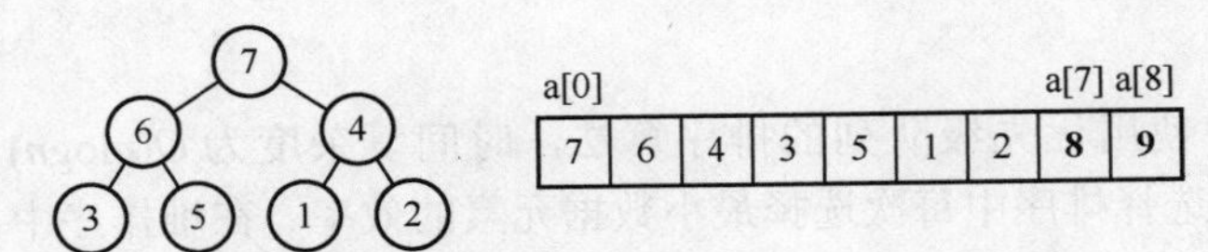

（b）第二次出队操作（取出数据元素8）

图 7-6 执行两次出队操作后的最大化堆

堆排序 2：实现

构建最大化堆的过程和出队操作都需要对某个数据元素执行向下过滤。代码清单 7-4 实现了向下过滤的辅助函数 percolateDown(SET<KEY, OTHER> a[], int hole, int size)，其中 a[] 表示待排序的数组，hole 是向下过滤的起始位置，size 指目前堆的规模。

代码清单 7-4 percolateDown() 函数的实现

```
template <class KEY, class OTHER>
void percolateDown(SET<KEY, OTHER> a[], int hole, int size) {
  int child;
  SET<KEY, OTHER> tmp = a[hole];

  for (; hole * 2 + 1 < size; hole = child) {
    child = hole * 2 + 1;
    if (child != size - 1 && a[child + 1].key > a[child].key) child++;
    if (a[child].key > tmp.key)
      a[hole] = a[child];
    else
      break;
  }
  a[hole] = tmp;
}
```

有了向下过滤的辅助函数，就可以实现堆排序了。首先对每个非叶结点调用向下过滤函数，将数组调整为一个堆，然后执行 $n-1$ 次出队操作（a[0] 与堆的最后一个数据元素交换），并对新堆的根结点执行向下过滤，使堆再次有序。代码清单 7-5 展示了堆排序的实现。

代码清单 7-5 堆排序的实现

```
template <class KEY, class OTHER>
void heapSort(SET<KEY, OTHER> a[], int size) {
  int i;
  SET<KEY, OTHER> tmp;

  // 创建初始的堆
  for (i = size / 2 - 1; i >= 0; i--) percolateDown(a, i, size);
```

```
    // 执行n-1次出队操作
    for (i = size - 1; i > 0; --i) {
      tmp = a[0];
      a[0] = a[i];
      a[i] = tmp;  // delete  a[0]
      percolateDown(a, 0, i);
    }
}
```

堆排序在大型数据集合的排序中具有较好的性能表现。堆排序的第一步构建最大化堆的时间复杂度为O(*n*)。第二步出队操作的每一步花费了对数级的时间来向下过滤，因此堆排序的整个时间复杂度为 $O(n\log n)$。堆排序是一种不稳定的排序。

7.5 交换排序

交换排序是根据序列中两个数据元素的比较结果来确定是否要交换这两个数据元素在序列中的位置。进行交换排序时，通过交换，将键值较大的数据元素向序列的尾部移动，将键值较小的数据元素向序列的头部移动。本节将介绍两种常见的交换排序算法：冒泡排序和快速排序。

7.5.1 冒泡排序

冒泡排序是通过多次比较相邻的数据元素，并根据大小关系交换位置，使得每一轮比较都能将当前最大的数据元素交换到未排好序的序列最后的位置，从而达到排序的目的。一轮操作被叫作一趟起泡。通过多趟起泡操作，可以将最大的数据元素不断地从原位置移动到未排好序的序列最后。每一趟起泡都会确定一个当前未排序部分的最大值，直到所有数据元素都被放置在正确的位置上，完成排序。图 7-7 展示了对序列 {5, 3, 8, 2, 1} 进行冒泡排序的过程。一般来说，n 个数据元素的冒泡排序需要 $n-1$ 趟起泡。

初始	5	3	8	2	1
第1趟	3	5	2	1	**8**
第2趟	3	2	1	**5**	**8**
第3趟	2	1	**3**	**5**	**8**
第4趟	**1**	**2**	**3**	**5**	**8**

图 7-7　冒泡排序的实例

冒泡排序是一种稳定排序方法，时间复杂度为 $O(n^2)$，其中 n 是序列的长度。虽然冒泡排序在性能上不如其他排序算法高效，但它的实现简单且直观，对初学者来说容易理解。代码清单 7-6 展示了冒泡排序的实现。在实现过程中，维护了一个布尔变量 flag，用于判断排序是否提前结束。如果某一趟起泡过程中进行了数据元素的交换，说明序列依然有可能是无序的，设置 flag = true，代表需要继续进行下一趟起泡。如果某一趟起泡过程中没有进行数据元素交换，说明整个序列已经有序，flag = false 保持不变，这趟起泡结束后，不会再进行下一趟起泡，而是直接跳出循环。提前结束冒泡排序可以在一定程度上提高效率，减少一定的循环次数。注意，整个冒泡排序过程中数据元素交换的次数并没有减少。

代码清单 7-6　冒泡排序的实现

```
template <class KEY, class OTHER>
```

```
void bubbleSort(SET<KEY, OTHER> a[], int size) {
    int i, j;
    SET<KEY, OTHER> tmp;
    bool flag = true;   // 记录一趟起泡中有没有进行过数据元素的交换
    for (i = 1; i < size && flag; ++i) {   // (size-1)趟起泡
        flag = false;
        for (j = 0; j < size - i; ++j)   // 第i趟起泡
            if (a[j + 1].key < a[j].key) {
                tmp = a[j];
                a[j] = a[j + 1];
                a[j + 1] = tmp;
                flag = true;
            }
    }
}
```

7.5.2　快速排序

快速排序1：基本思想

快速排序是一种高效的排序算法。进行快速排序时，首先选择一个标准元素，将待排序序列分为两部分，一部分小于或等于标准元素，另一部分大于标准元素；然后对这两部分分别递归地进行快速排序，直到所有数据元素都在适当的位置上。通过不断选择标准元素和划分序列，快速排序能够快速地将序列分割成规模更小的子序列，并递归地对它们进行排序。这样，每一轮划分都会确定一个当前未排序部分的标准元素的正确位置，直到所有数据元素都被放置在正确位置上，完成排序。标准元素一般选取待排序序列中的第一个数据元素，这样选择的好处是成本低，而且从统计规律来看，它能把待排序的数据元素分成均匀的两部分。

再考虑快速排序的空间性能。如果在划分序列时，将新的序列存储到新的空间中，将占用原序列两倍的空间。快速排序通常使用一种更巧妙的存储方法，这种方法只需要一个额外单元。假设要对下标范围从 low 到 high 的数组进行快速排序，首先选择 low 位置的数据元素作为标准元素，并将其保存在变量 k 中。这样，数组下标为 low 的位置就空出来了。

接下来的步骤是重复执行以下操作。

（1）从下标为 high 的位置开始，从右向左逐个检查 high 位置的数据元素值，如果比 k 大，则 high 继续向左移动，直到找到一个小于或等于 k 的值。

（2）将刚刚找到的小于或等于 k 的值放入数组中下标为 low 的位置，此时，数组中下标为 high 的位置空了出来。

（3）从下标为 low 的位置开始，从左向右逐个检查 low 位置的数据元素值，如果小于或等于 k，则 low 继续向右移动，直到找到一个大于 k 的值。

（4）将刚刚找到的大于 k 的值放入下标为 high 的位置。

（5）重复以上步骤，直到 low 和 high 重叠。

当 low 和 high 重叠时，说明已经完成了一轮划分，此时将标准元素 k 放入这个位置。这样，所有小于或等于 k 的数据元素都在 k 的左边，所有大于 k 的数据元素都在 k 的右边，而 k 的位置则正好是最终的正确位置。这种优化方法避免了申请新的空间来存储划分后的数组，同时通过将小于或等于 k 和大于 k 的值直接放入空出来的位置，减少了数据的移动，从而提高了快速排序的效率。图 7-8 展示了以数据元素 5 划分数组 {5, 3, 8, 2, 1} 的一轮划分。

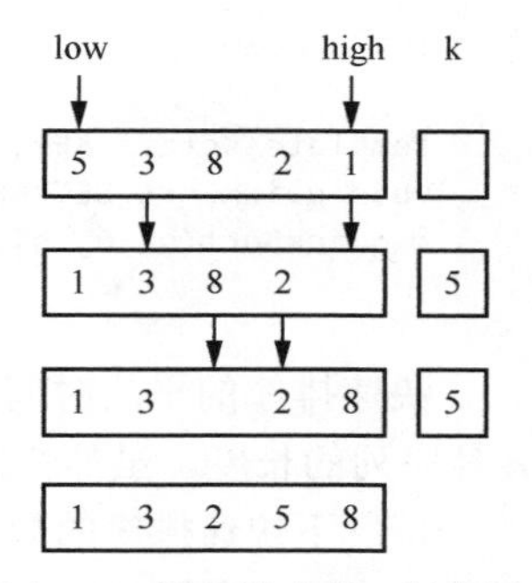

图 7-8 快速排序的一轮划分

在实现快速排序的过程中，首先需要定义一个划分函数 divide(SET<KEY, OTHER> a[], int low, int high)，用于将待排序序列划分为两部分。它接受一个数组 a[]、要划分区间的起始下标 low 和结束下标 high 作为参数，并返回划分后的标准元素的最终位置。

接下来定义快速排序函数 quickSort(SET<KEY, OTHER> a[], int low, int high)，它接受一个数组 a[]、要排序区间的起始下标 low 和结束下标 high 作为参数。在 quickSort() 函数中，如果待排序区间只有一个或者没有数据元素，则直接返回；否则，选择一个标准元素的位置 low，调用 divide() 函数将数组划分为两个子数组，并得到划分后标准元素的位置 mid，然后对两个子数组分别递归调用 quickSort() 函数，以实现对整个数组的快速排序。通过不断地划分和递归调用，快速排序可以将整个数组迅速地分割成更小的子数组，并分别对它们进行排序。最终，所有子数组都会被排序，完成整个数组的排序过程。divide() 辅助函数、快速排序的递归实现函数及快速排序的包裹函数的实现如代码清单 7-7 所示。

代码清单 7-7 快速排序的实现

```
template <class KEY, class OTHER>
int divide(SET<KEY, OTHER> a[], int low, int high) {
  SET<KEY, OTHER> k = a[low];
  do {  // 循环直到low和high重叠
    while (low < high && a[high].key > k.key)
      --high;  // 从右向左找到小于k的值
    if (low < high) {
      a[low] = a[high];
      ++low;
    }  // 将找到的小于k的值放入low位置
    while (low < high && a[low].key <= k.key)
      ++low;  // 从左向右找到大于k的值
    if (low < high) {
      a[high] = a[low];
      --high;
    }  // 将找到的大于k的值放入high位置
  } while (low != high);
  a[low] = k;
  return low;
}

template <class KEY, class OTHER>
void quickSort(SET<KEY, OTHER> a[], int low, int high) {
  int mid;
  if (low >= high) return;  // 待分段的数据元素只有1个或0个，递归终止
  mid = divide(a, low, high);
  quickSort(a, low, mid - 1);    // 排序左边一半
  quickSort(a, mid + 1, high);   // 排序右边一半
```

```
}

template <class KEY, class OTHER>
void quickSort(SET<KEY, OTHER> a[], int size) {  // 包裹函数
  quickSort(a, 0, size - 1);
}
```

快速排序 3：性能分析

快速排序的平均时间复杂度为 $O(n\log n)$（证明过程见附录 A.5），其中 n 是序列的长度。虽然快速排序在最坏情况下的时间复杂度为 $O(n^2)$，但在平均情况下快速排序的效率很高。快速排序是一种常用且优秀的排序算法，被广泛应用于实际开发中。快速排序是一种不稳定排序。

7.6 归并排序

归并排序

归并排序主要通过合并两个已排序的有序表实现，也是一种通过递归实现的排序方法。如果 A、B 分别是两个待归并的表，由于 A、B 都是有序的，因此只需要从两表的表头开始比较表头的数据元素，较小者移入另一个表 C 中。反复如此，直至其中一个表为空为止，将另一个表中剩余的数据元素自左至右复制到表 C 的剩余位置。归并两个有序序列 A 和 B 至表 C 的过程如图 7-9 所示。

A:{1,4,7,8}	B:{2,3}	C:{}
A:{4,7,8}	B:{2,3}	C:{1}
A:{4,7,8}	B:{3}	C:{1,2}
A:{4,7,8}	B:{}	C:{1,2,3}
A:{}	B:{}	C:{1,2,3,4,7,8}
归并结束：{1,2,3,4,7,8}		

图 7-9　归并两个有序序列的过程

这个归并的过程被封装成了函数 merge(SET<KEY, OTHER> a[], int left, int mid, int right)，数组 a[] 为待排序的数组。merge() 函数将从 left 到 mid−1 的有序序列和从 mid 到 right 的有序序列进行归并，归并完成后放回数组 a[] 的 left 和 right 位置之间。merge() 函数的实现如代码清单 7-8 所示。

代码清单 7-8　merge() 函数的实现

```
template <class KEY, class OTHER>
void merge(SET<KEY, OTHER> a[], int left, int mid, int right) {
  SET<KEY, OTHER> *tmp = new SET<KEY, OTHER>[right - left + 1];
  int i = left, j = mid, k = 0;
  while (i < mid && j <= right)  // 两表都未结束
    if (a[i].key < a[j].key)
      tmp[k++] = a[i++];
```

```
    else
      tmp[k++] = a[j++];
  while (i < mid) tmp[k++] = a[i++];      // 前半部分没有结束
  while (j <= right) tmp[k++] = a[j++];  // 后半部分没有结束
  for (i = 0, k = left; k <= right;) a[k++] = tmp[i++];
  delete[] tmp;
}
```

进行归并排序时，对序列的前半部分和后半部分分别递归调用归并排序函数进行排序，再将排好序的两个序列归并起来，就完成了整个序列的排序。递归终止条件为只剩一个数据元素，这时这个数据元素就是一个排好的序列。归并排序的实现如代码清单 7-9 所示。

代码清单 7-9 归并排序的实现

```
template <class KEY, class OTHER>
void mergeSort(SET<KEY, OTHER> a[], int left, int right) {
  int mid = (left + right) / 2;
  if (left == right) return;
  mergeSort(a, left, mid);
  mergeSort(a, mid+1, right);
  merge(a,left,mid+1,right);
}
template <class KEY, class OTHER>
void mergeSort(SET<KEY, OTHER> a[], int size) {
  mergeSort(a, 0, size-1);
}
```

归并排序的时间性能分析见附录 A.6，可以证明归并排序的时间复杂度为 $O(n\log n)$。归并排序是一种不稳定排序。

7.7 基数排序

基数排序又称“口袋排序”，它不是通过比较大小而是通过分配的方法对整数进行排序。以排序十进制非负整数为例，可以设置 10 个“口袋”，用来存放数据元素。首先，将待排序的整数按照个位数的值，依次放入对应的口袋中。例如，个位数为 0 的整数放入 0 号口袋，个位数为 1 的整数放入 1 号口袋，以此类推。然后，按照口袋的顺序，将数据元素从 0 号口袋到 9 号口袋依次倒出来。这样，所有整数根据个位数的大小顺序得到了重新排列。如果所有数据元素都是一位数，那么经过上述步骤之后，这些数据元素已经是排好序的。但如果数据元素还有十位数、百位数等，需要进行多轮的分配和收集。对于十位数，按照同样的方法，将整数按十位数的值分别放入 10 个口袋中，然后再次按照口袋的顺序，将数据元素从 0 号口袋到 9 号口袋依次倒出来。这样，根据十位数的大小顺序，整数又得到了一次重新排列。如果数据元素还有百位数、千位数等，可以继续进行类似的操作，直到最高位为止。每一轮都按照当前位数的值将数据元素分别放入对应的口袋中，并按照口袋的顺序将数据元素倒出来。所有位数都处理完毕，数据元素就已经排好序了。

下面给出一个例子来说明基数排序的全过程。假设待排序的整数序列为 {170, 45, 75, 90,

802, 24, 2, 66}，第一轮按照个位数分配，可以得到 10 个口袋的内容如下。

口袋 0：{170, 90}、口袋 1：{}、口袋 2：{802, 2}、口袋 3：{}、口袋 4：{24}、口袋 5：{45, 75}、口袋 6：{66}、口袋 7 ～ 9：{}。

将这 10 个口袋中的数据元素依次倒出，得到序列 {170, 90, 802, 2, 24, 45, 75, 66}，再进行第二轮分配，按十位数分配，这时 10 个口袋的内容如下。

口袋 0：{802, 2}、口袋 1：{}、口袋 2：{24}、口袋 3：{}、口袋 4：{45}、口袋 5：{}、口袋 6：{66}、口袋 7：{170, 75}、口袋 8：{}、口袋 9：{90}。

再次倒出，得到序列 {802, 2, 24, 45, 66, 170, 75, 90}，最后按百位数分配，10 个口袋的内容如下。

口袋 0：{2, 24, 45, 66, 75, 90}、口袋 1：{170}、口袋 2 ～ 7：{}、口袋 8：{802}、口袋 9：{}。

倒出来的序列 {2, 24, 45, 66, 75, 90, 170, 802} 已经是有序的了。

由于每个口袋需要多大是很难估计的，还经常需要将一个个口袋中的内容倒出来，因此选用链接存储。假设待排序的数据元素组成了一个不带头结点的单链表，每个口袋也用一个不带头结点的单链表存储。基数排序的 bucketSort(node<OTHER> *&p) 函数的实现及其辅助结构体的定义如代码清单 7-10 所示。在代码中，首先定义了一个结构体 node，用来表示链接表的结点，每个结点包含一个键值对（SET<int, OTHER>），以及一个指向下一个结点的指针。基数排序函数 bucketSort() 接受一个链表头指针作为参数。在函数内部，创建了两个大小为 10 的数组 bucket 和 last，用来表示 10 个口袋的头尾指针。首先，通过遍历单链表找到最大的键值，并计算最大键值的位数 len。然后，开始执行 len 次分配和重组操作。在每一轮操作中，首先将 bucket 和 last 数组清空，准备保存接下来的分配结果。然后遍历链接表，根据当前位数将结点放入相应的口袋中。如果某个口袋为空，则将结点同时设为该口袋的头结点和尾结点；否则，将结点添加到该口袋的尾部，并更新尾结点。最后将链接表的头指针置空，用于保存重组后的链接表。根据口袋的顺序，将所有非空口袋依次连接起来，形成一个新的链接表，并更新尾结点。完成一轮分配和重组之后，将新链接表的尾结点置空，为下一轮的分配做准备。接着，将 base 乘以 10，用于处理下一位数。最终，经过多轮的分配和重组，链接表中的数据元素按照从低位到高位的顺序重新排列，达到了排序的目的。

代码清单 7-10　基数排序的实现

```
template <class OTHER>
struct node {
   SET<int, OTHER> data;
   node *next;
   node() { next = nullptr; }
   node(SET<int, OTHER> d) : data(d) { next = nullptr; }
};
template <class OTHER>
void bucketSort(node<OTHER> *&p) {  // p是链接表表头
   // bucket, last: 10个口袋
   node<OTHER> *bucket[10], *last[10], *tail;
   int i, j, k, base = 1, max = 0, len = 0;
   for (tail = p; tail != nullptr; tail = tail->next)  // 找最大键值
```

```
        if (tail->data.key > max)
          max = tail->data.key;
      // 寻找最大键值的位数
      if (max == 0)
        len = 0;
      else
        while (max > 0) {
          ++len;
          max /= 10;
        }
      for (i = 1; i <= len; ++i) {  // 执行len次分配和重组操作
        for (j = 0; j <= 9; ++j)
          bucket[j] = last[j] = nullptr;  // 清空口袋
        while (p != nullptr) {            // 执行一次分配
          k = p->data.key / base % 10;    // 计算结点所在的口袋
          if (bucket[k] == nullptr)
            bucket[k] = last[k] = p;
          else
            last[k] = last[k]->next = p;
          p = p->next;
        }
        p = nullptr;                  // 重组后的链接表表头
        for (j = 0; j <= 9; ++j) {  // 执行重组
          if (bucket[j] == nullptr) continue;
          if (p == nullptr)
            p = bucket[j];
          else
            tail->next = bucket[j];
          tail = last[j];
        }
        tail->next = nullptr;  // 尾结点置空
        base *= 10;            // 为下一次分配做准备
      }
    }
```

如果最大的数据有 len 位，基数排序需要 len 次分配和重组。每次分配需要遍历所有数据元素，每次重组需要 10 次链接（假如数据是十进制的），因此时间复杂度是 $O(n \cdot \text{len})$。排序所需的额外空间就是 10 个链接表的头尾指针，与数据元素的规模无关，因此空间复杂度是 $O(1)$。基数排序是一种不稳定排序。

7.8 小结

排序是将集合中的数据元素按照它们的键值排列成一个有序序列的过程，本章介绍了 5 种常用的排序算法及其实现。

第 1 种排序算法是插入排序。直接插入排序将未排序的数据元素一个个插入已经排好序的序列中，从而完成整个序列的排序。二分插入排序优化了查找的过程，利用二分查找的方法，找到需要插入的位置。希尔排序是一种改进的直接插入排序，它通过减少数据元素移动的次数来提高排序的效率。

第 2 种排序算法是选择排序。选择排序每次选择一个数据元素放入合适位置。直接选择排序选择数据元素时采用顺序查找，因而性能较差。堆排序选择数据元素时采用优先级队列，改善了选择排序的时间性能。

第 3 种排序算法是交换排序。交换排序比较两个数据元素的大小，将键值较大的数据元素向序列的尾部移动，将键值较小的数据元素向序列的头部移动。常用的交换排序算法有冒泡排序和快速排序。

第 4 种排序算法是归并排序。归并排序通过递归的方式反复归并有序表，从而实现排序。

第 5 种排序算法是基数排序。基数排序根据键值的部分信息，如按进制位划分，将要排序的数据元素分配至某些“口袋”中，以达到排序的作用。

本章介绍的排序算法的时间复杂度与稳定性如表 7-1 所示。

表 7-1　排序算法的时间复杂度与稳定性

排序算法	平均时间复杂度	最好情况下的时间复杂度	最坏情况下的时间复杂度	是否为稳定排序
直接插入排序	$O(n^2)$	$O(n)$	$O(n^2)$	是
二分插入排序	$O(n^2)$	$O(n\log n)$	$O(n^2)$	否
希尔排序	$O(n^{1.3})$	$O(n)$	$O(n^2)$	否
直接选择排序	$O(n^2)$	$O(n^2)$	$O(n^2)$	否
堆排序	$O(n\log n)$	$O(n\log n)$	$O(n\log n)$	否
冒泡排序	$O(n^2)$	$O(n)$	$O(n^2)$	是
快速排序	$O(n\log n)$	$O(n\log n)$	$O(n^2)$	否
归并排序	$O(n\log n)$	$O(n\log n)$	$O(n\log n)$	否
基数排序	$O(n\cdot \text{len})$	$O(n\cdot \text{len})$	$O(n\cdot \text{len})$	是

注：基数排序中的 len 表示最大数据的位数。

7.9　习题

（1）使用增量序列为 {1, 3, 5} 的希尔排序对长度为 10 的逆序序列进行排序时，交换次数是多少。

（2）计算上述序列采用直接插入排序时的交换次数。

（3）当输入已经有序时，下列算法的时间复杂度是多少？

1）直接插入排序。

2）增量序列为 {1, 3, 5} 的希尔排序。

3）堆排序。

4）冒泡排序。

5）快速排序。

6）归并排序。

7）基数排序。

（4）当输入为逆序时，下列算法的时间复杂度是多少？

1）直接插入排序。

2）堆排序。

3）冒泡排序。

4）快速排序。

5）归并排序。

6）基数排序。

（5）设计并实现一个基于单链表的直接选择排序函数。

（6）实现一个二分插入排序函数。

（7）如果要在一个包含 n 个元素的无序的数据集合中寻找第 k 小的元素，k 远远小于 n，可借鉴哪种排序算法？

（8）数据的初始排列比较有序时，可采用哪些排序算法？数据的初始排列较乱时，可采用哪些排序算法？

第 8 章

外部查找与排序

在第 5 章、第 6 章介绍的静态查找表和动态查找表，以及第 7 章介绍的排序算法中，数据都是存储在内存中的。与数据存储在内存中相比，数据存储在外存（如磁盘、闪存、磁带等）中的查找和排序过程差异很大。对外存中数据的读取会耗费大量的时间，因此需要设计新的查找和排序算法，尽可能减少外存读取次数。本章主要介绍 B 树和 B+ 树两种外存中的查找树与外排序，并在火车票管理系统中使用 B+ 树实现余票管理类与行程管理类。

8.1 问题引入

在本章之前，所有数据都假设存储在内存中，而在火车票管理系统中，数据量较大且需要永久保存，因此数据需要存储在磁盘、闪存、磁带等外存中。考虑到旅客信息、余票信息等在系统使用过程中会被频繁查找和修改，因此需要设计相关数据结构以加快外存中的排序和查找操作。

本章将讨论外存中的查找与排序，并以火车票管理系统的余票管理类 TicketManager 这个最核心的系统功能类为切入点，分析如何与磁盘交互，实现高效、持久的余票信息存储与查找。

8.2 外部查找表的定义

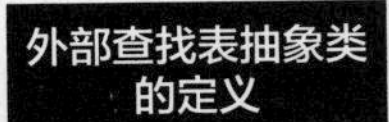

外部查找表的定义和动态查找表类似，只不过将存储的数据移到了外存中。外存中的数据元素被称为“数据记录”，每条数据记录包括键值和数据信息。外部查找表的抽象类定义如代码清单 8-1 所示，需要执行的操作有 find(const KeyType &key, ValueType & value)、insert(const KeyType & key, const ValueType & value) 和 remove(const KeyType & key)。find() 函数用于查询键值为 key 的数据记录，如果查询成功，则返回 true，并将数据记录存放在 value 中，否则返回 false。insert() 和 remove() 函数分别用于插入和删除数据记录。

代码清单 8-1　外部查找表的抽象类定义

```
template <class KeyType, class ValueType>
class StorageSearchTable {
 public:
  virtual bool find(const KeyType &key, ValueType &value) = 0;
  virtual void insert(const KeyType &key, const ValueType &value) = 0;
  virtual void remove(const KeyType &key) = 0;
  virtual ~StorageSearchTable(){};
};
```

8.3　B树

本节将介绍 B 树的定义与实现。

8.3.1　B树的定义

当数据存储在内存中时，查找表一般是一棵二叉树。当执行查找操作时，会从根结点开始逐层向下搜索，时间复杂度是对数级的。如果数据存储在外存中时依然使用这样的方式存储，则检查每个结点的时候，都会发生一次外存读取。一般来说，外存中的数据读取比内存慢很多。因此，当数据存储在外存中时，采用二叉查找树的方法将会有灾难性的时间性能。

B 树 1：定义

查找树的性能与树的高度有关。降低树的高度可以减少从根结点到目标结点路径上的结点个数，从而减少外存的读取次数。如何降低树的高度？答案是增加树的分支。B 树是一棵 M 叉查找树，每一个结点有 $M-1$ 个键值，每个键值分割了两个分支中的键值范围，第 i 个分支里的结点包含的键值范围是第 $i-1$ 个和第 i 个键值之间，第 0 个分支中结点包含的键值小于第 0 个键值，第 $M-1$ 个分支中结点包含的键值则大于最后一个键值。为了保证 M 叉树不退化成链接表（甚至不允许退化成二叉树），这棵树还必须是平衡的。更形式化地，一棵有 M 个分支（称为 M 阶）的 B 树或者为空，或者满足以下性质。

（1）根结点或者是叶结点，或者至少有两个子结点，至多有 M 个子结点。

（2）除根结点和叶结点之外，每个结点的子结点个数 s 满足 $\lceil M/2 \rceil \leqslant s \leqslant M$。

（3）有 s 个子结点的非叶结点具有 $n=s-1$ 个键值，故 $s=n+1$。这些结点存储的数据为 $(n,A_0,(K_0,R_0),A_1,(K_1,R_1),A_2,\cdots,(K_{n-1},R_{n-1}),A_n)$，其中，$n$ 是键值的个数；$K_0,K_1,\cdots,K_{n-1}$ 为结点的键值，且 $K_0<K_1<\cdots<K_{n-1}$；R_j 是键值等于 $K_j(0 \leqslant j \leqslant n-1)$ 的数据记录；A_0 是键值小于 K_0 的结点在外存中的地址，A_j 是键值大于 K_{j-1} 且小于 $K_j(1 \leqslant j \leqslant n-1)$ 的结点在外存中的地址，A_n 是键值大于 K_{n-1} 的结点在外存中的地址。

（4）所有叶结点都出现在同一层上，即它们的深度相同，并且不带键值和数据元素信息（可以认为是外部结点或查找失败的结点，这些结点并不存在，指向这些结点的指针为空）。

图 8-1 展示了一棵 M=5 的 B 树，根结点有 2 个子结点，中间层的结点各有 3 个子结点，符合 B 树的性质（1）和性质（2）。

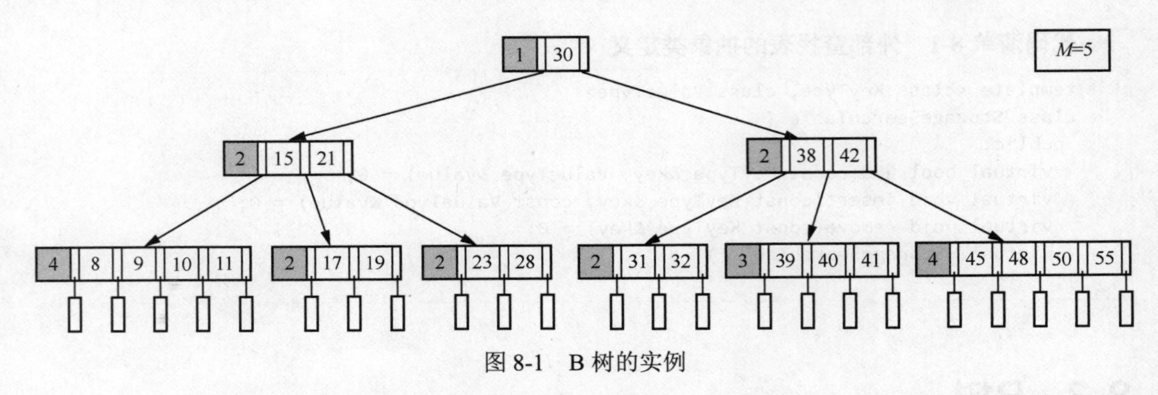

图 8-1　B 树的实例

本章假设数据存储在磁盘中。一次磁盘读写可以读写磁盘上的一个块，因此在 B 树的设计中，可以将一个磁盘块作为 B 树的一个结点，根据磁盘块的大小、键值的长度及磁盘块地址的长度来综合确定 B 树的阶数。

8.3.2　B树的实现

B 树2：查找

B 树的查找从根结点开始，利用查找树上结点有序这一性质逐层查找。以图 8-1 为例，如果要查找键值为 30 的数据记录，从根结点开始查找。30 在根结点中，直接从根结点中取出键值为 30 的数据记录所在的地址，去该地址中读取键值为 30 的数据记录。如果要查找键值为 21 的数据记录，由于 21 比 30 小，因此根据根结点 A_0 的指针去找下一个结点。逐个比较键值 15 和 21，就可以找到键值为 21 的数据记录所在的地址，结束对键值 21 的查找。如果要查找键值为 23 的数据记录，比较到 21 后，发现 23 比 21 大，因此根据 A_2 的指针继续查找。同理，找到 23 后访问键值为 23 的数据记录所在的地址。如果要查找键值为 22 的数据记录，前面的步骤和查找 23 一致，直到查找到包含 23 和 28 的结点。由于 22<23，且 A_0 是空指针，因此没有查找到键值 22。每次进行分支判断时，由于抛弃了至少 $[M/2]-1$ 个分支，相较于二叉查找树，减少了树上结点的访问次数，也就减少了磁盘的访问次数，大大降低了时间成本。

B 树3：插入

B 树的插入是以查找为基础的，首先查找到插入的位置（一定是叶结点的父亲），此时可能出现 3 种情况。

（1）插入的结点 P 未满，直接插入。例如，在图 8-1 中，在包含键值 17、19 的结点中插入键值为 20 的数据记录，此时结点仍然未满，可以直接插入。插入后该结点包含键值 17、19、20。

（2）插入的结点 P 已经满了，将其分裂。此时 P 中有 M 个键值，将新的键值插入 P，导致 P 有 M+1 个子结点，不符合 B 树的性质。创建一个新的结点 Q，它包含结点 P 中后 $M-[M/2]$ 个键值和对应的指针，P 中保留前 $[M/2]-1$ 个键值。此时，一个结点分裂成了两个结点，它们的父结点中的键值和指针也需要进行相应的更新，即将 P 与 Q“交界处”的键值添加到 P 的父结点中。具体来说，假设原来的 P 在其父结点的 K_{i-1} 和 K_i 之间，那么 P 的键值 $K_{[M/2]-1}$ 就需要被插入 P 的父结点的 K_i 上，并将父结点的 A_i 指向 Q，P 的父结点原本的 K_i 及其之后的键值、原本的 A_i 及其之后的指针都需要依次顺延。如果 P 的父结点在加一个新的键值后，没有超出子结点个数的限制，那么就完成了结点的插入。例如，图 8-1 中插入键值为 49 的结点后，第三层的最后一个结点需要分裂，分裂后的 B 树如图 8-2 所示。

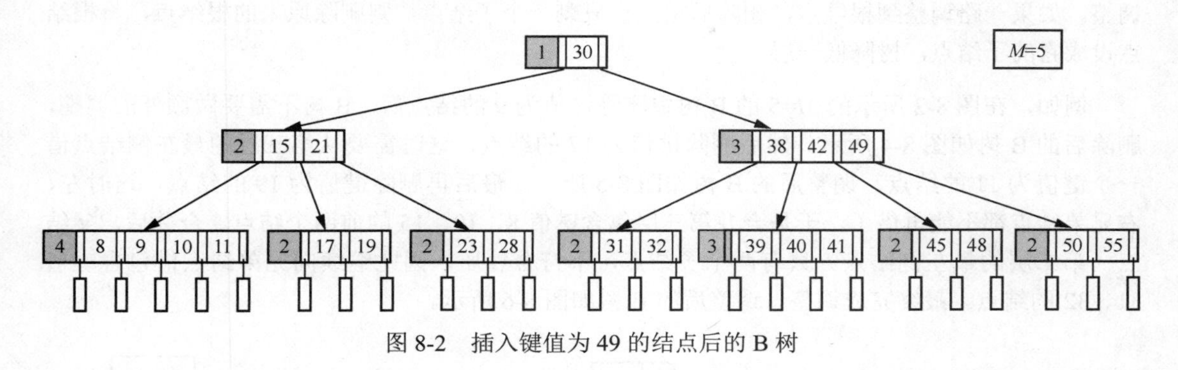

图 8-2　插入键值为 49 的结点后的 B 树

（3）插入的结点 P 分裂后，父结点会多出一个键值。如果父结点超过了 M 个分支，则继续分裂父结点。如果一路向上分裂，一直到根结点，那么就需要将树增高一层，让根结点有两个子结点。以图 8-3（a）所示的 B 树为例，插入键值为 15 的结点后，第二层的最后一个结点执行分裂，分裂后由于根结点的子结点数超过了 M=4，因此根结点分裂，树增高一层，如图 8-3（b）所示。

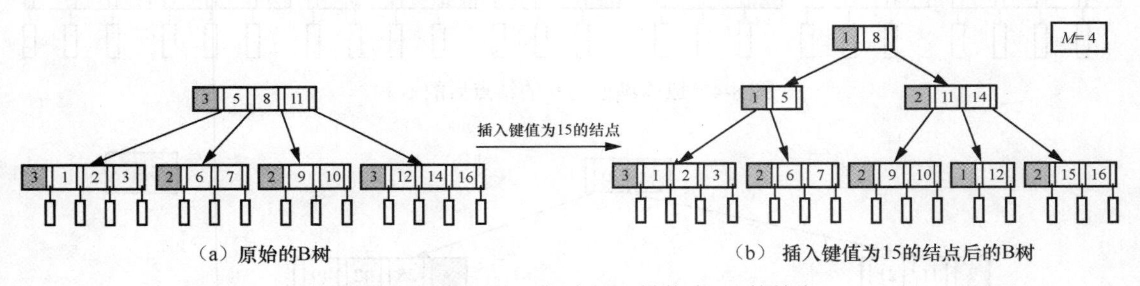

图 8-3　在 M=4 的 B 树中插入键值为 15 的结点

B 树的删除类似于二叉查找树，采用了“替身”的方法。从根结点开始，查找键值 key 所在的结点。如果键值 key 所在结点不是最后一层非叶结点（注意，根据定义，B 树的叶结点不存储任何信息），则找到右子树的最左结点的第一个键值，也就是右子树中最小的键值，替代目标删除位置的键值，然后转化成删除最后一层非叶结点。如果键值 key 所在结点是最后一层非叶结点（也就是叶结点的上一层），则可以直接删除。删除后，检查结点 P 存储的键值个数，这时会有以下 3 种情况。

（1）如果结点 P 存储的键值个数仍然在 $\lceil M/2\rceil-1$ 和 $M-1$ 之间，则不需要调整。

（2）如果结点 P 存储的键值个数小于 $\lceil M/2\rceil-1$，且它的左、右兄弟存储的键值个数大于 $\lceil M/2\rceil-1$，那么可以借一个键值。以向左兄弟借为例，将左兄弟的最右键值 a 移到父结点中，作为新的键值，替换原来介于键值 a 和当前结点中的最小键值 b 之间的键值 c，然后将键值 c 插入当前结点 P 的最左侧，删除操作结束。

（3）如果结点 P 存储的键值个数小于 $\lceil M/2\rceil-1$，且它的左、右兄弟存储的键值个数均为 $\lceil M/2\rceil-1$，没有兄弟可以借，那么只能执行合并结点的操作。不妨假设将当前结点 P 和左兄弟合并，原来父结点中分割左兄弟和当前结点 P 的键值 s 及其对应的指针被删除，键值 s 被放到合并后的新结点中的 $K_{\lceil M/2 \rceil-1}$ 位置上。如果父结点在删除 s 后不符合 B 树的性质，则继续向上调整。如果一路调整到根结点，删除后根结点只剩一个子结点，则删除原来的根结点，将根结点设成它的子结点，树降低一层。

例如，在图 8-2 所示的 M=5 的 B 树中删除键值为 9 的结点后，B 树不需要做额外的调整，删除后的 B 树如图 8-4 所示。然后删除键值为 17 的结点，这时需要从第三层的最左侧结点借一个键值为 11 的结点，调整后的 B 树如图 8-5 所示。最后再删除键值为 19 的结点，这时左、右兄弟结点都不能再借了，于是合并第三层包含键值 8、10、15 的前两个结点。合并后，父结点（第二层的最左侧结点）只有两个子结点，不符合性质，因此继续向兄弟结点借包含键值 31、32 的结点。最终完成调整，调整后的 B 树如图 8-6 所示。

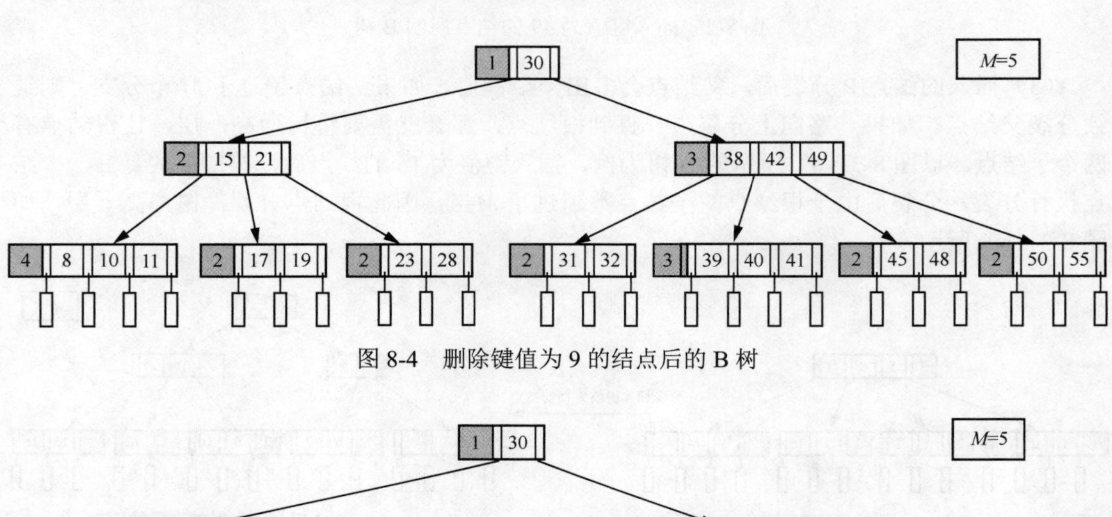

图 8-4　删除键值为 9 的结点后的 B 树

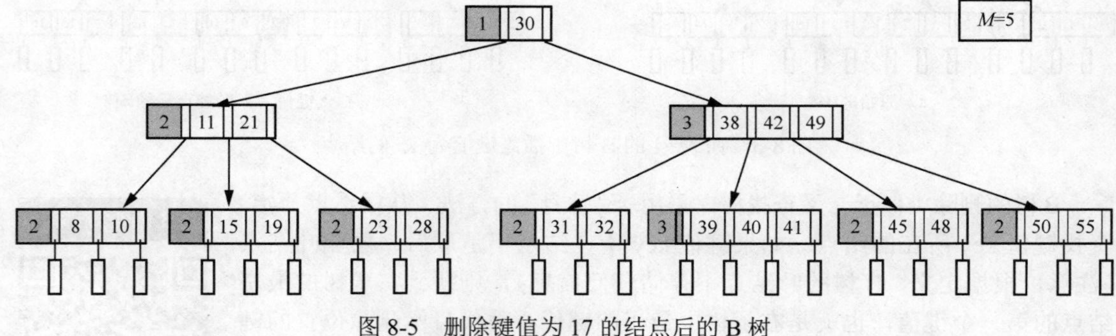

图 8-5　删除键值为 17 的结点后的 B 树

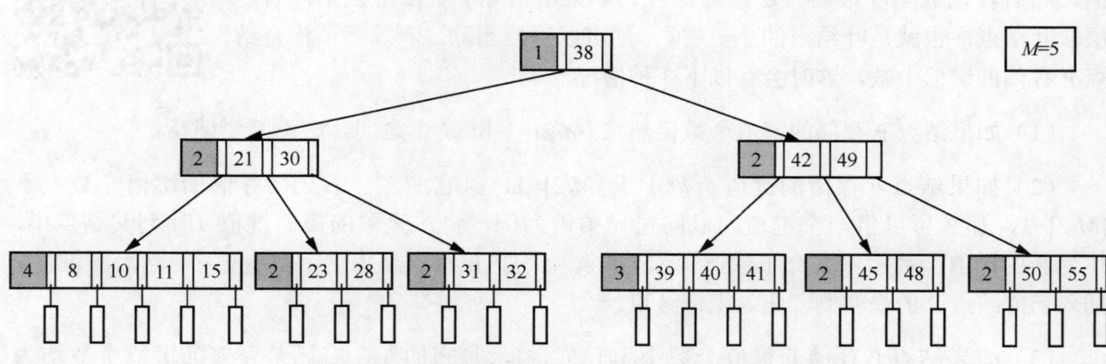

图 8-6　删除键值为 19 的结点后的 B 树

8.4 B+树

本节将介绍 B+ 树的定义及实现。

8.4.1 B+树的定义

尽管 B 树能够快速查找某个外存中的数据记录，但如果要对整个文件中的数据记录按键值的递增次序进行访问，则 B 树中的每个结点都会被重复访问，且对每条数据记录均需要访问一次外存，时间性能将大大下降。B+ 树是一种既支持对每条数据记录的随机访问，也支持对整个文件按键值次序访问的索引结构，它是目前文件系统和数据库系统中应用最广泛的索引结构。

M 阶 B+ 树的性质如下。

（1）根结点或者是叶结点，或者有 2 ～ M 个子结点。

（2）除根结点之外，所有结点都有不少于 [M/2] 且不多于 M 个子结点。

（3）有 k 个子结点的结点存储了 $k-1$ 个键值，结点中的键值呈递增排序。键值 i 代表的是第 i 个分支中结点的键值的上界，第 $i+1$ 个分支中所有结点的键值都大于第 i 个分支中结点的键值。

（4）叶结点中的子结点指针指向存储数据记录的数据块的地址。不同于 B 树中最后一层非叶结点的子结点指针都是空指针，B+ 树的每个叶结点的子结点指针都指向一个数据块的地址。

（5）每个数据块至少有 [L/2] 条数据记录，至多有 L 条数据记录。

（6）所有叶结点按键值的次序连成一个单链表。

性质（1）规范了根结点相对于其他结点的特殊性，允许根结点只有两个子结点，最多有 M 个子结点。性质（2）保证了根结点以外的分支结点是足够丰满的，结点空间的利用率超过 50%。性质（3）规定了分支结点的分支方式，不同于 B 树，B+ 树的非叶结点不存储数据元素的存储地址，只存储键值。性质（4）解释了 B+ 树中的数据的存储方式。性质（5）描述了数据块的性质，为了方便数据记录的修改，每个数据块都留有一定的空余，这样在执行插入和删除操作时，不需要移动全部数据，只会影响块内的数据位置。性质（6）使得 B+ 树支持对整个文件按键值次序访问。图 8-7 展示了一棵 $M=L=5$ 的 B+ 树，由于 $M=5$，所以每个非叶结点都有 3 ～ 5 个子结点（并且都存有 2 ～ 4 个键值）。根结点可以只有两个子结点。由于 $L=5$，所以每个叶结点必须有 3 ～ 5 条数据记录。要求结点至少达到半满是为了避免 B+ 树退化为一棵简单的二叉树。

在 B+ 树中，叶结点和普通非叶结点是不同的。非叶结点不存储任何数据信息，只用于存储其子结点的地址及区分各个子结点的键值。数据被存储在叶结点中，且各个叶结点被连成一条单链表。为了提高磁盘访问的效率，每个结点的大小也是一个磁盘块，这样一次磁盘读写正好读写一个完整的结点。因此，M 和 L 是根据数据块的容量，以及数据记录的规模和键值的长度来确定的。例如，一个磁盘块容量为 2,048 字节，每条数据记录长 256 字节，键值长度为 64 字节，磁盘地址占 4 字节。先来计算 M，一个非叶结点存储了 M 个地址和 $M-1$ 个键值和，因此总空间为 $64\times(M-1)+4\times M=68M-64 \leqslant 2,048$，满足条件的 M 最大为 31，于是选择 $M=31$。而对于叶结点，每条数据记录长 256 字节，一个磁盘块中可以存储 2,048/256=8 条数据记录，即 $L=8$。

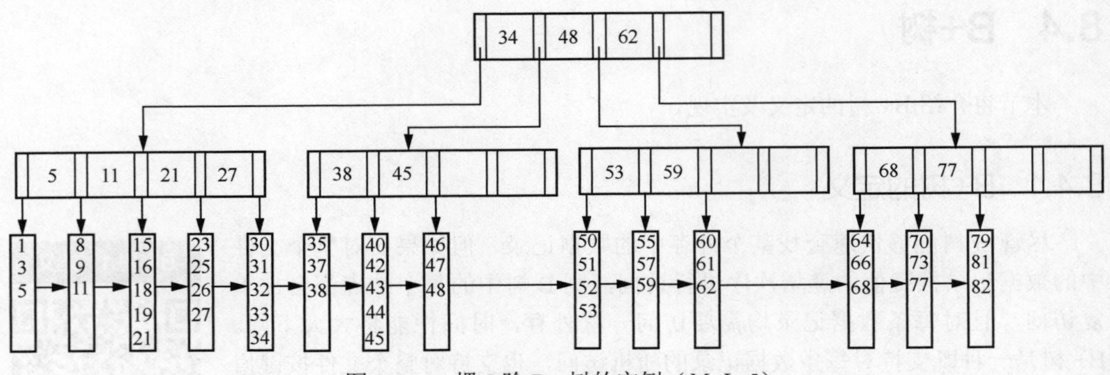

图 8-7　一棵 5 阶 B+ 树的实例（$M=L=5$）

存储 B+ 树需要两个文件，分别存储叶结点和非叶结点的信息。B+ 树存储文件的组织形式如图 8-8 所示，图中展示了保存非叶结点的文件 TreeNodeFile 和保存叶结点的文件 LeafFile 的组织形式。图 8-8 中的每一行是一块文件空间，每块空间对应不同的信息。TreeNodeFile 文件中需要保存根结点位置 rootPos、最后一个非叶结点所在的位置 rearTreeNode、每个非叶结点的信息，以及已删除结点的个数信息和位置信息。注意，文件的最后保存了一个已删除结点的位置信息列表，这能够大大地提升 B+ 树的空间效率。例如，在图 8-8 表示的 B+ 树中删除 Node 1，那么文件中的该位置被空出，Node 1 被记录到已删除结点的列表中。在下次需要使用新结点的时候，就不需要在 Node N 后面再开辟一片空间去写新结点，而是可以直接复用 Node 1 的文件空间。注意，这个位置信息列表在使用 B+ 树时以列表的形式存储在内存中，只有暂存 B+ 树时才会被写入文件。LeafFile 文件中保存了最后一个叶结点所在的位置 rearLeaf、数据记录的数量 sizeData，以及每个叶结点的信息。同时，和非叶结点一样，已删除叶结点的位置信息也被保存下来，方便空间的二次利用。初次使用 B+ 树时，创建两个新文件。再次使用 B+ 树时，将文件对应位置的数据记录读取到对应的数据成员中，可以恢复整棵 B+ 树的信息。

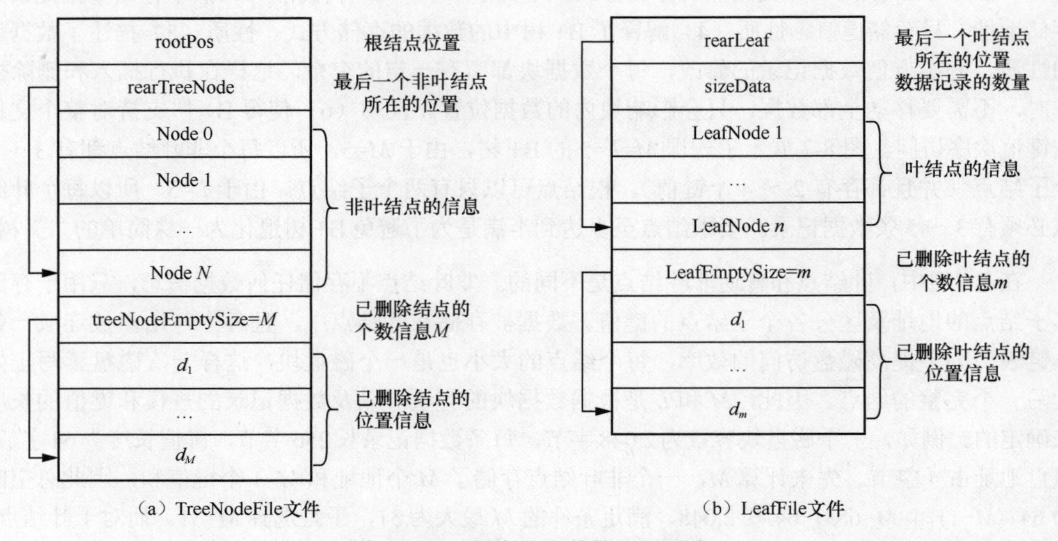

图 8-8　B+ 树存储文件的组织形式

B+ 树类的定义如代码清单 8-2 所示。B+ 树类中定义了私有的非叶结点类和叶结点类。非叶结点类中的成员包括结点位置 pos、结点的子结点的个数 dataCount、结点的子结点的地址 childrenPos，以及分割各棵子树的键值 septal。为了方便判断，额外保存的布尔变量 isBottomNode 记录了某一结点是否是最后一层的非叶结点，即它的子结点是否是叶结点。叶结点类中存储了结点位置 pos、结点中数据记录的数量 dataCount、第 i 条数据记录的内容 value[i]，以及为了支持顺序访问而保存的下一个叶结点的位置 nxt。

B+ 树类的数据成员和图 8-8 中对应，包括数据记录的个数 sizeData、根结点位置 root，以及一些数据所在文件的信息。文件名存储在数据成员 treeNodeFileName 和 leafFileName 中，对应的文件流对象为 treeNodeFile 和 leafFile。为了方便读取，B+ 树类的数据成员中定义了两个 const 类型的数字常量 headerLengthOfTreeNodeFile 和 headerLengthOfLeafFile，用于保存图 8-8 中的结点文件头部额外数据的偏移量，也就是说，两个文件分别在 header 个字符之后的内容保存的是结点的信息。B+ 树类还维护了两个顺序表 emptyTreeNode 和 emptyLeaf，用于存储已被删除结点的下标。

B+ 树的公有成员函数除了基本的构造函数、析构函数、插入函数、查询函数和删除函数，还新增了 B+ 树特有的顺序访问数据记录的 traverse() 函数，以及返回 B+ 树的数据记录个数的 size() 函数。私有成员函数主要用于辅助公有成员函数的实现。insert(SET<KeyType, ValueType> &val, TreeNode ¤tNode) 和 remove(KeyType &key, TreeNode ¤tNode) 是插入和删除过程中用到的递归辅助函数。当需要创建新结点时，优先在顺序表 emptyTreeNode 或 emptyLeaf 中寻找空结点，如果没有空结点则重新创建新结点。这个过程在辅助函数 getNewTreeNodePos() 和 getNewLeafPos() 中实现。私有成员函数还包括辅助读取、辅助写入和辅助查找函数，其实现的功能都在代码中做了注释，在后文实现时将一一解释。

代码清单 8-2　B+ 树类的定义

```
class BPlusTree : public StorageSearchTable<KeyType, ValueType> {
 private:
  // 保存非叶结点的文件的名字和保存叶结点的文件的名字
  std::string treeNodeFileName, leafFileName;
  // 保存非叶结点和叶结点的文件流对象
  std::fstream treeNodeFile, leafFile;
  // 最后一个非叶结点的位置和最后一个叶结点的位置
  int rearTreeNode, rearLeaf;
  // 数据记录的个数
  int sizeData;
  // 保存非叶结点的文件的头部长度
  // （前面预留两个整型数空间来保存根结点位置和最后一个非叶结点的位置）
  const int headerLengthOfTreeNodeFile = 2 * sizeof(int);
  // 保存叶结点的文件的头部长度
  // （前面预留两个整型数空间来保存最后一个叶结点的位置和数据记录的数量）
  const int headerLengthOfLeafFile = 2 * sizeof(int);
  // 被删除的非叶结点和叶结点的位置，在插入的时候优先使用这些位置
  seqList<int> emptyTreeNode;
  seqList<int> emptyLeaf;

  /* TreeNode定义了B+树的普通结点
     isBottomNode记录是否是最后一层非叶结点
     pos是结点的位置，dataCount是结点的子结点的个数
     childrenPos保存子结点的位置信息
     septal保存分割各棵子树的键值
```

```
    */
    struct TreeNode {
      int pos, dataCount;
      int childrenPos[M];
      KeyType septal[M - 1];
      bool isBottomNode;
    };

    /* Leaf定义了B+树的叶结点
       nxt是下一个叶结点的位置，pos是当前叶结点的位置
       dataCount是当前叶结点中数据记录的个数
       value数组用于保存叶结点的数据记录
    */
    struct Leaf {
      int nxt, pos;
      int dataCount;
      KeyType keys[L];
      ValueType values[L];
    };

    // 树的根结点
    TreeNode root;

  public:
    // 构造函数：从文件中读取必要信息，在内存中记录树的根结点、结点个数等关键信息
    explicit BPlusTree(const std::string &name);
    // 析构函数：将树的根结点、待删除结点的位置等信息写入文件
    ~BPlusTree();
    void insert(const KeyType &key, const ValueType &value);
    bool find(const KeyType &key, ValueType &value);
    void remove(const KeyType &key);
    void traverse();
    int size() { return sizeData; }

  private:
    bool insert(const KeyType & key, const ValueType &value, TreeNode &currentNode);
    bool remove(const KeyType &key, TreeNode &currentNode);
    void readTreeNode(TreeNode &node, int pos);  // 读取非叶结点
    void readLeaf(Leaf &lef, int pos);           // 读取叶结点
    void writeTreeNode(TreeNode &node);  // 将非叶结点写入文件
    void writeLeaf(Leaf &lef);           // 将叶结点写入文件
    // 在叶结点中二分查找，返回第一个键值大于或等于键值key的结点位置
    int binarySearchLeaf(const KeyType &key, const Leaf &lef);
    // 在非叶结点中二分查找，返回第一个键值大于或等于键值key的结点位置
    int binarySearchTreeNode(const KeyType &key, const TreeNode &node);
    int getNewTreeNodePos();  // 获取一个新的非叶结点的位置
    int getNewLeafPos();      // 获取一个新的叶结点的位置
};
```

8.4.2 B+树的实现

B+ 树类的对象和普通类的对象不同，它的数据存储在外存中。外存中的数据不会被销毁，需要反复使用，构造函数和析构函数解决了这个问题。

代码清单 8-3 实现了 B+ 树类的构造函数和析构函数，主要用于文件的读入和写入，包括如何将构建好的 B+ 树写入文件，并在下次调用构造函数

时读取之前保存的信息，这将大大方便外存空间在系统中的二次利用。

B+ 树类的构造函数传入一个字符串，代表 B+ 树的名称，并由此生成保存非叶结点和叶结点数据的文件名。如果保存非叶结点和叶结点数据的文件不存在，则表示初次创立此 B+ 树，此时创建两个新文件，并初始化 B+ 树的数据文件。如果这两个文件存在，则打开它们，并按照图 8-8 所示的组织形式，顺序将结点个数、待删除结点的下标列表和树的根结点信息读入对应的数据成员中。和构造函数完全相反，析构函数将 B+ 树的结构写入文件，在文件中保存了 B+ 树类的所有信息。在写文件的过程中，注意利用 reinterpret_cast() 方法，将需要写的变量或值转换成一个字符串，写入二进制文件。注意，读取时也需要将 B+ 树文件中的定长文本内容写入相对应的变量中。非叶结点和叶结点写入文件的操作被封装成写入辅助函数 writeTreeNode(TreeNode &node) 和 writeLeaf(Leaf &leaf)。在写入辅助函数的实现中，先找到对应文件位置，再将结点的信息转换成长文本并写入文档。

代码清单 8-3　B+ 树类的构造函数和析构函数的实现

```
// 构造函数：从文件中读取必要信息，在内存中记录树的根结点、元素个数等关键信息
explicit BPlusTree(const std::string &name) {
    treeNodeFileName = name + "_treeNodeFile";
    leafFileName = name + "_leafFile";
    // 打开文件，一个保存非叶结点，另一个保存叶结点
    treeNodeFile.open(treeNodeFileName);
    leafFile.open(leafFileName);
    if (!leafFile || !treeNodeFile) {
    // 如果文件不存在，就创建文件，并初始化数据记录文件
    treeNodeFile.open(treeNodeFileName, std::ios::out);
    leafFile.open(leafFileName, std::ios::out);
    root.isBottomNode = root.pos = root.childrenPos[0] = 1, sizeData = 0;
    root.dataCount = 1;
    rearLeaf = rearTreeNode = 1;
    Leaf initLeaf;
    initLeaf.nxt = initLeaf.dataCount = 0;
    initLeaf.pos = 1;
    writeLeaf(initLeaf);
    treeNodeFile.close();
    leafFile.close();
    treeNodeFile.open(treeNodeFileName);
    leafFile.open(leafFileName);
    } else {
    // 读取非叶结点文件的头部，得到树的根结点的位置和最后一个非叶结点的位置
    treeNodeFile.seekg(0), leafFile.seekg(0);
    int rootPos;
    treeNodeFile.read(reinterpret_cast<char *>(&rootPos), sizeof(int));
    treeNodeFile.read(reinterpret_cast<char *>(&rearTreeNode), sizeof(int));
    // 找到并读取树的根结点
    treeNodeFile.seekg(headerLengthOfTreeNodeFile + rootPos * sizeof(TreeNode));
    treeNodeFile.read(reinterpret_cast<char *>(&root), sizeof(TreeNode));
    // 最后一个非叶结点后面保存了被删除的非叶结点
    int treeNodeEmptySize, leafEmptySize;
    treeNodeFile.seekg(headerLengthOfTreeNodeFile +
                      (rearTreeNode + 1) * sizeof(TreeNode));
    // 读取被删除的非叶结点的数量和位置
    treeNodeFile.read(reinterpret_cast<char *>(&treeNodeEmptySize), sizeof(int));
    for (int i = 0; i < treeNodeEmptySize; i++) {
      int data;
      treeNodeFile.read(reinterpret_cast<char *>(&data), sizeof(int));
```

```
            emptyTreeNode.insert(emptyTreeNode.length(), data);
        }
        // 读取叶结点文件的头部，得到最后一个叶结点的位置
        leafFile.read(reinterpret_cast<char *>(&rearLeaf), sizeof(int));
        // 插入的数据记录的数量保存在叶结点文件的头部的第二个int中
        leafFile.read(reinterpret_cast<char *>(&sizeData), sizeof(int));
        // 最后一个叶结点后面保存了被删除的叶结点
        leafFile.seekg(headerLengthOfLeafFile + (rearLeaf + 1) * sizeof(Leaf));
        // 读取被删除的叶结点的数量和位置
        leafFile.read(reinterpret_cast<char *>(&leafEmptySize), sizeof(int));
        for (int i = 0; i < leafEmptySize; i++) {
            int data;
            leafFile.read(reinterpret_cast<char *>(&data), sizeof(int));
            emptyLeaf.insert(emptyLeaf.length(), data);
        }
    }
}

// 析构函数：将树的根结点、被删除结点的位置等信息写入文件
~BPlusTree() {
    // 将树的根结点、最后一个非叶结点的位置写入文件
    treeNodeFile.seekp(0), leafFile.seekp(0);
    treeNodeFile.write(reinterpret_cast<char *>(&root.pos), sizeof(int));
    treeNodeFile.write(reinterpret_cast<char *>(&rearTreeNode), sizeof(int));
    // 将树的根结点写入文件
    writeTreeNode(root);
    // 将最后一个叶结点的位置写入文件
    leafFile.write(reinterpret_cast<char *>(&rearLeaf), sizeof(int));
    // 将插入的数据记录的数量写入文件
    leafFile.write(reinterpret_cast<char *>(&sizeData), sizeof(int));
    // 将被删除的非叶结点和叶结点的位置写入文件
    treeNodeFile.seekp(headerLengthOfTreeNodeFile +
                       (rearTreeNode + 1) * sizeof(TreeNode));
    int emptyTreeNodeCount = emptyTreeNode.length(),emptyLeafCount = emptyLeaf.length();
    treeNodeFile.write(reinterpret_cast<char *>(&emptyTreeNodeCount), sizeof(int));
    for (int i = 0; i < emptyTreeNode.length(); i++) {
        int tmp = emptyTreeNode.visit(i);
        treeNodeFile.write(reinterpret_cast<char *>(&tmp), sizeof(int));
    }
    leafFile.seekp(headerLengthOfLeafFile + (rearLeaf + 1) * sizeof(Leaf));
    leafFile.write(reinterpret_cast<char *>(&emptyLeafCount), sizeof(int));
    for (int i = 0; i < emptyLeaf.length(); i++) {
        int tmp = emptyLeaf.visit(i);
        leafFile.write(reinterpret_cast<char *>(&tmp), sizeof(int));
    }
    // 关闭文件
    leafFile.close();
    treeNodeFile.close();
}

// 将非叶结点写入文件
void writeTreeNode(TreeNode &node) {
    treeNodeFile.seekp(node.pos * sizeof(TreeNode) + headerLengthOfTreeNodeFile);
    treeNodeFile.write(reinterpret_cast<char *>(&node), sizeof(TreeNode));
}

// 将叶结点写入文件
void writeLeaf(Leaf &leaf) {
```

```
    leafFile.seekp(leaf.pos * sizeof(Leaf) + headerLengthOfLeafFile);
    leafFile.write(reinterpret_cast<char *>(&leaf), sizeof(Leaf));
}
```

B+ 树 4：查找的思想

B+ 树的查找和二叉查找树类似，在 B+ 树上查找某一条键值为 key 的数据记录也是从根结点开始，根据结点的键值决定查找哪一棵子树。一层一层往下找，直到找到存放键值为 key 的数据记录的叶结点。在叶结点数据块中查找数据记录，找到了则表示查找成功，没有找到则表示该数据记录不存在。

例如，在图 8-7 所示的 B+ 树中查找 42。首先查找根结点，42 大于 35 且小于 50，因此应该在第 1 棵子树（注意，子树下标是从 0 开始的）上。继续查找第 1 棵子树，42 大于 40 而小于 46，所以应该在第 1 个子结点中。于是在该叶结点中找到了数据记录 42。再如，在图 8-7 所示的 B+ 树中查找 7。同样从根结点开始查找，7 小于 35，表示它应该在第 0 棵子树上，于是继续查找第 0 棵子树。7 小于 8，所以应该在第 0 个子结点中。查找到该叶结点中的最后一条数据记录，键值是 5，因此 7 不存在。

在查找过程中，需要给定键值 key 来查找对应的非叶结点和叶结点，因此引入了辅助函数 binarySearchTreeNode(KeyType & key, TreeNode & node) 和 binarySearchLeaf(KeyType &key, Leaf & lef)，在结点 node 或 lef 内部查找第一个大于或等于键值 key 的位置。因为在每一个结点中，数据的键值都是有序排列的，因此可以采取二分查找的方式来加快查找速度。

代码清单 8-4 实现了 B+ 树的 find(const KeyType & key, ValueType &value) 和相关辅助函数。由于 B+ 树中每个结点的信息都被保存在文件中，访问结点的数据需要从文件中读取，所以读取操作被封装成辅助函数 readTreeNode(TreeNode &node, int pos) 和 readLeaf (Leaf & Node, int pos)。这两个函数从文件中读取 pos 位置结点的信息，并将其保存到引用传递的 node 变量中。函数中的参数 node 是引用传递的，函数可以更改其实际地址中保存的值。

B+ 树 5：find() 函数的实现

在实现查找函数 find() 时，第一个 while 循环调用 binarySearchTreeNode() 函数查找第一个大于或等于键值 key 的下标位置 pos，那么该下标对应的子结点 childrenPos[pos] 就是保存了键值 key 位置的子结点的下标，从文件中读取该结点并继续查找键值 key，直到找到叶结点的上一层，跳出循环，此时当前结点被保存在变量 p 中。接着，调用 binarySearchTreeNode() 找到 p 中第一个大于或等于键值 key 的位置，找到目标叶结点，并用 readLeaf() 函数将该位置读取到 leaf 变量中。调用 binarySearchLeaf() 函数，在叶结点 leaf 中找到第一个大于或等于键值 key 的位置，然后判断是否查找到 key。如果 pos 位置的键值为 key，则返回 true。这里判断 pos 是否小于 leaf.dataCount 的原因是，如果没有找到 key，pos 有可能超过了 leaf 的大小，直接获取 leaf.keys[pos] 有可能造成下标越界。如果找到位置的键值不为 key，则返回 false。

代码清单 8-4　B+ 树的 find() 和相关辅助函数的实现

```
// 查询数据记录：如果查询到，返回true，并将value赋值为查询到的值；否则返回false
bool find(const KeyType &key, ValueType &value) {
    TreeNode p = root;
    Leaf leaf;
    while (!p.isBottomNode) {  // childrenPos[now]中元素小于或等于Key[now]
```

```
      // 循环找到叶结点
      readTreeNode(p, p.childrenPos[binarySearchTreeNode(key, p)]);
    }
    // 找到叶结点
    readLeaf(leaf, p.childrenPos[binarySearchTreeNode(key, p)]);
    // 在叶结点中二分查找，找到第一个大于或等于key的位置
    int pos = binarySearchLeaf(key, leaf);
    if (pos < leaf.dataCount && leaf.keys[pos] == key) {  // 如果找到了
      value = leaf.values[pos];
      return true;
    } else {
      return false;
    }
  }

  // 读取非叶结点
  void readTreeNode(TreeNode &lef, int pos) {
    treeNodeFile.seekg(pos * sizeof(TreeNode) + headerLengthOfTreeNodeFile);
    treeNodeFile.read(reinterpret_cast<char *>(&lef), sizeof(TreeNode));
  }

  // 读取叶结点
  void readLeaf(Leaf &node, int pos) {
    leafFile.seekg(pos * sizeof(Leaf) + headerLengthOfLeafFile);
    leafFile.read(reinterpret_cast<char *>(&node), sizeof(Leaf));
  }

  // 在叶结点中二分查找，返回第一个键值大于或等于key的位置
  int binarySearchLeaf(const KeyType &key, const Leaf &lef) {
    int l = -1, r = lef.dataCount - 1;
    while (l < r) {
      int mid = (l + r + 1) / 2;
      if (!(lef.keys[mid] < key)) r = mid - 1;
      else l = mid;
    }
    return l + 1;
  }

  // 在非叶结点中二分查找，返回第一个键值大于或等于key的位置
  int binarySearchTreeNode(const KeyType &key, const TreeNode &node) {
    int l = -1, r = node.dataCount - 2;
    while (l < r) {
      int mid = (l + r + 1) / 2;
      if (!(node.septal[mid] < key)) r = mid - 1;
      else l = mid;
    }
    return l + 1;
  }
```

B+ 树的插入与 B 树非常相似。先从根结点开始，找到目标键值要插入的叶结点，然后执行插入操作。当叶结点已满时，对其执行分裂，父结点增加一个键值。如果父结点也已满，就需要再分裂，再向上一层添加键值。重复这个步骤，直到有一个结点没有满，不再需要继续分裂为止。如果回溯到根结点后，仍然需要分裂，那么树的高度就需要加 1。例如，在图 8-7 所示的B+ 树中插入键值为 4 的数据记录。首先从根结点开始进行一轮查找，结果表明键值为 4 的数据记录应该插入根结点的第 0 棵子树的第 0 个叶结点中。这个叶结点中只有 3 条数据记录，所以直接把键值为 4 的数据记录

插入这个叶结点中不会违反 B+ 树的性质。插入后的 B+ 树如图 8-9 所示。

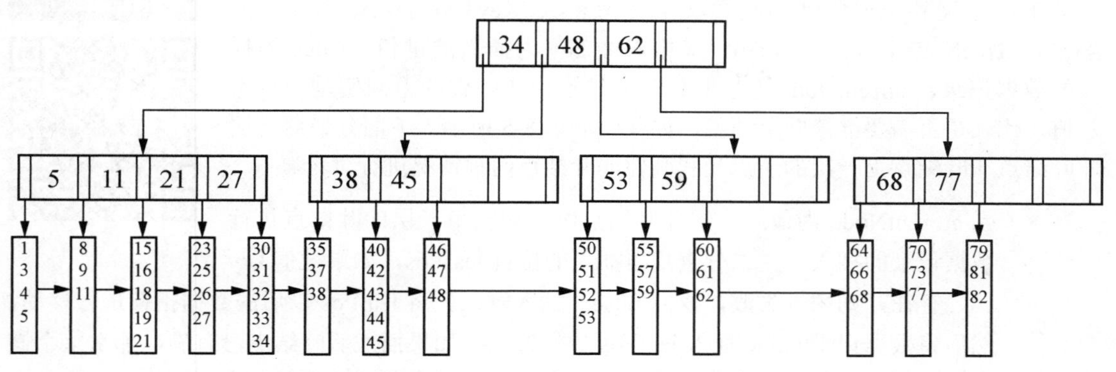

图 8-9　在图 8-7 所示的 B+ 树中插入键值为 4 的数据记录

假如要在图 8-9 所示的 B+ 树中插入键值为 41 的数据记录，但是应该存放键值 41 的叶结点已经装满了，需要把它分裂成两个叶结点。分裂后，两个新叶结点的父结点中增加了一个键值和一个分支，还需要向上回溯，检查这两个新结点的父结点的键值个数是否符合 B+ 树的规定。生成的 B+ 树如图 8-10 所示。

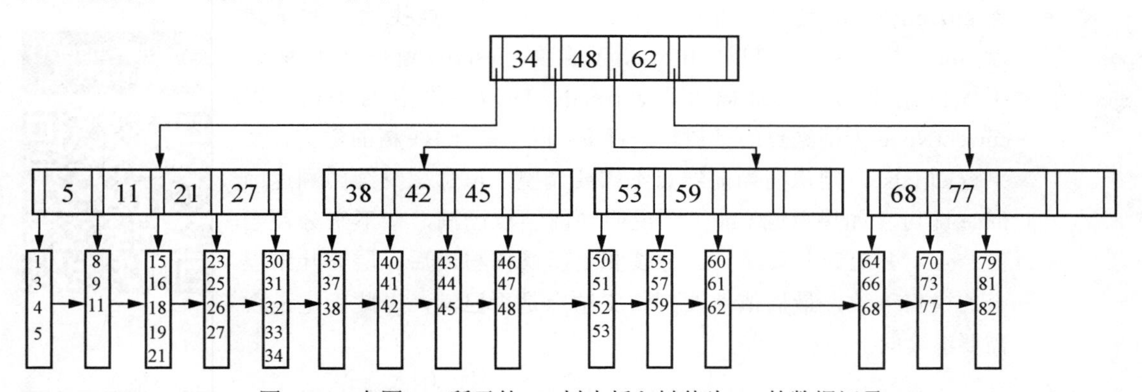

图 8-10　在图 8-9 所示的 B+ 树中插入键值为 41 的数据记录

继续插入键值为 20 的数据记录，此时必须把包含键值 15 ～ 21 的叶结点分裂成两个，但是这样做的话它们的父结点就有 6 个子结点了，超过了合法的上限 5 个，解决的方法是再分裂父结点。父结点被分裂了，必须更新父结点以及父结点的父结点包含的键值。在图 8-10 所示的 B+ 树中插入键值为 20 的结点后的 B+ 树如图 8-11 所示。

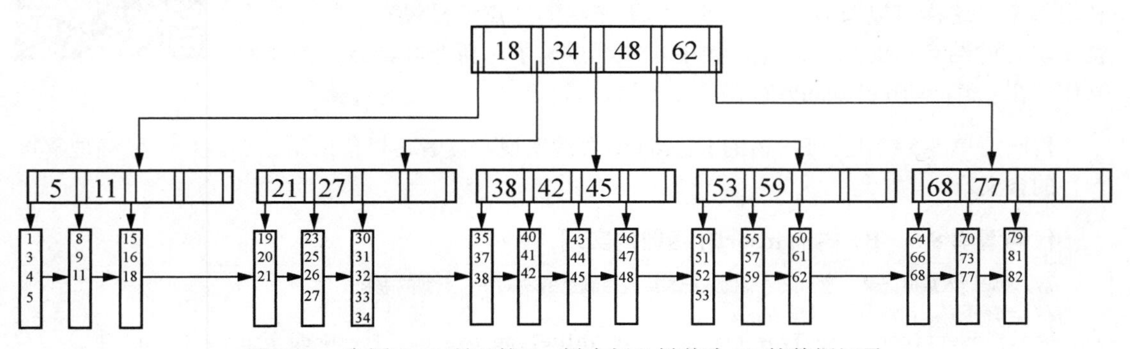

图 8-11　在图 8-10 所示的 B+ 树中插入键值为 20 的数据记录

B+ 树 7：insert() 函数的实现 1

下面给出用递归的方法实现的插入操作，从上向下查找插入的位置，并从下向上调整。递归辅助函数被定义为 insert(KeyType &key, ValueType &value, TreeNode ¤tNode)，其中参数 key 为插入的键值，value 为插入的数据记录，currentNode 为当前处理的结点，该函数的返回值是一个布尔值，代表是否需要继续向上调整，如代码清单 8-5 所示。下面分最后一层非叶结点（叶结点上一层的结点）和其他非叶结点两种情况进行讨论。

- 当 currentNode 为最后一层非叶结点时，对它下一层的叶结点执行数据记录的插入。先二分查找出插入的位置 leafPos，如果键值 key 已经存在，则插入失败，返回 false。插入时，先将 leafPos 以后的数据指针进行移动，然后将数据记录 value 插入 leafPos 的位置上。如果插入后叶结点没有满，那么整个操作完成，返回 false，所有父结点都不需要调整。如果叶结点满了，需要执行分裂。首先将叶结点分裂成两个，然后更新父结点包含的键值和地址信息。如果这时父结点也满了，那么还要继续向上分裂，函数返回 true，调用这个函数的母函数（也就是处理其父结点的 insert() 函数）会继续处理父结点已满的情况。如果父结点没有满，则结束调整，返回 false。
- 当 currentNode 是其他非叶结点时，首先向下查找插入的子结点 son，并对 son 递归调用 insert() 函数。insert() 递归函数保证了返回结果后，value 插入以 currentNode 为根结点的子树，以 currentNode 为根结点的子树是一棵 B+ 树，符合 B+ 树的定义。如果返回 false，则说明当前结点不需要调整了，那么继续回溯返回 false 即可。如果返回 true，则说明当前结点已满，接下来分裂当前结点，并更新其父结点。分裂和更新操作与最后一层非叶结点上的操作一致，最后依然要判断父结点是否已满，以此确定是否需要继续向上分裂。

B+ 树 8：insert() 函数的实现 2

在 insert() 函数中，执行完递归插入后，检查 insert() 递归函数的返回值，确定是否需要分裂根结点。如果需要分裂根结点，那么就将根结点分裂成两个结点，并建立新的根结点，作为两个新结点的父亲，整棵树加高一层即可。

B+ 树 9：insert() 函数的实现 3

当叶结点满了，需要分裂时，借助 getNewLeafPos() 辅助函数获取新叶结点的编号。首先从之前删除的结点下标中查找，把之前申请的空间再次利用起来，这样可以节省存储空间。如果删除的结点编号没有空的，那么就在现有的结点后面加。同样，如果非叶结点满了，新非叶结点也是如此操作，在 getNewTreeNodePos() 函数中实现。

代码清单 8-5 给出了 B+ 树的 insert() 函数的实现，读者可以借助给出的注释，仔细理解每一行的含义。

代码清单 8-5　B+ 树的 insert() 函数的实现

```
// 递归插入数据记录，返回该结点插入记录后是否满足B+树对子结点数的限制
// 如果不满足，则需要递归调整
bool insert(const KeyType &key, const ValueType &value, TreeNode &currentNode) {
```

```
    // 如果是最后一层非叶结点，则直接插入
    if (currentNode.isBottomNode) {
      Leaf leaf;
      // 二分查找出插入的位置
      int nodePos = binarySearchTreeNode(key, currentNode);
      readLeaf(leaf, currentNode.childrenPos[nodePos]);
      int leafPos = binarySearchLeaf(key, leaf);
      if (leafPos < leaf.dataCount && leaf.keys[leafPos] == key) {
        return false;  // 如果已经存在key，则插入失败，后续不需要调整
      }
      leaf.dataCount++, sizeData++;
      for (int i = leaf.dataCount - 1; i > leafPos; i--) {
        leaf.keys[i] = leaf.keys[i - 1];
        leaf.values[i] = leaf.values[i - 1];
      }
      leaf.keys[leafPos] = key;
      leaf.values[leafPos] = value;

      // 如果叶结点满了，则需要执行分裂
      if (leaf.dataCount == L) {
        Leaf newLeaf;
        newLeaf.pos = getNewLeafPos();
        newLeaf.nxt = leaf.nxt;
        leaf.nxt = newLeaf.pos;
        int mid = L / 2;
        for (int i = 0; i < mid; i++) {
          newLeaf.keys[i] = leaf.keys[i + mid];
          newLeaf.values[i] = leaf.values[i + mid];
        }
        leaf.dataCount = newLeaf.dataCount = mid;
        // 将分裂得到的两个叶结点写入文件
        writeLeaf(leaf);
        writeLeaf(newLeaf);
        // 更新父结点的子结点信息
        for (int i = currentNode.dataCount; i > nodePos + 1; i--) {
          currentNode.childrenPos[i] = currentNode.childrenPos[i - 1];
        }
        currentNode.childrenPos[nodePos + 1] = newLeaf.pos;
        for (int i = currentNode.dataCount - 1; i > nodePos; i--) {
          currentNode.septal[i] = currentNode.septal[i - 1];
        }
        currentNode.septal[nodePos] = leaf.keys[mid - 1];
        currentNode.dataCount++;

        // 如果父结点满了，则需要继续向上分裂
        if (currentNode.dataCount == M) {
          return true;
        } else {
          writeTreeNode(currentNode);
        }
        return false;
      }
      writeLeaf(leaf);
      return false;
    }
    TreeNode son;

    // 查找插入位置
```

```
    int now = binarySearchTreeNode(key, currentNode);
    readTreeNode(son, currentNode.childrenPos[now]);

    // 如果子结点插入记录后导致该结点的子结点数超过限制，则需要执行分裂
    if (insert(key, value, son)) {
      TreeNode newNode;
      newNode.pos = getNewTreeNodePos();
      newNode.isBottomNode = son.isBottomNode;
      int mid = M / 2;
      for (int i = 0; i < mid; i++) {
        newNode.childrenPos[i] = son.childrenPos[mid + i];
      }
      for (int i = 0; i < mid - 1; i++) {
        newNode.septal[i] = son.septal[mid + i];
      }
      newNode.dataCount = son.dataCount = mid;

      // 将分裂得到的新结点写入文件
      writeTreeNode(son);
      writeTreeNode(newNode);
      for (int i = currentNode.dataCount; i > now + 1; i--) {
        currentNode.childrenPos[i] = currentNode.childrenPos[i - 1];
      }
      currentNode.childrenPos[now + 1] = newNode.pos;
      for (int i = currentNode.dataCount - 1; i > now; i--) {
        currentNode.septal[i] = currentNode.septal[i - 1];
      }
      currentNode.septal[now] = son.septal[mid - 1];
      currentNode.dataCount++;

      // 父结点的子结点数变多，超过限制，需要继续分裂
      if (currentNode.dataCount == M) {
        return true;
      } else {
        writeTreeNode(currentNode);
      }
      return false;
    } else {
      return false;
    }
  }

  // 插入数据记录
  void insert(const KeyType &key, const ValueType &value) {
    if (insert(key, value, root)) {  // 分裂根结点
      TreeNode newRoot;          // 创建一个新的根结点
      TreeNode newNode;          // 新的兄弟结点
      newNode.pos = getNewTreeNodePos();
      newNode.isBottomNode = root.isBottomNode;
      newNode.dataCount = M / 2;
      int mid = M / 2;
      for (int i = 0; i < mid; i++) {
        newNode.childrenPos[i] = root.childrenPos[mid + i];
      }
      for (int i = 0; i < mid - 1; i++) {
        newNode.septal[i] = root.septal[mid + i];
      }
      root.dataCount = mid;
```

```
        writeTreeNode(root);
        writeTreeNode(newNode);
        newRoot.dataCount = 2;
        newRoot.pos = getNewTreeNodePos();
        newRoot.isBottomNode = false;
        newRoot.childrenPos[0] = root.pos;
        newRoot.childrenPos[1] = newNode.pos;
        newRoot.septal[0] = root.septal[mid - 1];
        root = newRoot;
        writeTreeNode(root);
      }
    }

    // 获取一个新的非叶结点的位置
    int getNewTreeNodePos() {
      if (!emptyTreeNode.length()) {  // 如果没有之前删除的结点，则直接在后面加
        return ++rearTreeNode;
      } else {  // 否则就从删除的结点中取出一个
        int newIndex = emptyTreeNode.visit(emptyTreeNode.length() - 1);
        emptyTreeNode.remove(emptyTreeNode.length() - 1);
        return newIndex;
      }
    }

    // 获取一个新的叶结点的位置
    int getNewLeafPos() {
      if (!emptyLeaf.length()) {
        return ++rearLeaf;
      } else {
        int newIndex = emptyLeaf.visit(emptyLeaf.length() - 1);
        emptyLeaf.remove(emptyLeaf.length() - 1);
        return newIndex;
      }
    }
```

下面实现 B+ 树的删除操作。首先找到待删除的数据记录所在的叶结点，执行删除操作。删除数据记录后，根据数据记录在树中的查找路径，逆序调整结点的子结点个数，使之符合 B+ 树的性质。

B+ 树 10：删除的思想

例如，在图 8-11 所示的 B+ 树中删除键值为 26 的数据记录。由于存放键值 26 的结点有 4 条数据记录，因此直接将键值为 26 的数据记录从结点中删除，不会违反 B+ 树的定义。删除后的 B+ 树如图 8-12 所示。

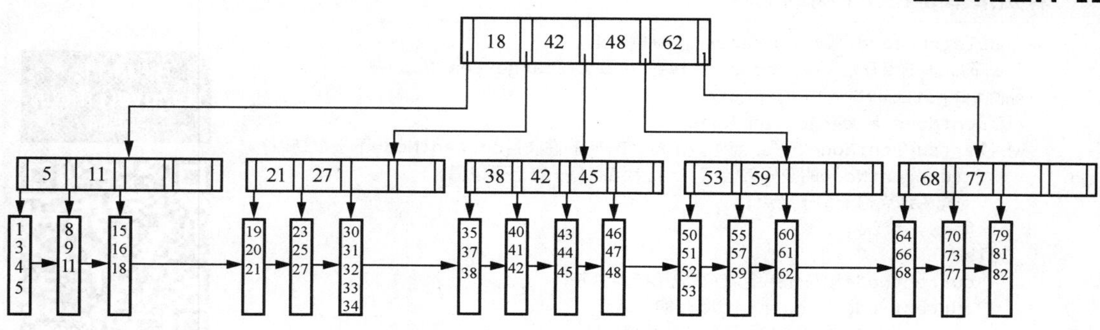

图 8-12　在图 8-11 所示的 B+ 树中删除键值为 26 的数据记录

如果从图 8-12 所示的 B+ 树中删除键值为 27 的数据记录，那么键值 27 所在的结点的数据记录数少于最小的数据记录数。此时可以从右兄弟结点那里“领养”一个孩子（数据记录），因为右兄弟结点有 5 条数据记录。同时，更新父结点的键值信息。领养之后，两个叶结点分别有了 3 条、4 条数据记录，如图 8-13 所示。

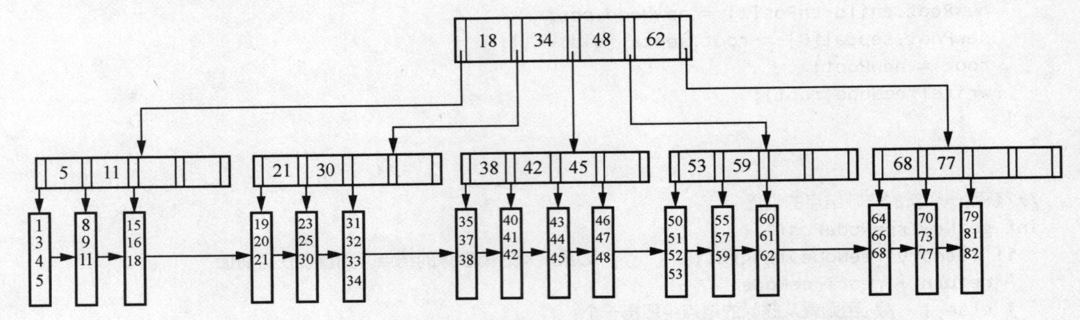

图 8-13　在图 8-12 所示的 B+ 树中删除键值为 27 的数据记录

如果在图 8-13 所示的 B+ 树中删除键值为 16 的数据记录，那么 16 所在的结点就只剩 2 条数据记录。而它的左兄弟结点的数据记录有 3 条，无法出借数据记录。于是把这两个结点合并成一个有 5 条数据记录的结点。合并后结点的父亲只剩下 2 个子结点，仍然不满足 B+ 树的性质，而此时合并后结点的右兄弟结点的数据记录数也正好满足最小数据记录数，于是将这两个结点合并。删除后的结果如图 8-14 所示。

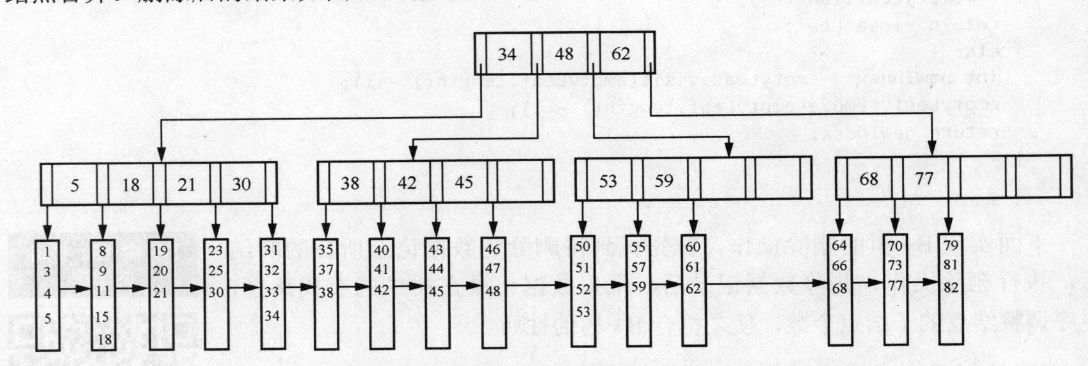

图 8-14　在图 8-13 所示的 B+ 树中删除键值为 16 的数据记录

算法清单 8-1 展示了 B+ 树的删除操作的伪代码。

算法清单 8-1　B+ 树的删除

```
def deleteRecord(数据记录record, B+树) {
  从B+树的根结点开始查找record，查找到record在targetLeafNode内;
  删除targetLeafNode中的record;
  currentNode = targetLeafNode;
  while (currentNode的子结点个数不符合B+树的性质且currentNode不是根结点)
    if (currentNode的左兄弟结点/右兄弟结点有子结点可以借)
      向兄弟结点借一个子结点;
      flag = true;
    else
      currentNode和左兄弟结点/右兄弟结点合并;
      currentNode = currentNode的父结点;
  if (currentNode是根结点且只有一个子结点)
    把子结点作为新的根结点;
```

B+ 树 11：remove() 函数的实现 1

在具体实现时，类似于插入操作，删除可以由一个递归删除函数 remove (KeyType &key, TreeNode ¤tNode) 来实现，参数 key 和 currentNode 分别代表将被删除的数据记录的键值和当前处理的结点。如果当前处理的结点是最后一层非叶结点（叶结点的上一层结点），那么需要先找到目标叶结点 nodePos，并找到叶结点中被删除的数据记录的位置 leafPos，然后执行删除。如果当前处理的不是最后一层非叶结点，那么先对其子结点执行一次删除操作，如果删除后其子树内部无法调整平衡，就再对 currentNode 本身做调整操作。remove(KeyType & key, ValueType & value) 函数首先调用了 remove(val, root) 语句，如果返回 true，说明下一层的子结点个数仍然少于 $M/2$。但是因为 root 是根结点，只要子结点的个数大于或等于 2，都是符合条件的。如果根结点只有一个子结点，并且该子结点不是叶结点，那么就把该子结点设置成新的根结点，并删除原来的根结点，就完成了整个调整。

代码清单 8-6 给出了 B+ 树的 remove() 函数的实现，读者需要细细品读，以确保完全掌握整个流程。注意，删除时需要将删除的结点的下标保存到 emptyLeaf 和 emptyTreeNode 列表中，方便下次插入时重复利用空间。

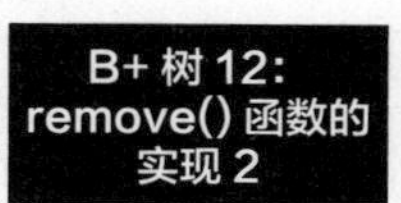

代码清单 8-6　B+ 树的 remove() 函数的实现

```
// 递归删除数据记录，返回该结点删除数据记录后是否满足B+树对子结点的限制的判断。如不满足，需要递归调整
bool remove(const KeyType &key, TreeNode &currentNode) {
  if (currentNode.isBottomNode) {  // 如果已经到了最后一层非叶结点
    Leaf leaf;
    // 找到叶结点的位置
    int nodePos = binarySearchTreeNode(key, currentNode);
    // 读入叶结点
    readLeaf(leaf, currentNode.childrenPos[nodePos]);
    // 找到叶结点中被删除的数据记录的位置
    int leafPos = binarySearchLeaf(key, leaf);
    if (leafPos == leaf.dataCount || !(leaf.keys[leafPos] == key)) {
      return false;  // 如果找不到key，则删除失败，后续不需要调整
    }
    leaf.dataCount--, sizeData--;
    for (int i = leafPos; i < leaf.dataCount; i++) {
      leaf.keys[i] = leaf.keys[i + 1];
      leaf.values[i] = leaf.values[i + 1];
    }
    if (leaf.dataCount < L / 2) {  // 并块
      Leaf pre, nxt;
      // 若左侧兄弟结点存在
      if (nodePos - 1 >= 0) {
        readLeaf(pre, currentNode.childrenPos[nodePos - 1]);
        // 若左侧兄弟结点有足够多的子结点可以借
        if (pre.dataCount > L / 2) {
          leaf.dataCount++, pre.dataCount--;
          for (int i = leaf.dataCount - 1; i > 0; i--) {
            leaf.keys[i] = leaf.keys[i - 1];
            leaf.values[i] = leaf.values[i - 1];
          }
          leaf.keys[0] = pre.keys[pre.dataCount];
```

```
      leaf.values[0] = pre.values[pre.dataCount];
      currentNode.septal[nodePos - 1] = pre.keys[pre.dataCount - 1];
      writeLeaf(leaf);
      writeLeaf(pre);
      writeTreeNode(currentNode);
      return false;
    }
  }
  // 若右侧兄弟结点存在
  if (nodePos + 1 < currentNode.dataCount) {
    readLeaf(nxt, currentNode.childrenPos[nodePos + 1]);
    // 若右侧兄弟结点有足够多的子结点可以借
    if (nxt.dataCount > L / 2) {
      leaf.dataCount++, nxt.dataCount--;
      leaf.keys[leaf.dataCount - 1] = nxt.keys[0];
      leaf.values[leaf.dataCount - 1] = nxt.values[0];
      currentNode.septal[nodePos] = nxt.keys[0];
      for (int i = 0; i < nxt.dataCount; i++) {
        nxt.keys[i] = nxt.keys[i + 1];
        nxt.values[i] = nxt.values[i + 1];
      }
      writeLeaf(leaf);
      writeLeaf(nxt);
      writeTreeNode(currentNode);
      return false;
    }
  }
  // 左、右都没有兄弟结点可以借子结点
  // 左侧有兄弟结点，则与其合并
  if (nodePos - 1 >= 0) {
    for (int i = 0; i < leaf.dataCount; i++) {
      pre.keys[pre.dataCount + i] = leaf.keys[i];
      pre.values[pre.dataCount + i] = leaf.values[i];
    }
    pre.dataCount += leaf.dataCount;
    pre.nxt = leaf.nxt;
    writeLeaf(pre);
    emptyLeaf.insert(emptyLeaf.length(), leaf.pos);
    // 更新父结点的键值和数据
    currentNode.dataCount--;
    for (int i = nodePos; i < currentNode.dataCount; i++) {
      currentNode.childrenPos[i] = currentNode.childrenPos[i + 1];
    }
    for (int i = nodePos - 1; i < currentNode.dataCount - 1; i++) {
      currentNode.septal[i] = currentNode.septal[i + 1];
    }
    // 父结点不满足B+树的性质，需要继续调整
    if (currentNode.dataCount < M / 2) {
      return true;
    } else {

    }
    writeTreeNode(currentNode);
    return false;
  }
  // 右侧有兄弟结点，则与其合并
  if (nodePos + 1 < currentNode.dataCount) {
    for (int i = 0; i < nxt.dataCount; i++) {
```

```
          leaf.keys[leaf.dataCount + i] = nxt.keys[i];
          leaf.values[leaf.dataCount + i] = nxt.values[i];
        }
        leaf.dataCount += nxt.dataCount;
        leaf.nxt = nxt.nxt;
        writeLeaf(leaf);
        emptyLeaf.insert(emptyLeaf.length(), nxt.pos);
        currentNode.dataCount--;
        // 更新父结点的键值和数据
        for (int i = nodePos + 1; i < currentNode.dataCount; i++) {
          currentNode.childrenPos[i] = currentNode.childrenPos[i + 1];
        }
        for (int i = nodePos; i < currentNode.dataCount - 1; i++) {
          currentNode.septal[i] = currentNode.septal[i + 1];
        }
        // 父结点不满足B+树的性质，需要继续调整
        if (currentNode.dataCount < M / 2) {
          return true;
        } else {
          writeTreeNode(currentNode);
          return false;
      }
      }
      writeLeaf(leaf);
    } else {
      writeLeaf(leaf);
    }
    return false;
  }

// 找到删除位置
  TreeNode son;
  int now = binarySearchTreeNode(key, currentNode);
  readTreeNode(son, currentNode.childrenPos[now]);
  // 删完后子结点的个数变少，使得该结点不满足B+树的限制，需要调整
  if (remove(key, son)) {
    TreeNode pre, nxt;
    // 若有左侧兄弟结点
    if (now - 1 >= 0) {
      readTreeNode(pre, currentNode.childrenPos[now - 1]);
      // 若左侧兄弟结点有足够多的子结点可以借
      if (pre.dataCount > M / 2) {
        son.dataCount++, pre.dataCount--;
        for (int i = son.dataCount - 1; i > 0; i--) {
          son.childrenPos[i] = son.childrenPos[i - 1];
        }
        for (int i = son.dataCount - 2; i > 0; i--) {
          son.septal[i] = son.septal[i - 1];
        }
        son.childrenPos[0] = pre.childrenPos[pre.dataCount];
        son.septal[0] = currentNode.septal[now - 1];
        currentNode.septal[now - 1] = pre.septal[pre.dataCount - 1];
        writeTreeNode(son);
        writeTreeNode(pre);
        writeTreeNode(currentNode);
        return false;
      }
    }
```

```
// 若有右侧兄弟结点
if (now + 1 < currentNode.dataCount) {
  readTreeNode(nxt, currentNode.childrenPos[now + 1]);
  // 若右侧兄弟结点有足够多的子结点可以借
  if (nxt.dataCount > M / 2) {
    son.dataCount++, nxt.dataCount--;
    son.childrenPos[son.dataCount - 1] = nxt.childrenPos[0];
    son.septal[son.dataCount - 2] = currentNode.septal[now];
    currentNode.septal[now] = nxt.septal[0];
    for (int i = 0; i < nxt.dataCount; i++) {
      nxt.childrenPos[i] = nxt.childrenPos[i + 1];
    }
    for (int i = 0; i < nxt.dataCount - 1; i++) {
      nxt.septal[i] = nxt.septal[i + 1];
    }
    writeTreeNode(son);
    writeTreeNode(nxt);
    writeTreeNode(currentNode);
    return false;
  }
}
// 若有左侧兄弟结点，则和左侧兄弟结点合并
if (now - 1 >= 0) {
  for (int i = 0; i < son.dataCount; i++) {
    pre.childrenPos[pre.dataCount + i] = son.childrenPos[i];
  }
  pre.septal[pre.dataCount - 1] = currentNode.septal[now - 1];
  for (int i = 0; i < son.dataCount - 1; i++) {
    pre.septal[pre.dataCount + i] = son.septal[i];
  }
  pre.dataCount += son.dataCount;
  writeTreeNode(pre);
  emptyTreeNode.insert(emptyTreeNode.length(), son.pos);
  currentNode.dataCount--;
  for (int i = now; i < currentNode.dataCount; i++) {
    currentNode.childrenPos[i] = currentNode.childrenPos[i + 1];
  }
  for (int i = now - 1; i < currentNode.dataCount - 1; i++) {
    currentNode.septal[i] = currentNode.septal[i + 1];
  }
  if (currentNode.dataCount < M / 2) {
    return true;
  }
  writeTreeNode(currentNode);
  return false;
}
// 若有右侧兄弟结点，则和右侧兄弟结点合并
if (now + 1 < currentNode.dataCount) {
  for (int i = 0; i < nxt.dataCount; i++) {
    son.childrenPos[son.dataCount + i] = nxt.childrenPos[i];
  }
  son.septal[son.dataCount - 1] = currentNode.septal[now];
  for (int i = 0; i < nxt.dataCount - 1; i++) {
    son.septal[son.dataCount + i] = nxt.septal[i];
  }
  son.dataCount += nxt.dataCount;
  writeTreeNode(son);
  emptyTreeNode.insert(emptyTreeNode.length(), nxt.pos);
```

```
        currentNode.dataCount--;
        for (int i = now + 1; i < currentNode.dataCount; i++) {
          currentNode.childrenPos[i] = currentNode.childrenPos[i + 1];
        }
        for (int i = now; i < currentNode.dataCount - 1; i++) {
          currentNode.septal[i] = currentNode.septal[i + 1];
        }
        if (currentNode.dataCount < M / 2) {
          return true;
        }
        writeTreeNode(currentNode);
        return false;
      }
    }
    return false;
  }

  void remove(const KeyType &key) {
    if (remove(key, root)) {
      // 若根结点只有一个子结点，并且该子结点不是叶结点，则将该子结点设置成新的根结点
      if (!root.isBottomNode && root.dataCount == 1) {
        TreeNode son;
        readTreeNode(son, root.childrenPos[0]);
        emptyTreeNode.insert(emptyTreeNode.length(), root.pos);
        root = son;
      }
    }
  }
```

代码清单 8-7 实现了 B+ 树的 traverse() 函数。顺序访问从根结点开始，依次读取每个结点的最左子结点，直到找到整棵树的最左叶结点。从最左叶结点开始访问每条数据记录，当一个叶结点访问结束，可以用叶结点的 nxt 指针找到下一个叶结点，然后继续顺序读取数据记录，直到顺序访问完所有叶结点。B+ 树和 B 树最大的区别在于 B+ 树支持顺序访问数据记录。

代码清单 8-7　B+ 树的 traverse() 函数的实现

```
  void traverse() {
    TreeNode p = root;
    Leaf leaf;
    while (!p.isBottomNode) {  // 首先找到最左叶结点
      readTreeNode(p, p.childrenPos[0]);
    }
    readLeaf(leaf, p.childrenPos[0]);
    int pos = 0;
    do {
      while (pos < leaf.dataCount) {  // 输出当前叶结点的所有数据记录
        std::cout << "key = " << leaf.keys[pos]
                  << " value = " << leaf.values[pos] << std::endl;
        ++pos;
      }
      // 如果当前叶结点是最后一个叶结点，则退出循环
      if (!leaf.nxt) break;
      // 否则，就找下一个叶结点
      readLeaf(leaf, leaf.nxt);
```

```
        pos = 0;
    } while (true);
}
```

至此，B+ 树的具体实现就完成了。

8.5　外排序

本节将介绍外排序的定义及其实现。

8.5.1　外排序的定义

在外存中根据键值对数据记录进行排序，称为外排序。外排序主要需要考虑磁盘访问次数，与磁盘访问操作相比，交换和比较操作所占用的时间非常少。归并排序是一个可行的方案，因为每一次归并都只需要访问有序数组的头部元素，对顺序读取的文件非常友好。外排序中的归并阶段可以将小的有序片段不断合并成大的片段，直到所有序列被合并。

形式化地说，外排序可以被分成两个阶段，第一个阶段是预处理阶段，根据内存大小将一个有 n 条数据记录的文件分批读入内存，然后采用内排序的方法将其排序，得到一个个有序的小文件。这些小文件组成的序列被称为一个有序片段。一般来说，每个有序片段的大小都小于内存大小，这样才能在内存中完成内排序。第二个阶段是归并阶段，通过不同的归并算法将小文件逐步归并成一个有序的大文件。假设待排序的有序片段有 m 个，如果采用二路归并，归并一次后有序片段数变成 $m/2$ 个，经过 $\lceil \log_2 m \rceil$ 次归并后合成一个有序的文件。如果采用三路归并，每次归并 3 个文件，那么归并次数就会变成 $\lceil \log_3 m \rceil$ 次。虽然 k 路归并可以减少归并次数，但是在归并过程中时间复杂度会上升，因为每次选择最小元素时需要比较 k 个有序片段的头部元素。

8.5.2　外排序的实现

在外排序过程中，归并次数和归并的时间复杂度是整个算法时间复杂度的关键。采用置换选择和多阶段归并的方法，可以优化外排序的归并次数和归并的时间复杂度，从而让外排序更加高效。

1. 置换选择

为了让归并次数尽可能少，对于同样大小的待排序文件，预处理阶段处理得到的有序片段要尽可能少，单个有序片段要尽可能大。置换选择就是一种可以在容纳 p 条数据记录的内存中生成平均长度为 $2p$ 的初始有序片段的算法。

置换选择对每个小片段采用选择排序，每次选出的最小数据记录被直接写到输出文件上，它所占用的内存空间被空了出来，这时就可以从输入文件中读入一个新的数据记录。如果读入的数据记录比刚刚输出的数据记录大，那么它就可以继续加入这个已排序片段。如果读入了一个比刚刚输出的数据记录小的数据元素，那么这个位置对这个已排序片段来说，就是被弃用了，它需要在内存中等待下一个片段排序的开始。

选出最小的数据记录可以用优先级队列来实现，整个过程就可以被优化成堆排序。初始时，把 p 条数据记录读入内存，用 buildHeap() 函数创建一个优先级队列。通过执行 deQueue() 操作，可以将最小的记录取出来并写入输出文件。从输入文件中读入下一条数据记录，如果它比之前的数据记录大，那么新数据记录有可能进入当前的有序片段，就把它加入优先级队列，优先级队列的大小不变。否则，它需要在内存中等到下一个片段开始排序，这个数据元素就被存放在优先级队列数组的空闲位置，此时优先级队列的大小减 1。重复以上出队和读取新数据记录的过程，直到队列的大小为 0，此时该排序片段结束。再次执行 buildHeap() 操作，将内存中所有数据记录重新构建一个优先级队列，开始新的有序片段的排序。

图 8-15 展示了文件 {1, 4, 10, 2, 0, 5, 7, 6, 3, 9, 12} 的排序过程，假设内存中可以容纳 3 条数据记录，这 3 条数据记录被存放在数组 a 中。图 8-15 中的阴影表示不在优先级队列中的位置。开始时从文件中读入 1、4、10，并构建优先级队列。执行出队操作，1 被写入输出文件，下一条数据记录 2 被读入。由于 2 比 1 大，所以优先级队列的大小不变，2 被插入优先级队列中。第 2 次执行出队操作，2 被写入输出文件中，读入下一条数据记录 0。因为数据记录 0 比输出的数据记录 2 小，所以数据记录 0 不能够入队，只能够被暂存在内存中。第 3 次执行出队操作，数据记录 4 出队，读入数据记录 5。数据记录 5 比 4 大，所以将数据记录 5 入队。第 4 次执行出队操作，数据记录 5 进入有序片段中，从输入文件中读入数据记录 7。同样，因为数据记录 7 比 5 大，所以 7 也可以执行入队操作。第 5 次执行出队操作，数据记录 7 出队，从输入文件中读入数据记录 6。这时数据记录 6 不能够入队，因此优先级队列再次缩小，现在优先级队列中只有一条数据记录 10。第 6 次执行出队操作，数据记录 10 出队，输入文件中的数据记录 3 被读入内存暂存。这时优先级队列大小为 0，第一个有序片段的排序结束。此时内存中存储的数据记录是 0、6、3，再次执行 buildHeap() 操作，开始第 2 个有序片段的排序，最终整个文件的 11 条数据记录只需要存储成两个有序片段。

出队次数	a[0]	a[1]	a[2]	输出	输入
第1次	1	4	10	1	2
第2次	2	4	10	2	0
第3次	4	10	0	4	5
第4次	5	10	0	5	7
第5次	7	10	0	7	6
第6次	10	0	6	10	3
	0	6	3	第一个有序片段结束	
第1次	0	3	6	0	9
第2次	3	6	9	3	12
第3次	6	9	12	6	
第4次	9	12		9	
第5次	12			12	
				第二个有序片段结束	

图 8-15　初始有序片段的生成实例

如果采用普通方法将图 8-15 中的文件生成有序片段，每 3 条数据记录排序一次，会生成 4 个有序片段，需要进行两次二路归并。但是采用置换选择方法，只生成了两个有序片段，只需要进行一次二路归并就可以了。

在数据非常杂乱时，置换选择不一定能特别明显地提升效率。但是当数据本身已经非常接近有序的序列时，置换选择会生成极少的、非常长的有序片段。这种情况在外排序中极为常见，使得置换选择非常有价值。

2. 多阶段归并

当有序片段数为 m 时，k 路归并需要进行 $\lceil \log_k m \rceil$ 次归并。k 越大，归并次数越少。但是如果待排序数据存储在外存中，k 路归并就需要 $2k$ 份空间来归并。以二路归并为例，一种形象的说法就是像存储在磁带上，采用二路归并需要 4 根磁带。假设磁带 A1、A2 上交替存储有序片段，在归并过程中，可以从 A1 和 A2 上各取第一个有序片段，归并后写入磁带 B1。再取 A1 和 A2 上的下一个有序片段，归并后写入磁带 B2。交替写入 B1 和 B2，直到 A1 或 A2 某一个为空（这时要么两个都为空，要么有一个磁带还剩一个有序片段），将剩下的有序片段复制到相应的磁带上。回绕 4 条磁带，完成第一次归并。重复同样的步骤，这次将 B 磁带作为输入，A 磁带作为输出。重复这个过程，就得到了一个长度为 N 的有序片段，外排序结束。k 路归并依照同样的步骤，将 k 条磁带作为输入，另外 k 条磁带作为输出。在实际应用过程中，由于外存空间有限且访问外存的时间较长，外排序的空间复杂度和时间复杂度都需要尽可能地优化。

外排序 3：归并阶段

对空间复杂度的优化通过减少磁带数量来实现。k 路归并可以用 $k+1$ 条磁带实现。下面以二路归并为例。假设有 3 条磁带 A、B、C，以及一个存储在磁带 A 上的输入文件。首先，在磁带 B 和磁带 C 上各放一半预处理后的有序片段，假设都是 16 个。然后，把预处理的结果都归并到磁带 A 上，得到 16 个有序片段。最后，将前 8 个有序片段复制到磁带 B 上，对磁带 A 和 B 进行归并，并将结果写入磁带 C。这会导致大量的复制操作，时间几乎增加了一倍。

在空间复杂度优化的基础上，多阶段归并优化了归并次数，实现了时间复杂度的优化。将已排序片段非均匀地放在磁带 B 和磁带 C 上，例如在磁带 B 和磁带 C 上分别放 21 个和 13 个片段。如图 8-16 所示，将磁带 B 和磁带 C 归并到磁带 A 上，可以归并 13 个有序片段。这时回绕磁带 A 和磁带 C，将具有 13 个有序片段的磁带 A 和 8 个有序片段的磁带 B 归并到磁带 C 上，可以得到 8 个新的有序片段，这时磁带 A 上留有 5 个有序片段。然后归并磁带 A 和磁带 C，以此类推。

磁带编号	初始时存储的已排序片段数	执行归并后各磁带存储的已排序片段数						
		B+C→A	A+B→C	A+C→B	B+C→A	A+B→C	A+C→B	B+C→A
A	0	13	5	0	3	1	0	1
B	21	8	0	5	2	0	1	0
C	13	0	8	3	0	2	1	0

图 8-16　使用 3 条磁带进行多阶段归并的实例

已排序片段的初始分布会对归并性能产生很大的影响。例如，如果磁带 B 上放 22 个已排序片段，磁带 C 上放 12 个已排序片段，在第一次归并后，磁带 A 上有 12 个已排序片段，磁带 B 上有 10 个已排序片段。在下一次归并后，磁带 C 上有 10 个已排序片段，而磁带 A 上有 2 个已排序片段。此时，进度会变慢，因为在磁带 A 被用完前仅能归并 2 个已排序片段。然后，磁带 C 有 8 个已排序片段，磁带 B 有 2 个已排序片段。同样，只能归并 2 个已排序片段，使得磁带 C 有 6 个已排序片段，而磁带 A 有 2 个已排序片段。在接下来的 3 次处理后，磁带 B 有 2 个已排序片段，而其他两条磁带为空。此时将一个已排序片段复制到另一条磁带上，然后才能结束归并。

显然，图 8-16 所示的分布结果是最优的。如果已排序片段的数目是一个斐波纳契数 F_N，那么分布最好的方法把已排序片段分解成两个斐波纳契数 F_{N-1} 和 F_{N-2}。否则，为了将已排序片段数增加到一个斐波纳契数，可以在磁带上填充虚拟的已排序片段。

8.6 大型应用实现：余票管理类与行程管理类

车票交易子系统和票务管理子系统是火车票管理系统中最核心的子系统，包含旅客与管理员的大部分重要业务功能，例如，旅客查询余票、购票、退票、查询已购车票；管理员对车票的发售与停售操作等。

在介绍余票管理类之前，先对余票信息的组成进行分析。余票信息应该包括车次号、出发与到达站、余票数、票价、历时与日期，这些信息被定义为余票信息结构体 TicketInfo，如代码清单 8-8 所示。

代码清单 8-8 余票信息结构体 TicketInfo 的定义

```
struct TicketInfo {
  TrainID trainID;
  StationID departureStation;
  StationID arrivalStation;
  int seatNum;
  int price;
  int duration;
  Date date;
};
```

余票信息需要存储在外存中，因此它不能包含任何指针，因为指针指向的物理位置在不同的时刻会发生变化，当指针再次从外存读入时，它指向的内存地址中的内容是无意义的。

除了余票信息，火车票管理系统的很多其他信息都必须存储在外存中。第 6 章的旅客管理类在内存中用红黑树存储旅客信息，但事实上旅客信息必须持久化存储在外存中，在实际的系统中可以使用 B+ 树存储。为了提高效率，可以将红黑树作为 B+ 树在内存中的缓存，存储活跃用户。列车运行计划信息也应该存储在外存中，但是必须对相应管理类的数据成员进行修改，例如，站点、历时、票价信息这 3 个线性表所使用的数据结构需要由封装好的顺序表类型改为定长数组，因为顺序表类采用动态数组，不适用于外存。同理，列车运行计划中的 TrainID 类型也不能使用 C++ STL 库中的 std::string，因为它使用了动态数组。为此，火车票管理系统使用定长数组实现 String 类型。

针对余票管理问题，本书进行如下的假设简化。

- 假设所有车次每天都会开行。
- 与列车运行计划管理类、列车运行图类的设计类似，余票管理的最小单元是一个行程段，一个行程段连接的是相邻的两个站点，旅客需要逐行程段下单购票。
- 旅客只能为自己购票或退票，一次最多买一张票。因此，余票数量的更新只有两种数值上的可能：加 1 或减 1。

如图 5-4 所示，旅客想购买从广州南站前往北京西站的车票，需要依次提交 4 个购票订单：G1141 次从广州南站到长沙南站、G1141 次从长沙南站到汉口站、D4 次从汉口站到郑州站、D4 次从郑州站到北京西站。可以看出，任何交易订单中的到达站都是下一个出发站。逐段购票设计简化了中转换乘问题。

接下来，从旅客与管理员两个角度梳理车票相关的功能需求。

从旅客的视角出发，余票交易子系统需要支持以下功能。

（1）余票查询。假定旅客已经使用过路线查询子系统的路线查询功能，明确了自己需要乘坐的每个行程段的车次号、出发站与乘车时间。给定这些信息，系统需要返回这个行程段的余票数量。

（2）购票。旅客提供的信息同（1），系统需要返回购票是否成功，若成功，还需要给出购票票价。

（3）退票。旅客提供的信息同（1），系统处理旅客的退票订单。

（4）已购车票查询。系统返回旅客全部已购车票的信息。

从管理员的视角出发，票务管理子系统需要支持如下功能：以列车运行计划信息为基础，管理员指定某车次、某日期的车票发售，在此操作后，系统允许旅客查询或购买此车次的车票。管理员还会将已经停售的车次的余票信息从系统中移除。

在以上功能中，余票数量是关键信息，系统不仅需要持久化地保存各车次、各日期、各行程段的余票数据，还需要通过车次号、时间、出发站信息高效地索引到此数据。因此，火车票管理系统使用 B+ 树实现一个余票管理类 TicketManager，该类的功能如图 1-6 所示。

余票管理类的数据成员是一棵以车次号作为关键字的 B+ 树，返回该车次所有余票信息。细心的读者可能会对此感到疑惑，一个车次号可以对应不同日期、不同行程段的余票信息，即多个数据元素有同样的键值。8.4 节介绍过，给定一个键值，在 B+ 树上查找会返回唯一的数据元素。那么，怎么解决余票信息中的这个问题呢？假设存在图 8-17 所示的 3 个上海始发、北京终到的车次，将每日每个行程段的余票数量按照 {(途经站 *i*，途经站 *i*+1) 余票数量 } 的格式，列出上海到北京的余票信息。

要实现 B+ 树上多个数据元素有相同的键值，有多种解决方法。例如，可以将同一车次的余票信息以链接的方式存储在某个文件中，或者申请一片足够容纳一个车次所有余票信息的连续空间，存储外存中的一条数据记录。这两种方法都将相同键值的多个数据元素合并成一个数据元素进行存储。为了拓展读者的思路，本系统的余票管理类采用一种 B+ 树的拓展方法，使得多个数据元素可以拥有相同的键值。将拓展版的 B+ 树称为“一对多 B+ 树”，如图 8-18 所示。

一对多的 B+ 树

日期	车次			
	1008次	1110次	1462次	……
10月1日	{(上海-南京)101, (南京-济南) 512,…}	{(上海-无锡) 0, (无锡-镇江) 0,…}	{(上海-昆山)132, (昆山-苏州) 18, …}	
10月2日	{(上海-南京)200, (南京-济南) 211,…}	{(上海-无锡) 0, (无锡-镇江) 0,…}	{(上海-昆山)359, (昆山-苏州) 96,…}	
…				

图 8-17　上海站到北京站的余票信息

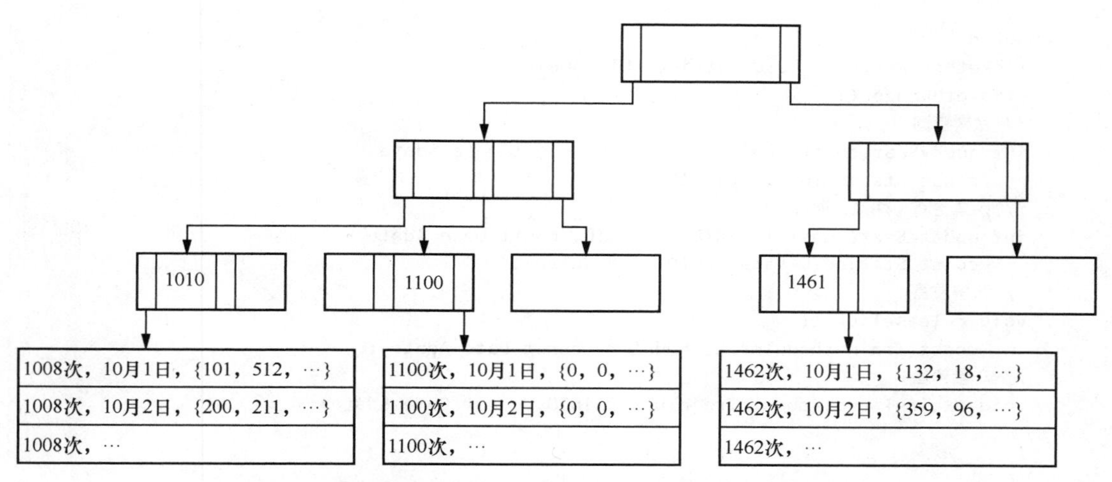

图 8-18　使用一对多 B+ 树存储上海站到北京站的余票信息

一对多 B+ 树的多个数据元素拥有相同的键值，为了便于快速查找，为这些数据元素定义了序关系。在一对多 B+ 树中，叶结点层所有结点首先按照键值升序排序，然后按照数据元素的值升序排序。例如，对于余票管理类的 B+ 树来说，叶结点的数据记录是按照车次、日期、出发站依次升序排序的。在插入数据记录 <k, v> 时，找到第一个键值大于或等于 k，且数据元素的值大于或等于 v 的位置，将数据记录插入。在查找数据时，先找到第一个大于或等于待查找键值的位置，然后沿着叶结点的链接表依次查询，取出所有等于待查找键值的数据，返回一组数据元素。

一对多 B+ 树与代码清单 8-2 规定的一对一 B+ 树存在两个函数接口上的差异。首先是 find() 函数，由于一对多 B+ 树中一个键值对应多个数据元素，find() 的返回值是一个线性表，它的函数原型为 seqList<ValueType> find(const KeyType &key)。其次，一对多 B+ 树新增了一个 modify() 函数，将旧的 value 值替换为新的 value 值，它的函数原型为 void modify(const KeyType &key, const ValueType &oldValue, const ValueType &newValue)，实现过程中先删除旧的键值对再添加新的键值对即可。如果读者对一对多 B+ 树的具体实现感兴趣，可参阅电子资料仓库中的 trainsys/DataStructure/BPlusTree.h 文件。

有了 B+ 树后，从旅客和管理员的需求分析中抽取的余票管理类功能如下：旅客需要查询余票、购票、退票，对应余票管理类中的余票查询与余票更新功能；管理员需要管理车票的发售与停售，对应余票管理类中余票的发售与停售功能。

TicketManager 类定义、构造函数和析构函数的实现如代码清单 8-9 所示。

代码清单 8-9　TicketManager 类定义、构造函数和析构函数的实现

```
class TicketManager {
 private:
  BPlusTree<TrainID, TicketInfo> ticketInfo;

 public:
  TicketManager(const std::string &filename);
  ~TicketManager();
  // 余票查询
  int querySeat(const TrainID &trainID, const Date &date,
      const StationID &stationID);
  // 余票更新（购票、退票）
  int updateSeat(const TrainID &trainID, const Date &date,
      const StationID &stationID, int delta);
  // 车票发售
  void releaseTicket(
      const TrainScheduler &scheduler, const Date &date);
  // 车票停售
  void expireTicket(const TrainID &trainID, const Date &date);
};

TicketManager::TicketManager(const std::string &filename)
    : ticketInfo(filename) {}
TicketManager::~TicketManager() {}
```

类的构造函数接受一个文件名字符串，如 TicketInfo.db，这个文件名就是余票信息的存储位置。类的析构函数不需要进行具体操作。

querySeat() 函数的实现如代码清单 8-10 所示，该函数提供了余票查询的功能。给定车次号、乘车日期、出发站，返回一个表示余票数量的整型数。由于一个车次号对应多条不同日期、不同区间段的余票信息，一对多 B+ 树的 find() 功能返回的是一个余票信息线性表 seqList<TicketInfo> relatedInfo。得到 relatedInfo 线性表后，需要遍历找到所需查询的日期与出发站，返回余票数量。若未找到符合条件的余票信息，则返回 −1。

代码清单 8-10　querySeat() 函数的实现

```
int TicketManager::querySeat(const TrainID &trainID, const Date &date,
    const StationID &stationID) {
  seqList<TicketInfo> relatedInfo = ticketInfo.find(trainID);
  for (int i = 0; i < relatedInfo.length(); ++i) {
    if (relatedInfo.visit(i).date == date &&
        relatedInfo.visit(i).departureStation == stationID) {
      return relatedInfo.visit(i).seatNum;
    }
```

```
    }
    return -1;  // 出错，未找到符合条件的余票信息
}
```

updateSeat() 函数的实现如代码清单 8-11 所示，该函数提供了余票更新的功能。该函数的参数除了车次号、乘车日期和出发站，还给定了一个 delta 变量作为购票或退票的标记，以此修改余票数量。由于旅客只能给自己购票或退票，delta 只有 1 和 −1 两个可能的值。更新余票分为两个步骤：先查询余票信息，再修改此余票信息。查询余票信息的步骤与 querySeat() 函数的实现一致；修改余票信息则是将待修改的余票信息结构体 updatedInfo 中的 seatNum 加上 delta，再调用 B+ 树的 modify() 功能将此结构体更新回 B+ 树中（注意，一对多 B+ 树的 find() 功能返回线性表采用值返回而不采用引用返回）。购票操作还需要返回票价。

代码清单 8-11 updateSeat() 函数的实现

```
int TicketManager::updateSeat(const TrainID &trainID,
    const Date &date, const StationID &stationID, int delta) {
  // 参数：delta == 1，购票；delta == -1，退票
  seqList<TicketInfo> relatedInfo = ticketInfo.find(trainID);
  for (int i = 0; i < relatedInfo.length(); ++i) {
    if (relatedInfo.visit(i).date == date &&
        relatedInfo.visit(i).departureStation == stationID) {
      TicketInfo updatedInfo = relatedInfo.visit(i);
      updatedInfo.seatNum += delta;
      ticketInfo.modify(trainID, relatedInfo.visit(i), updatedInfo);
      return relatedInfo.visit(i).price;
    }
  }
  return -1;  // 出错，未找到符合条件的余票信息
}
```

releaseTicket() 与 expireTicket() 函数的实现如代码清单 8-12 所示。

releaseTicket() 函数为管理员提供车票发售功能，该函数的参数是列车运行计划结构体 TrainScheduler &scheduler 与车票发售的日期 Date &date，从其中读取途经站点、票价、历时等信息，按行程段构造余票信息结构体 newTicket，插入 B+ 树中。expireTicket() 函数则为管理员提供车票停售功能，该函数的参数为车次号 TrainID &trainID 与车次日期 Date &date。要实现车票停售，在 B+ 树中找到所有符合条件的信息，将所有符合条件的 <trainID, ticketInfo> 对从 B+ 树中移除即可。

代码清单 8-12 releaseTicket() 与 expireTicket() 函数的实现

```
void TicketManager::releaseTicket(
    const TrainScheduler &scheduler, const Date &date) {
  int passingStationNum = scheduler.getPassingStationNum();
  for (int i = 0; i + 1 < passingStationNum; ++i) {
    TicketInfo newTicket;
    newTicket.trainID = scheduler.getTrainID();
    newTicket.departureStation = scheduler.getStation(i);
    newTicket.arrivalStation = scheduler.getStation(i + 1);
    newTicket.seatNum = scheduler.getSeatNum();
    newTicket.price = scheduler.getPrice(i);
    newTicket.duration = scheduler.getDuration(i);
    newTicket.date = date;
    ticketInfo.insert(newTicket.trainID, newTicket);
```

```
    }
  }
  void TicketManager::expireTicket(
      const TrainID &trainID, const Date &date) {
    seqList<TicketInfo> relatedInfo = ticketInfo.find(trainID);
    for (int i = 0; i < relatedInfo.length(); ++i) {
      if (relatedInfo.visit(i).date == date) {
        ticketInfo.remove(trainID, relatedInfo.visit(i));
      }
    }
  }
```

TicketManager 类的完整代码参见电子资料仓库中的 code/TicketManager/TicketManager.h 文件及对应的 .cpp 文件。

至此，车票交易子系统还有一个重要功能需要实现：旅客购票成功后要能查询到自己的购票记录，为此，定义一个行程管理类 TripManager 来管理此信息。

定义一个新的辅助结构体 TripInfo 来存储游客的购票记录，如代码清单 8-13 所示。为了在命名上与余票管理类中的余票信息结构体 TicketInfo 区分开，这个结构体命名为行程信息。

代码清单 8-13 行程信息 TripInfo 结构体的定义

```
struct TripInfo {
  TrainID trainID;
  StationID departureStation;
  StationID arrivalStation;
  int duration;
  int price;
  Date date;
};
```

旅客可能购买多趟列车的车票，因此与余票管理类一样，行程管理类的 B+ 树也是一棵一对多 B+ 树，索引的键值是 userID，数据信息是行程信息。TripManager 类的功能如图 1-7 所示，TripManager 类的定义如代码清单 8-14 所示。

代码清单 8-14 TripManager 类的定义

```
class TripManager {
 private:
  BPlusTree<UserID, TripInfo> tripInfo;

 public:
  TripManager(const std::string &filename);
  ~TripManager() {}
  void addTrip(const UserID &userID, const TripInfo &trip);
  seqList<TripInfo> queryTrip(const UserID &userID);
  void removeTrip(const UserID &userID, const TripInfo &trip);
};
```

行程管理类的逻辑较为简单。构造函数同样接受一个文件名字符串作为行程信息的存储位置。而行程的增加、查询和删除操作都是对 B+ 树接口的直接使用，会在购票、行程查询和退票功能中被调用。TripManager 类的实现如代码清单 8-15 所示。

代码清单 8-15 TripManager 类的实现

```
TripManager::TripManager(const std::string &filename)
    : tripInfo(filename) {}

void TripManager::addTrip(const UserID &userID, const TripInfo &trip) {
  tripInfo.insert(userID, trip);
}

seqList<TripInfo> TripManager::queryTrip(const UserID &userID) {
  return tripInfo.find(userID);
}

void TripManager::removeTrip(
    const UserID &userID, const TripInfo &trip) {
  tripInfo.remove(userID, trip);
}
```

8.7 小结

本章讨论了外存中的排序和查找。外存和内存的存储介质不同，访问方式不同，访问数据元素的速度也不同，因此外存中的排序和查找必须采用与内存不同的方式。

外存中的查找主要考虑的是减少访问元素的个数，采用的方法是增加查找树的分支以降低树的高度。按照这个思想实现的数据结构有 B 树和 B+ 树。

同理，外排序时也需要尽量减少外存访问，因而常用归并排序，先将数据在内存中分段排序，形成一个个小的有序文件，再将这些文件归并成一个大的有序文件。本章还介绍了两个提高效率的方法：置换选择和多阶段归并。

本章采用 B+ 树实现了火车票管理系统的余票管理类与行程管理类，实现了数据的可持久化存储。

8.8 习题

（1）在一棵空的 5 阶 B 树上依次插入 11、19、2、12、13、0、3、5、6、14、18、17、15、9、8、1、16、4、10、7、20，画出这棵 B 树。

（2）在一棵空的 5 阶 B+ 树上依次插入 11、19、2、12、13、0、3、5、6、14、18、17、15、9、8、1、16、4、10、7、20，设每一块的最大数据记录数 $L=3$，画出这棵 B+ 树。

（3）请画出在习题（1）中形成的 B 树中依次删除 19、0、3、5、10 的结果。

（4）请画出在习题（2）中形成的 B+ 树中依次删除 19、0、3、5、10 的结果。

（5）采用置换选择，假设内存中可以存放 3 个元素。对于文件 {5, 2, 34, 10, 4, 23, 3, 54, 33, 1, 7, 12, 26, 11, 40, 18, 35, 15, 27}，请问能生成多少个初始的已排序片段？每个已排序片段包含哪些数据？

（6）请设计一个函数，利用一个大小为 10 的数组，用优先级队列的方法实现置换选择。

（7）如果某个文件置换选择后生成了 100 个初始片段，如果用二路归并法，最少要归并多少次？

（8）一棵 5 阶 B+ 树有 50 个键值，这棵树的最高高度和最低高度分别是多少？

（9）设计一个函数 void merge(const char * in1, const char* in2, const char *out) 实现二路归并，其中 in1 和 in2 是输入文件名，out 是输出文件名。

（10）在 8.6 节的余票管理类中，假设所有车次都提前 7 天售票，请用本章介绍的一对一 B+ 树实现余票管理类。

（11）在 8.6 节的余票管理类中，为了存储不同乘车日期、不同行程段的余票信息，引入了一对多 B+ 树。

1）在余票查询的接口设计中，B+ 树的 find() 函数返回一个余票线性表，需要遍历比较乘车日期与出发站才能查到符合条件的余票数量。请提出一条建议，以提高这一查询的效率，并写出此建议的时间复杂度。

2）一对多 B+ 树是否会破坏对数级性能？请选择会破坏对数级性能的情况并简述原因。（答案可能不唯一。）

A. 当列车开行日期总数很大时　　B. 当途经站点数量很大时

C. 当列车车次总数很大时　　D. 一对多 B+ 树在上述情况下均保持对数级性能

第9章 图

在线性表中，除了首尾结点，其余结点都只有一个前驱结点和一个后继结点。在树形结构中，除了根结点和叶结点，其余结点可以有多个后继结点，但只有一个前驱结点。在集合中，结点之间除了属于同一个集合，没有其他关系。然而，生活中还存在另一种关系，每个顶点可以有任意多个前驱和后继，这种结构被称为图形结构。例如，论文的相互引用就是一个图形结构，一篇论文可以引用多篇其他论文，多篇论文也可以引用同一篇论文。图是一种最一般的逻辑结构，其他逻辑结构都是图的一个特例，因而具有广泛应用。由于多对多情况的存在，图形结构处理起来会更加复杂，应用也更加广泛。本章将介绍如何保存图、遍历图，给出图的一些常用应用及其算法，并利用图形结构实现火车票管理系统的列车运行图类。

9.1 问题引入

在之前的章节中，分别使用不同的逻辑结构对火车票管理系统中的站点进行管理。在列车运行计划管理中，站点被车次连成一串，形成了有先后顺序的线性结构；在站点可达性查询中，站点被划分成若干彼此可达的子集。在现实中，站点之间的关系更为密切，许多列车会驶入或驶出某站点，这些站点形成了一个铁路“网”，这种密切交织的铁路“网”就是一个图。第 9 章、第 10 章将介绍如何在计算机中存储这种复杂的多对多关系，以及这种数据关系上的操作，最终将图形结构应用到火车票管理系统中，提供途经站点查询功能。

9.2 图的定义

图由点和连接点的边组成。通常用一个二元组 $G=(V, E)$ 来表示图，其中 V 表示点的集合，E 表示边的集合。每个点被叫作“顶点”，每个顶点都包含一些数据。边表示数据元素之间的关系。如果顶点 u 和 v 之间存在关系，则在 u 和 v 之间存在一条边。如果边有方向，则称为“有向图”。有向图的边用尖括号 <> 表示。<u, v> 表示从 u 出发到 v 的一条边，意味着 v 是 u 的后继，而 u 是 v 的前驱。在有向图中，<u, v> 和 <v, u> 分别表示两条不同的边。如果边没有方向，则称为“无向图”。无向图的边通常用圆括号表示，(u, v) 表示 u 和 v 之间存在一条边，u 和 v 互为后继和前驱。无向图也叫作“双向图”。有时候边还有一个属性，叫作代价或权值，用来表示通过这条边的代价，这样的图叫作加权图。如果加权图是有向的，则称为“加权有向图”；如果加权图是无向的，则称为“加权无向图”。加权图的每条边由 3 部分组成：两个顶点和一个权值。在加权有向图中，边表示为 <u, v, *w*>，意味着从 u 到 v 有一条边，其权值为 *w*（称为“边权”）。在加权无向图中，边表示为 (u, v, *w*)，表示 u 和 v 之间存在一条边，其权值是 *w*。图 9-1（a）～图 9-1（d）分别为无向图、有向图、加权无向图、加权有向图。

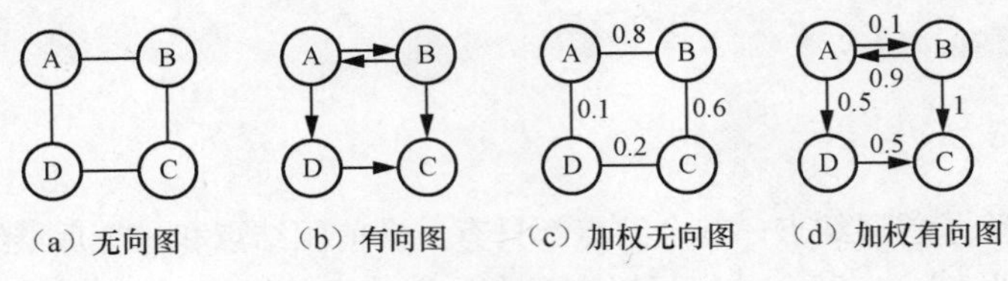

图 9-1　4 种图的示例

对大多数图来说，任意两个顶点 u 和 v 之间至多只有一条边。在有向图中，u 和 v 之间可以有 u 到 v 和 v 到 u 两条边。当 $|E|$ 远远小于 $|V|^2$ 时，该图被称为“稀疏图”。当两个顶点之间允许有多条边存在时，该图被称为“稠密图”。任意两个顶点之间不允许多条边存在且任意顶点没有自己到自己的边的图，称为“简单图”。本书中讨论的图均为简单图。

下面介绍几个图中常用的概念。

- 邻接。在无向图中，当两个顶点之间有一条边连接时，则称这两个顶点是邻接的。例如，在图 9-1（a）中，顶点 A 和顶点 B 是邻接的。在有向图中，如果有一条边 <v1, v2>，则顶点 v1 邻接到顶点 v2，顶点 v2 邻接自顶点 v1。例如，在图 9-1（b）中，可以说顶点 A 邻接到顶点 D，顶点 D 邻接自顶点 A。
- 度。在无向图中，一个顶点的度表示与该顶点相关联的边的个数。例如，在图 9-1（a）中，顶点 A 的度为 2，因为它与两条边相关联。在有向图中，度被分为入度和出度。入度表示进入该顶点的边数，出度表示离开该顶点的边数。例如，在图 9-1（b）中，顶点 A 的入度为 1，出度为 2，度为 3。
- 子图。假设有两个图 *G* 和 *G′*，如果 *G′* 的顶点集和边集都是 *G* 的一个子集，则称 *G′* 是 *G* 的子图。以图 9-1（b）为例，图 9-2 中展示了该图的 3 个子图。图 9-2（a）少了一条 B 到 A 的边，图 9-2（b）少了顶点 C 以及与 C 相关的边，图 9-2（c）少了顶点 C 以及与 C 相关的边，还少了 B 到 A 的边。

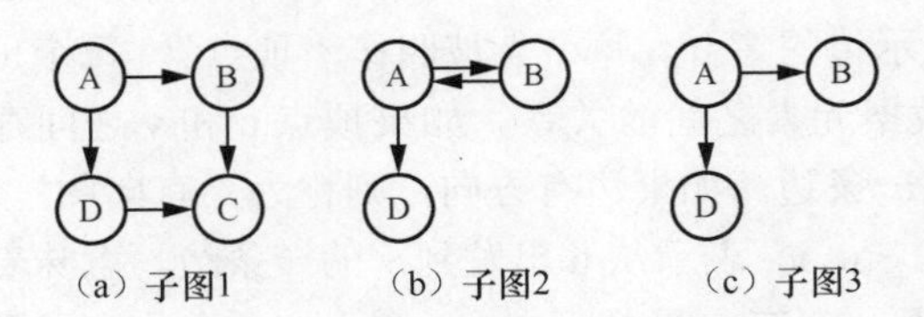

图 9-2　子图的实例

- **路径和路径长度**。在图中，一系列顶点通过边连接，这个顶点序列就形成了一条路径。路径的长度可以是顶点通过的边的个数（非加权路径长度）或边上的权值之和（加权路径长度）。例如，在图 9-1（a）中，B—A—D 就是一条路径，其长度为 2；在图 9-1(d) 中，A—B—C 是一条路径，长度为 1.1。如果顶点 v1 和 v2 之间有一条路径，则称顶点 v1 和 v2 是连通的。如果一条路径从某个顶点出发，最终回到该顶点，并且路径上其他的顶点都只被经过一次，则这条路径被称作一个环。
- **连通图和连通分量**。如果一个无向图中的任意两个顶点都可以通过路径连通，则该图称为连通图。如果无向图不是连通的，那么它可以被分成几个极大连通的部分，每个部分称为一个连通分量。例如，图 9-1（a）就是一个连通图。
- **强连通图和强连通分量**。如果有向图中的任意两个顶点都可以通过路径连通，则该图被称为强连通图。如果有向图不是强连通的，那么它可以被分成几个极大强连通的部分，每个部分被称为一个强连通分量。例如，图 9-1（b）就不是一个强连通图，其强连通分量为 {AB}, {C},{D}。
- **完全图**。如果无向图中的任意两个顶点之间都有边相连，则该图被称为无向完全图。无向完全图的边的个数为 $n(n-1)/2$，其中 n 是顶点的个数。类似地，有向完全图是指每两个顶点之间都有两条有方向的边相连的有向图，有向完全图的边的个数为 $n(n-1)$。
- **生成树**：生成树是无向连通图的极小连通子图。它包含图中的所有顶点，但只有 $n-1$ 条边，这些边使得顶点相互连通。在生成树中添加任何一条额外的边都会形成一个环。

图的基本操作包括：

- 构造一个有 n 个顶点、m 条边的图；
- 判断两个顶点之间是否有边；
- 在两个顶点之间添加或删除一条边；
- 返回图的顶点数和边数；
- 图的遍历。

图的抽象类定义如代码清单 9-1 所示。为更一般起见，本章假设处理的图均为加权有向图。insert(TyepOfVer x, TypeOfVer y, TypeOfEdge w) 函数用于插入从顶点 x 到顶点 y 的边权为 w 的有向边；remove(TypeOfVer x, TypeOfVer y) 函数用于删除从顶点 x 到顶点 y 的边；exist(TypeOfVer x, TypeOfVer y) 函数用于判断从顶点 x 到顶点 y 是否存在边。numOfVer() 和 numOfEdge() 函数分别用于返回顶点的个数和边的个数。

代码清单 9-1　图的抽象类定义

```
template <class TypeOfVer, class TypeOfEdge>
class graph {
 public:
  virtual void insert(TypeOfVer x, TypeOfVer y, TypeOfEdge w) = 0;
  virtual void remove(TypeOfVer x, TypeOfVer y) = 0;
  virtual bool exist(TypeOfVer x, TypeOfVer y) const = 0;
  virtual ~graph(){};
  int numOfVer() const { return Vers; }
```

```
    int numOfEdge() const { return Edges; }

  protected:
    int Vers, Edges;
  };
```

9.3　图的实现

存储一个图需要存储顶点和边。顶点值可以使用一个数组来存储。本节将介绍两种边的存储方式：邻接矩阵和邻接表。

9.3.1　邻接矩阵

邻接矩阵的存储思想

一种便于理解的图的存储方式是邻接矩阵，它可以用来表示有向图和无向图。假设有一个有向图或无向图，其中有 n 个顶点，顶点数组的下标为 0,1,2,…。该图可以用一个 n 行 n 列的布尔矩阵 A 来表示。如果存在一条从下标为 i 的顶点指向下标为 j 的顶点的边（有向的或无向的），那么矩阵 A 中的元素 $A[i][j]$ 的值为 1，否则为 0。将矩阵中对角线上的元素 $A[i][i]$ 设为 0，表示顶点到自身没有边。以图 9-1（a）和图 9-1（b）为例，顶点 A、B、C、D 分别对应下标 0、1、2、3，两张图对应的邻接矩阵如图 9-3 所示。

$$\begin{bmatrix} 0 & 1 & 0 & 1 \\ 1 & 0 & 1 & 0 \\ 0 & 1 & 0 & 1 \\ 1 & 0 & 1 & 0 \end{bmatrix}$$

（a）图9-1（a）的邻接矩阵

$$\begin{bmatrix} 0 & 1 & 0 & 1 \\ 1 & 0 & 1 & 0 \\ 0 & 0 & 0 & 0 \\ 0 & 0 & 1 & 0 \end{bmatrix}$$

（b）图9-1（b）的邻接矩阵

图 9-3　邻接矩阵的实例

无向图中，邻接矩阵的第 i 行或第 i 列的元素之和就是下标为 i 的顶点的度。邻接矩阵是一个对称矩阵，实际上只需要存储它的上三角或下三角部分，这样可以节约一半的空间。有向图中，邻接矩阵的第 i 行元素之和表示下标为 i 的顶点的出度，而第 i 列的元素之和表示下标为 i 的顶点的入度。

邻接矩阵的存储方式中，基本的图操作的时间复杂度都是 $O(1)$。例如，插入边、删除边，以及判断两个顶点之间是否有边这 3 个操作，只需要对相应的矩阵元素进行操作即可。然而，邻接矩阵的缺点在于它浪费了很多空间。这是因为大多数图都是稀疏图，导致邻接矩阵中大多数元素都是 0。在图的边非常多，特别是在有向图的情况下，使用邻接矩阵仍然是合适的。

邻接矩阵也可以用来存储加权图。与非加权图的邻接矩阵类似，加权图的邻接矩阵中，第 i 行第 j 列的元素表示从下标为 i 的顶点到下标为 j 的顶点的边的信息。但不同的是，这个矩阵不再是布尔矩阵，而是一个整数或实数矩阵，具体取决于权值的类型。如果从下标为 i 的顶点到下标为 j 的顶点权值为 w，那么 $A[i][j]=w$。如果从下标为 i 的顶点到下标为 j 的顶点没有边，则 $A[i][j]$ 用一个特殊的标志表示，如无穷大。在加权图中，邻接矩阵的值 $A[i][j]$ 可以理解为下标为 i 的顶点到下标为 j 的顶点的直连距离，如果 $i=j$，则约定 $A[i][j]=0$，表示下标为 i 的顶点与自身的距离为 0。例如，图 9-1（c）和图 9-1（d）所示的加权图可以用图 9-4（a）和图 9-4（b）中的邻接矩阵表示。

$$\begin{bmatrix} 0 & 0.8 & \infty & 0.1 \\ 0.8 & 0 & 0.6 & \infty \\ \infty & 0.6 & 0 & 0.2 \\ 0.1 & \infty & 0.2 & 0 \end{bmatrix}$$

（a）图9-1（c）的邻接矩阵

$$\begin{bmatrix} 0 & 0.1 & \infty & 0.5 \\ 0.9 & 0 & 1 & \infty \\ \infty & \infty & 0 & \infty \\ \infty & \infty & 0.5 & 0 \end{bmatrix}$$

（b）图9-1（d）的邻接矩阵

图 9-4 邻接矩阵表示加权图的实例

基于邻接矩阵的图类 adjMatrixGraph 的定义如代码清单 9-2 所示。成员 edge 是一个二级指针，代表存储邻接矩阵的二维数组。成员 ver 是一个指针，代表存储顶点集的一维数组。变量 noEdge 表示邻接矩阵中没有边的标志值。构造函数 adjMatrixGraph(int vSize, TypeOfVer d[], TypeOfEdge noEdgeFlag) 用于创建一个邻接矩阵图对象，传入参数包括顶点的个数 vSize、保存顶点值的数组 d，以及没有边的标志值 noEdgeFlag。私有函数 find(TypeOfVer v) 用于查找给定顶点值 v 在图的顶点值数组中的索引，并返回该索引值。

代码清单 9-2 基于邻接矩阵的图类 adjMatrixGraph 的定义

```
template <class TypeOfVer, class TypeOfEdge>
class adjMatrixGraph : public graph<TypeOfVer, TypeOfEdge> {
 public:
  adjMatrixGraph(int vSize, const TypeOfVer d[], const TypeOfEdge noEdgeFlag);
  void insert(TypeOfVer x, TypeOfVer y, TypeOfEdge w);
  void remove(TypeOfVer x, TypeOfVer y);
  bool exist(TypeOfVer x, TypeOfVer y) const;
  ~adjMatrixGraph();

 private:
  TypeOfEdge **edge;  // 保存邻接矩阵
  TypeOfVer *ver;     // 保存顶点值
  TypeOfEdge noEdge;  // 邻接矩阵中没有边的表示值
  int find(TypeOfVer v) const {
    for (int i = 0; i < this->Vers; ++i)
      if (ver[i] == v) return i;
  }
};
```

adjMatrixGraph 类的构造函数和析构函数的实现如代码清单 9-3 所示。构造函数首先将传入的值赋给对应的数据成员，然后使用 new 运算符申请存储顶点的数组 ver，并将传入的顶点数组 d 赋值给数组 ver，接着申请二维数组 edge 的空间，遍历每行和每列，对邻接矩阵进行初始化，即将所有元素设置为 noEdge，同时将对角线上的元素设置为 0。析构函数释放了动态分配的内存。

代码清单 9-3 adjMatrixGraph 类的构造函数和析构函数的实现

```
template <class TypeOfVer, class TypeOfEdge>
adjMatrixGraph<TypeOfVer, TypeOfEdge>::adjMatrixGraph(
    int vSize, const TypeOfVer d[], const TypeOfEdge noEdgeFlag) {
  int i, j;
```

```
  this->Vers = vSize;
  Edges = 0;
  noEdge = noEdgeFlag;
  // 存储顶点的数组的初始化
  ver = new TypeOfVer[vSize];
  for (i = 0; i < vSize; ++i) ver[i] = d[i];
  // 邻接矩阵的初始化
  edge = new TypeOfEdge *[vSize];
  for (i = 0; i < vSize; ++i) {
    edge[i] = new TypeOfEdge[vSize];
    for (j = 0; j < vSize; ++j) edge[i][j] = noEdge;
    edge[i][i] = 0;
  }
}

template <class TypeOfVer, class TypeOfEdge>
adjMatrixGraph<TypeOfVer, TypeOfEdge>::~adjMatrixGraph() {
  delete[] ver;
  for (int i = 0; i < this->Vers; ++i)
    delete[] edge[i];  // 释放邻接矩阵中的每一行
  delete[] edge;
}
```

insert()、remove() 和 exist() 函数的实现如代码清单 9-4 所示。insert() 函数首先找到对应的边，将邻接矩阵中对应位置的值修改成权值 w，并将图的总边数加 1。remove() 函数将对应边的值置成 noEdge，并将总边数减 1。exist() 函数检查对应位置的值是否为 noEdge 即可。

代码清单 9-4　adjMatrixGraph 类的 insert()、remove() 和 exist() 函数的实现

```
template <class TypeOfVer, class TypeOfEdge>
void adjMatrixGraph<TypeOfVer, TypeOfEdge>::insert(
    TypeOfVer x, TypeOfVer y, TypeOfEdge w) {
  int u = find(x), v = find(y);
  edge[u][v] = w;
  ++Edges;
}

template <class TypeOfVer, class TypeOfEdge>
void adjMatrixGraph<TypeOfVer, TypeOfEdge>::remove(
    TypeOfVer x, TypeOfVer y) {
  int u = find(x), v = find(y);
  edge[u][v] = noEdge;
  --Edges;
}

template <class TypeOfVer, class TypeOfEdge>
bool adjMatrixGraph<TypeOfVer, TypeOfEdge>::exist(
    TypeOfVer x, TypeOfVer y) const {
  int u = find(x), v = find(y);
  if (edge[u][v] == noEdge)
    return false;
  else
    return true;
}
```

9.3.2　邻接表

使用邻接矩阵存储稀疏图会浪费很多空间，因为它为每条可能出现的边都预留了空间。可以使用一种更好的方法来表示稀疏图，即邻接表。

邻接表将图的顶点和边分别存储在不同的数据结构中。顶点集使用一个数组来存储，而边集则使用一组单链表存储。每个顶点对应一个单链表，存储从该顶点出发的所有边。顶点集中的数据元素由两部分组成：顶点值和指向该顶点对应的单链表的首地址。单链表的每个结点代表一条边，存储了边的终点。例如，图 9-5（a）的邻接表如图 9-5（b）所示。顶点 A 的单链表中有两个结点，分别代表从 A 出发的两条边 <A, B> 和 <A, D>。对于非加权图，单链表的结点由两部分组成：边的终点的编号和后继指针。而对于加权图，单链表的结点由 3 部分组成：边的终点的编号、边的权值和后继指针。图 9-5 给出了一个加权有向图及其对应的邻接表表示实例。从顶点 C 出发只有一条边，这条边的终点为顶点 D，则从顶点 C 出发的单链表中只有一个结点 [3,0.5,nullptr]。从顶点 D 出发有两条边，因此从它出发的单链表中有两个结点，分别表示边 <D, A, 0.5> 和 <D, C, 0.5>。使用邻接表表示法，只需要使用线性的空间量就可以存储稀疏图，不会浪费空间。对邻接表进行插入和删除边的操作时，只需要在单链表中添加一个结点或者删除一个结点。如果保存的是无向图，那么每条边在邻接表中会出现两次。例如，对于边 (x, y)，在顶点 x 的单链表中会有一个指向顶点 y 的结点，在顶点 y 的单链表中也会有一个指向顶点 x 的结点。

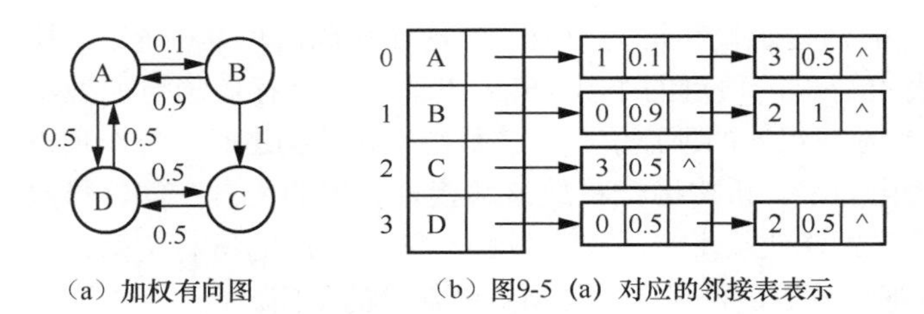

（a）加权有向图　　（b）图9-5（a）对应的邻接表表示

图 9-5　加权有向图及其对应的邻接表表示实例

根据上面的说明，可以得到基于邻接表的图类 adjListGraph 的定义，如代码清单 9-5 所示。其成员只有一个顶点数组 verList，用于保存所有顶点。顶点定义为 verNode 类，其中包含顶点值，以及一个保存从当前顶点出发的边的单链表的头指针。在图的邻接表实现中，通常采用不带头结点的单链表。每条边都是一个单链表结点 edgeNode，包含边的终点的编号、边的权值，以及下一条边的指针。基于邻接表的图类 adjListGraph 继承了图的抽象类，实现了 3 个纯虚函数、构造函数和析构函数，同时添加了辅助函数 find(TypeOfVer v)，用于查找顶点 v 在顶点数组中的下标。

代码清单 9-5　基于邻接表的图类 adjListGraph 的定义

```
template <class TypeOfVer, class TypeOfEdge>
class adjListGraph : public graph<TypeOfVer, TypeOfEdge> {
 public:
  adjListGraph(int vSize, const TypeOfVer d[]);
  void insert(TypeOfVer x, TypeOfVer y, TypeOfEdge w);
  void remove(TypeOfVer x, TypeOfVer y);
```

```
    bool exist(TypeOfVer x, TypeOfVer y) const;
    ~adjListGraph();

  private:
    struct edgeNode {        // 邻接表中存储边的结点类
      int end;               // 终点编号
      TypeOfEdge weight;     // 边的权值
      edgeNode *next;
      edgeNode(int e, TypeOfEdge w, edgeNode *n = nullptr) {
        end = e;
        weight = w;
        next = n;
      }
    };

    struct verNode {     // 保存顶点的数据类型
      TypeOfVer ver;     // 顶点值
      edgeNode *head;    // 对应的单链表的头指针
      verNode(edgeNode *h = nullptr) { head = h; }
    };

    verNode *verList;
    int find(TypeOfVer v) const {
      for (int i = 0; i < this->Vers; ++i)
        if (verList[i].ver == v) return i;
    }
};
```

adjListGraph 类的构造函数和析构函数的实现如代码清单 9-6 所示。构造函数根据参数表中给出的顶点的个数 vSize 申请了一个存储顶点的数组 verList，并将传入参数数组 d 的顶点值存入该数组。初始构造时，每个顶点对应的单链表初始化为空。析构函数释放该邻接表占用的所有空间。释放的过程分成两步，首先释放从每个顶点出发的单链表占用的所有空间，当所有单链表的结点都释放后，再释放存储顶点的数组的空间。

邻接表的实现 2：成员函数的实现

代码清单 9-6　adjListGraph 类的构造函数和析构函数的实现

```
template <class TypeOfVer, class TypeOfEdge>
adjListGraph<TypeOfVer, TypeOfEdge>::adjListGraph(
    int vSize, const TypeOfVer d[]) {
  this->Vers = vSize;
  Edges = 0;
  verList = new verNode[vSize];
  for (int i = 0; i < this->Vers; ++i) verList[i].ver = d[i];
}

template <class TypeOfVer, class TypeOfEdge>
adjListGraph<TypeOfVer, TypeOfEdge>::~adjListGraph() {
  edgeNode *p;
  for (int i = 0; i < this->Vers; ++i)   // 释放第i个顶点的单链表
    while ((p = verList[i].head) != nullptr) {
      verList[i].head = p->next;
      delete p;
    }
  delete[] verList;
}
```

insert(TypeOfVer x, TypeOfVer y, TypeOfEdge w)、remove(TypeOfVer x, TypeOfVer y) 和 exist(TypeOfVer x, TypeOfVer y) 函数的实现如代码清单 9-7 所示。插入操作首先找到边的顶点 x 和终点 y 在数组中的下标 u 和 v，并构造一条新的边用于保存边的终点下标 v 和权值 w，然后将新的边插入起点顶点对应的链接表的开头，作为链接表的第一个结点，最后维护边的个数。删除操作也是类似的，先找到起点和终点对应的顶点下标，再找到对应的边，将目标边对应的结点在链接表中删除。注意，要区分所删除的结点是不是第一个结点，两者在指针修改的部分会有细微的差别。exist() 函数判断边是否存在时，只需要在起点顶点的链接表中循环查找目标边即可。

代码清单 9-7 adjListGraph 类的 insert()、remove() 和 exist() 函数的实现

```
template <class TypeOfVer, class TypeOfEdge>
void adjListGraph<TypeOfVer, TypeOfEdge>::insert(TypeOfVer x, TypeOfVer y, TypeOfEdge w) {
  int u = find(x), v = find(y);
  verList[u].head = new edgeNode(v, w, verList[u].head);
  ++Edges;
}

template <class TypeOfVer, class TypeOfEdge>
void adjListGraph<TypeOfVer, TypeOfEdge>::remove(TypeOfVer x, TypeOfVer y) {
  int u = find(x), v = find(y);
  edgeNode *p = verList[u].head, *q;

  if (p == nullptr) return;  // 顶点u没有相连的边

  if (p->end == v) {  // 单链表中的第一个结点就是被删除的边
    verList[u].head = p->next;
    delete p;
    --Edges;
    return;
  }
  while (p->next != nullptr && p->next->end != v)
    p = p->next;                // 查找被删除的边
  if (p->next != nullptr) {  // 删除
    q = p->next;
    p->next = q->next;
    delete q;
    --Edges;
  }
}

template <class TypeOfVer, class TypeOfEdge>
bool adjListGraph<TypeOfVer, TypeOfEdge>::exist(TypeOfVer x, TypeOfVer y) const {
  int u = find(x), v = find(y);
  edgeNode *p = verList[u].head;

  while (p != nullptr && p->end != v) p = p->next;
  if (p == nullptr)
    return false;
  else
    return true;
}
```

在图的邻接表实现中，因为每条边都作为链接表的一个结点，所以从所有顶点出发的链接表的结点总数等于图的边数。在无向图中，这个数量是边数的两倍。因此，存储这些链接表

的结点需要使用 $O(|E|)$ 的空间。而顶点集则使用一个数组来表示，数组的元素个数是顶点个数 $|V|$，因此存储顶点需要使用 $O(|V|)$ 的空间。综合起来，邻接表的空间复杂度是 $O(|V|+|E|)$，也就是与图的规模成线性关系。从一组边构建一个邻接表只需要线性级的时间。首先将所有链接表初始化为空，然后遍历每条边 <u, v, w>，在从顶点 u 出发的链接表中添加一个结点，这个结点可以插入顶点 u 的链接表的任意位置。为了方便起见，在实现时采取在单链表的表头插入，每条边都可以在常量时间内插入，也就是说能够在边的数量 $|E|$ 的线性级的时间内构建邻接表。

9.4　图的遍历

遍历是图最基本的操作之一。遍历是以一定的次序有序地访问图中的所有顶点，并且每个顶点只被访问一次。图的遍历可以看作树的遍历的扩展，但是与树不同的是，图中某个顶点可能与多个顶点邻接，并且存在回路。因此，在图的遍历中，为了避免重复访问已经访问过的顶点，通常会对已经访问过的顶点进行标记。

图的两种最基本的遍历方法是*深度优先搜索*（Depth First Search，DFS）和*广度优先搜索*（Breadth First Search，BFS），这两种方法同时适用于有向图和无向图。由于图的存储方式并没有规定边的顺序，所以在按照某种方式对图进行遍历时，顶点的访问顺序可能是不同的。通过 DFS 和 BFS 遍历整个图，可以发现其中的特定路径、环路等信息。

9.4.1　深度优先搜索（DFS）

深度优先搜索的算法思想

DFS 从一个起始顶点开始，尽可能深入探索该顶点的邻接顶点，直到没有未访问的邻接顶点为止，然后回溯到上一个顶点，再继续深入探索其他未访问的邻接顶点。这个过程类似于在迷宫中沿一个路径走到底，直到无法继续前进时才返回上一分叉点并继续探索其他路径。它类似于树的前序遍历。DFS 算法可以用递归的方式定义，如算法清单 9-1 所示。

算法清单 9-1　DFS 的递归算法

```
def DFS(顶点集V, 边集E, 起始顶点v, 记录顶点是否被访问过的数组visited):
  visited[v] = true;
  for <v,u> in E:
    if (!visited[u])
      DFS(V, E, u, visited);
```

DFS 的顺序是不唯一的，每一个 DFS 的过程都对应一棵或多棵树（森林）。例如，在图 9-6（a）中，从顶点 A 开始进行 DFS，如果先访问顶点 B，然后访问 C，再回溯到 A 开始访问 D，最终遍历的序列将是 A—B—C—D。如果从顶点 A 开始先访问顶点 D，再逐个访问 D 的邻接顶点 B 和 C，最终的序列是 A—D—B—C 或 A—D—C—B。这两种情况生成的 DFS 树如图 9-6（b）和图 9-6（c）所示。如果无向图不是连通的或者有向图不是强连通的，在进行 DFS 时，并不能保证从一个顶点出发能够访问到所有顶点。在这种情况下，需要选择另一个未被访问过的顶点，继续进行 DFS，直到所有顶点都被访问到为止。这样，得到的结果将是一组树，而不是一棵树。这组树被称为“深度优先生成森林”。

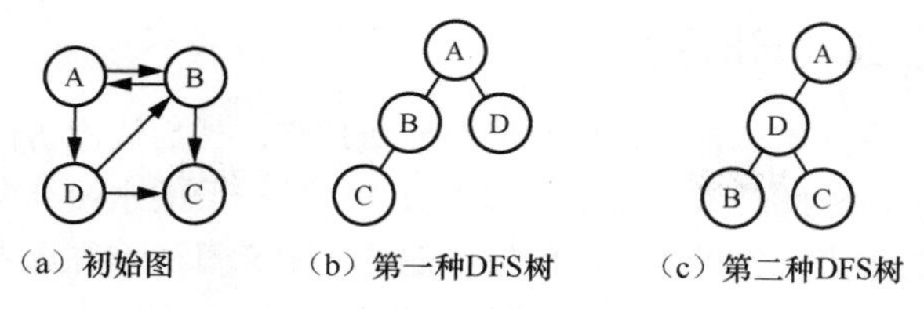

（a）初始图　（b）第一种DFS树　（c）第二种DFS树

图 9-6 DFS 树的实例

在 adjListGraph 类中增加一个公有的成员函数 dfs() 来实现图的 DFS。该函数不需要参数，也没有返回值。它默认从编号最小的顶点出发开始搜索，并将从该顶点开始的 DFS 序列输出。由于 DFS 是递归实现的，因此需要额外定义一个私有的 dfs(int start, bool visited[]) 函数来辅助递归实现。dfs() 函数及其递归辅助函数的实现如代码清单 9-8 所示。在公有的 dfs() 函数代码中定义了一个名为 visited 的布尔类型数组，用于记录每个顶点的访问状态。初始时，所有顶点都被设置为未访问状态（false）。代码中使用一个 for 循环来遍历每个顶点，检查它是否已经被访问过。如果已经访问过，则继续检查下一个顶点，否则从当前顶点开始进行 DFS。在递归的 dfs() 函数的实现中，参数 start 表示从哪个顶点开始遍历，数组 visited 用于记录每个顶点是否已被访问。该函数首先访问顶点 start，并将其标记为已访问。然后依次选择该顶点的每一个未被访问过的邻接顶点，继续递归地进行 DFS。

代码清单 9-8 DFS 的实现

```
template <class TypeOfVer, class TypeOfEdge>
void adjListGraph<TypeOfVer, TypeOfEdge>::dfs() const {
  bool *visited = new bool[this->Vers];  // 记录每个顶点是否已被访问
  for (int i = 0; i < this->Vers; ++i)
    visited[i] = false;
  cout << "当前图的DFS序列为: " << endl;
  for (int i = 0; i < this->Vers; ++i) {
    if (visited[i] == true) continue;
    dfs(i, visited);
    cout << endl;
  }
}
template <class TypeOfVer, class TypeOfEdge>
void adjListGraph<TypeOfVer, TypeOfEdge>::dfs(int start, bool visited[]) const {
  edgeNode *p = verList[start].head;
  cout << verList[start].ver << '\t';  // 访问顶点
  visited[start] = true;
  while (p != nullptr) {  // 对start的后继顶点进行DFS
    if (visited[p->end] == false)
      dfs(p->end, visited);
    p = p->next;
  }
}
```

DFS 会对所有顶点和边进行一次访问，因此它的时间代价为顶点数 $|V|$ 及边数 $|E|$ 的和，即 $O(|V|+|E|)$。如果图是用邻接矩阵表示的，则时间复杂度是 $O(|V|^2)$，感兴趣的读者可以自行实现 adjMatrixGraph 类的 dfs() 函数，并证明这个结论。

9.4.2　广度优先搜索（BFS）

广度优先搜索的算法思想

BFS 从一个起始顶点开始，首先访问其所有邻接顶点，然后依次访问这些邻接顶点的邻接顶点，以此类推。这个过程类似于一层一层的水波纹向外扩展，逐渐覆盖更远的顶点，也类似于树的层次遍历。BFS 算法首先选中第一个被访问的顶点，将其标记为已访问，然后依次访问它的邻接顶点 v_1 ～ v_t，并标记为已访问。再从 v_1 开始，继续逐一访问它未被访问过的邻接顶点。以此类推，直到所有顶点都被访问。算法清单 9-2 给出了 BFS 的伪代码实现。

算法清单 9-2　BFS 算法

```
def BFS(顶点集V，边集E):
  初始化visited数组为false:
  queue初始化为空；  // 用于存储待访问顶点的队列
  for v in V:
    if (visited[v]) continue;
    queue.enQueue(v);
    while(队列queue不为空):
      currentNode = queue.pop();
      if (visited[currentNode]) continue;
      visited[currentNode] = true;
      for(<currentNode,u> in E):
        queue.enQueue(u);
```

BFS 序列和树也是不唯一的。例如，对于图 9-7（a）所示的图，根据不同初始访问顶点的选择，可以得到不同的 BFS 序列：B—A—C—D 和 C—D—B—A。图 9-7（b）和图 9-7（c）给出了 BFS 树和 BFS 森林的实例。

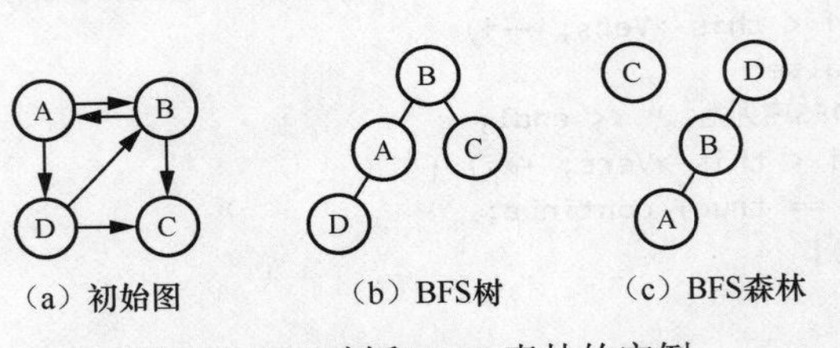

（a）初始图　（b）BFS树　（c）BFS森林

图 9-7　BFS 树和 BFS 森林的实例

广度优先搜索的实现

BFS 不需要递归实现，只需要利用链接队列类实现。BFS 的实现如代码清单 9-9 所示，代码的实现和算法清单 9-2 的思想是一致的。

代码清单 9-9　BFS 的实现

```
template <class TypeOfVer, class TypeOfEdge>
void adjListGraph<TypeOfVer, TypeOfEdge>::bfs() const {
  bool *visited = new bool[this->Vers];
  int currentNode;
  linkQueue<int> q;
  edgeNode *p;

  for (int i = 0; i < this->Vers; ++i)
    visited[i] = false;  // 初始化所有元素为未访问

  cout << "当前图的BFS序列为：" << endl;
```

```
    for (int i = 0; i < this->Vers; ++i) {
      if (visited[i] == true) continue;
      q.enQueue(i);
      while (!q.isEmpty()) {
        currentNode = q.deQueue();
        if (visited[currentNode] == true) continue;
        cout << verList[currentNode].ver << '\t';
        visited[currentNode] = true;
        p = verList[currentNode].head;
        while (p != nullptr) {  // 将currentNode的后继顶点入队
          if (visited[p->end] == false) q.enQueue(p->end);
          p = p->next;
        }
      }
      cout << endl;
    }
  }
```

9.5　图的遍历的简单应用

图的遍历有许多应用，本节将介绍 4 个图的遍历的简单应用：图的连通性、欧拉回路、拓扑排序和关键路径。

9.5.1　图的连通性

本节主要讨论无向图和有向图的连通性。

DFS 和 BFS 都可以用来测试无向图的连通性。如果无向图是连通的，则从无向图的任意顶点出发进行 DFS 或 BFS 都可以访问到每一个顶点，访问的次序是一棵深度或广度优先生成树。如果图是非连通的，则 DFS 或 BFS 可以找到一片深度或广度优先生成森林，每棵树就是一个连通分量。对无向图来说，DFS 和 BFS 可以找到它的所有连通分量。dfs() 和 bfs() 函数已经分别实现了深度优先搜索和广度优先搜索，读者可以思考应该在哪个位置修改代码以实现查找连通分量的功能。

对于有向图，通过两次 DFS 即可测试该有向图是否为强连通图。如果不是强连通图，则可以找出所有强连通分量。找出有向图 G 的强连通分量可以从任意顶点开始进行 DFS。如果 G 不是强连通的，则该 DFS 过程会得到一个深度优先生成森林，也可能只得到一棵深度优先生成树。对森林中的每棵树按它们的生成次序依次进行后序遍历，并按遍历的顺序给每个顶点编号，然后将图 G 的每条边的方向取反，生成新的图 G_r。从编号最大的顶点开始对 G_r 进行 DFS，得到的 DFS 森林的每棵树就是图 G 的强连通分量。

图 9-8 用一个实例来演示如何检验有向图的连通性。从图 9-8（a）中的顶点 A 开始进行 DFS，并根据 DFS 树的后序遍历编号，得到图 9-8（b）所示的生成树。对图 9-8（a）中的图的边取逆向操作，得到图 9-8（c）。从编号最大的顶点 A 开始进行 DFS，可以得到包含顶点 A、C、D 的生成树，再对剩下的编号最大的顶点 B 进行访问，就得到了有向图的两个强连通分量，如图 9-8（d）所示。

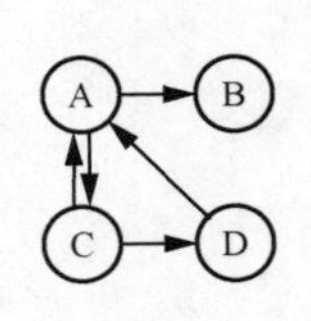

（a）初始有向图

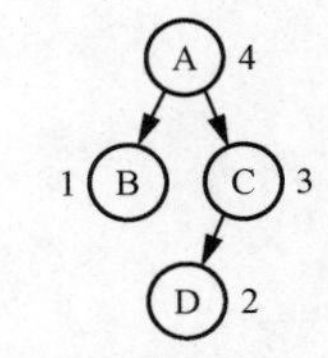

（b）进行DFS并根据DFS树的后序遍历编号

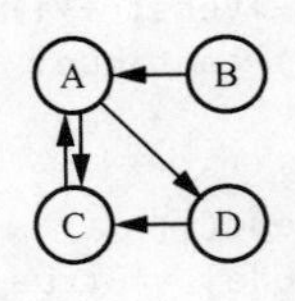

（c）对图9-8（a）中的图的边取逆向操作

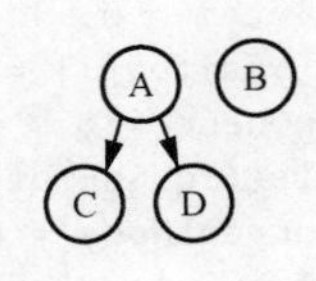

（d）两个强连通分量

图 9-8 有向图的强连通分量

检验有向图是否强连通的方法的正确性可以参照如下证明。

顶点 v 和 w 在一个强连通分量中等价于 G_r 中同时存在顶点 v 到顶点 w 和顶点 w 到顶点 v 的路径，因此只需要证明，在 G_r 中，顶点 v 和 w 在同一棵生成树里，存在顶点 v 到 w 和顶点 w 到 v 的路径。假设在 G_r 的生成树中，顶点 v 所在树的根结点为顶点 x，因此 G_r 中存在一条从顶点 x 到 v 的路径，也就意味着 G 中存在一条从 v 到 x 的路径。由于 x 是根结点，说明在进行第一次 DFS 时，顶点 x 的编号比顶点 v 的编号更大，也就是说，所有对顶点 x 的处理在处理顶点 v 之前已经完成。因为图 G 中从顶点 v 到 x 有路径，所以 x 和 v 一定在同一棵树中。同时，如果 x 是 v 的子孙，这和 x 的编号大于 v 的编号矛盾。因此，在图 G 生成的树中，v 是 x 的子孙结点，也就是说 x 到 v 有一条路径。同理，w 也是如此，由于 w 和 v 在一棵树里，它们的根结点都是 x，也存在 x 到 w 和 w 到 x 的路径。拼接中间顶点 x，就可以得到顶点 v 到 w 和顶点 w 到 v 的两条路径，也就证明了算法的正确性。

9.5.2 欧拉回路

17 世纪，东普鲁士有一座哥尼斯堡城，城中有一个奈佛夫岛，普雷格尔河的两条支流环绕其旁，并将整个城市分成北区、东区、南区和岛区 4 个区域。全城有 7 座桥把 4 个区域连接起来，如图 9-9 所示。哥尼斯堡七桥问题就是：能否找到一条走遍这 7 座桥，而且每座桥只经过一次，最后又回到原出发顶点的路径。

1736 年，著名的数学家欧拉发表了一篇论文 *Solutio problematis ad geometriam situs pertinentis*，指出这条路径是不存在的。在论文中，欧拉对七桥问题进行了抽象，区域用顶点表示，桥用顶点之间的边表示，那么哥尼斯堡城就被抽象为一个无向图，如图 9-10 所示。

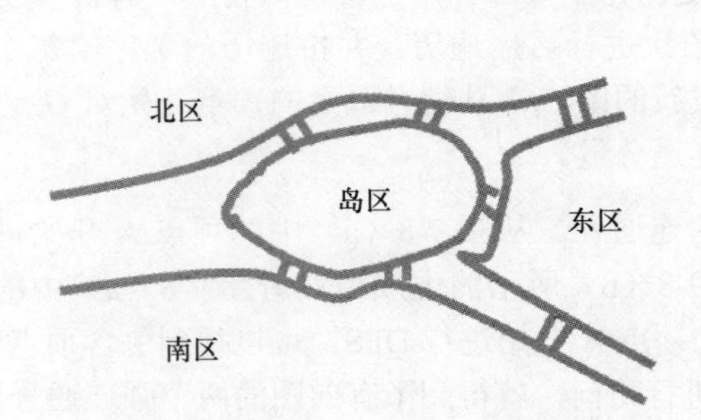

图 9-9 哥尼斯堡城的 4 个区域

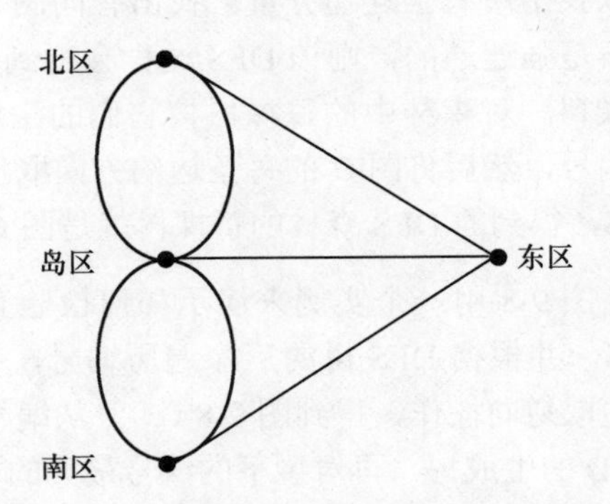

图 9-10 将哥尼斯堡城抽象为一个无向图

欧拉在论文中证明了这样的路径是不存在的。他给出了著名的欧拉定理，即欧拉回路判定规则：

欧拉回路的算法思想

（1）如果度为奇数的顶点不止两个，则满足要求的路径是找不到的；

（2）如果度为奇数的顶点只有两个，则可以从这两个顶点之一出发，经过所有边一次，到达另一个度是奇数的顶点；

（3）如果顶点的度都是偶数，则可以从任一顶点出发，经过所有边一次后返回到原顶点。

如果能够在一个图中找到一条路径，使得该路径正好经过图中每条边一次，则这条路径被称为“欧拉路径”。如果增加“起点和终点是相同的”这一附加条件，则该欧拉路径被称为“欧拉回路”。欧拉回路存在其对应的充分必要条件：如果一个图中的每个顶点都有偶数条边与之相连，那么这个图就存在欧拉回路。要想找到欧拉回路，第一步是检查它是否存在，这个检查可以在很短的时间内完成。第二步是找欧拉回路。要找到欧拉回路，一种基本的方法是使用 DFS。从一个起始顶点开始，沿着一条路径一直向前走，直到无法再继续走下去为止。在这个过程中不能回头，因此，欧拉回路也被称为“一笔画问题”。但是，并不是所有 DFS 都能得到正确的结果。以图 9-11 所示的情况为例，如果从顶点 5 出发开始进行 DFS，选择的路径为 5 → 4 → 3 → 5，则此时就无法访问其他顶点了，因为 5 没有其他尚未被访问的边了。但事实上，图中还有边未被访问。最容易的补救方法是找出路径上的另外一个尚有未访问的边的顶点，开始进行另一次 DFS，将得到的遍历序列拼接到原来的序列中，直到所有边都已被访问。例如，对于图 9-11 中的无向图，当陷入 5 → 4 → 3 → 5 的僵局时，可以从 3 或 4 开始再进行 DFS。假如从 4 开始搜索，得到搜索序列 4 → 1 → 2 → 0 → 1 → 3 → 2 → 4。将此序列插入原来的序列中，得到一个新的顶点序列 5 → 4 → 1 → 2 → 0 → 1 → 3 → 2 → 4 → 3 → 5。此时，所有边都已经被访问。该序列就是图 9-11 对应的一条欧拉回路。

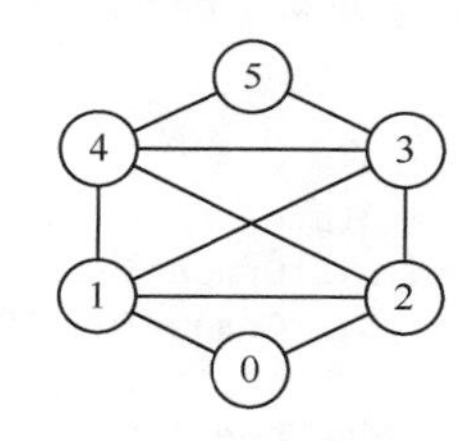

图 9-11 寻找欧拉回路的实例

欧拉回路是一段段拼接起来的，因此用单链表存储比较合适。设计一个单链表顶点类 EulerNode，用于保存顶点编号和指向下一个顶点的指针。在实现欧拉回路时，可以设计一个私有的成员函数 EulerCircuit(int start, EulerNode *&beg, EulerNode *&end) 来获得一段路径。还有一个辅助函数 clone()，用于复制一份当前图的邻接表。代码清单 9-10 给出了 EulerNode 类及两个工具函数的实现。在私有的成员函数 EulerCircuit() 中，start 是起始顶点的编号，该函数从起始顶点开始进行 DFS，直到无路可走，返回找到的路径。找到的路径被存储在一个单链表中，单链表的起始地址保存在参数 beg 中，单链表最后一个顶点的地址保存在参数 end 中。后两个参数是输出参数，采用引用传递。首先将起始顶点 start 作为路径上的第一个顶点，也是最后一个顶点，然后从 start 开始向下搜索，直到无路可走。这是由一个循环实现的，在每个循环周期中，先取出 start 的第一条边，将这条边的终点存入 nextNode，然后删除这条边。因为无向图中的边是双向的，因此需要执行两次删除，即同时删除从 start 到 nextNode 的边以及从 nextNode 到 start 的边。将 nextNode 作为下一个起始顶点，并将它链入欧拉路径。从循环中退出，表示已找到了路径的尽头，函数结束运行。

欧拉回路的实现

代码清单 9-10 单链表顶点类 EulerNode 及两个工具函数的实现

```
struct EulerNode {
  int NodeNum;
  EulerNode *next;
  EulerNode(int ver) {
    NodeNum = ver;
    next = nullptr;
  }
};

template <class TypeOfVer, class TypeOfEdge>
void adjListGraph<TypeOfVer, TypeOfEdge>::EulerCircuit(
      int start, EulerNode *&beg, EulerNode *&end) {
  int nextNode;
  beg = end = new EulerNode(start);  // 将起始顶点放入欧拉回路
  while (verList[start].head != nullptr) {  // start顶点尚有边未被访问
    nextNode = verList[start].head->end;
    remove(start, nextNode);
    remove(nextNode, start);
    start = nextNode;
    end->next = new EulerNode(start);
    end = end->next;
  }
}

template <class TypeOfVer, class TypeOfEdge>
adjListGraph<TypeOfVer, TypeOfEdge>::verNode *
adjListGraph<TypeOfVer, TypeOfEdge>::clone() const {
  verNode *tmp = new verNode[this->Vers];
  edgeNode *p;

  for (int i = 0; i < this->Vers; ++i) {  // 复制每个顶点在邻接表中的信息
    tmp[i].ver = verList[i].ver;          // 复制下标为i的顶点
    p = verList[i].head;
    while (p != nullptr) {  // 复制下标为i的顶点对应的边的信息
      tmp[i].head = new edgeNode(p->end, p->weight, tmp[i].head);
      p = p->next;
    }
  }
  return tmp;
}
```

公有的 EulerCircuit(TypeOfVer start) 函数调用私有的 EulerCircuit() 函数来获得一段段的路径，并将它们拼接起来，形成一条完整的欧拉回路。代码清单 9-11 给出了公有的欧拉回路函数 EulerCircuit() 的实现。先根据欧拉定理判断是否存在欧拉回路，如果存在，就从 start 顶点开始查找。首先调用私有的 EulerCircuit() 函数找到一段路径，并将它存储在以 beg 开始，到 end 结束的单链表中。然后用一个 while 循环检查路径中是否有尚有边没有访问的顶点，并从这个顶点开始寻找一条路径，将此路径拼接到原来的路径上。重复这个步骤，直到所有边都被访问。由于在路径寻找过程中，每条边只能经过一次，因此每经过一条边就需要把这条边删除，以免重复经过。为了在寻找完欧拉路径后恢复原图，利用 clone() 函数创建一份当前图的邻接表的备份 tmp。while 循环体依次检查顶点对应的单链表，当发现某个顶点尚有未被访问的边时，跳出循环，从此顶点开始调用私有的 EulerCircuit() 寻找一段新的路径，然后将这段路径插入原来的路径中。重复这个步骤，直到图中所有边都被访问。while 循环退出时，表示所有边都已被访问，欧拉回路已经找到。于是，释放 verList 的空间，将 tmp 重新存回 verList，恢复当前图的邻接表。最后显示找到的欧拉回路，并释放存储欧拉回路占用的空间。

代码清单 9-11 公有的欧拉回路函数 EulerCircuit() 的实现

```
template <class TypeOfVer, class TypeOfEdge>
void adjListGraph<TypeOfVer, TypeOfEdge>::EulerCircuit(
    TypeOfVer start) {
  // beg和end分别为欧拉回路的起点和终点
  EulerNode *beg, *end, *p, *q, *tb, *te;
  int numOfDegree;
  edgeNode *r;
  verNode *tmp;

  // 检查是否存在欧拉回路
  if (Edges == 0) {
    cout << "不存在欧拉回路" << endl;
    return;
  }
  for (int i = 0; i < this->Vers; ++i) {
    numOfDegree = 0;
    r = verList[i].head;
    while (r != 0) {
      ++numOfDegree;
      r = r->next;
    }

    if (numOfDegree % 2) {
      cout << "不存在欧拉回路" << endl;
      return;
    }
  }

  // 寻找起始顶点的编号
  int i = find(start);

  tmp = clone();  // 创建一份邻接表的备份

  // 寻找从i出发的路径，路径的起点和终点地址分别是beg和end
  EulerCircuit(i, beg, end);

  while (true) {
    p = beg;
    while (p->next != nullptr)  // 检查p的后继顶点是否有边尚未被访问
      if (verList[p->next->NodeNum].head != nullptr)
        break;
      else
        p = p->next;
    if (p->next == nullptr) break;        // 所有边都已被访问
    q = p->next;                          // 尚有未被访问边的顶点
    EulerCircuit(q->NodeNum, tb, te);  // 从此顶点开始寻找一段路径
    te->next = q->next;  // 将搜索到的路径拼接到原来的路径上
    p->next = tb;
    delete q;
  }

  // 恢复原图
```

```
    delete[] verList;
    verList = tmp;

    // 显示得到的欧拉回路
    cout << "欧拉回路是：" << endl;
    while (beg != nullptr) {
        cout << verList[beg->NodeNum].ver << '\t';
        p = beg;
        beg = beg->next;
        delete p;
    }
    cout << endl;
}
```

一个与欧拉回路非常类似的问题是在无向图中寻找一个简单的回路，该回路通过图的每一个顶点一次，且仅通过一次。这个问题称为“哈密尔顿回路问题”。对于哈密尔顿回路问题，目前还没有找到一个充分必要的条件。

9.5.3 拓扑排序

拓扑排序是数据结构中的常用概念。拓扑排序可以帮助确定一组活动的先后顺序，可以将这些活动看作图的顶点，而这些活动的先后关系可以用边来表示。有向图特别适合用于描述活动之间的关系，这样的有向图被称为*顶点活动网*（Activity On Vertax Network，AOV网）。对于一个AOV网，拓扑排序按照活动发生的先后次序将活动排成一个序列，也就是把有向无环图中的顶点按照一定的规则进行排序。这个规则如下：如果存在一条从顶点u到顶点v的路径，那么在拓扑排序中，顶点v必须出现在顶点u之后。

例如，假设想要安排大学课程的顺序，其中每门课程都有一些先导课程，可以用图来表示这些课程之间的关系。例如，有以下几门课程：数学、离散数学、程序设计、数据结构、编译原理、数据库和软件工程。根据先导课程的关系，可以得到一个表示课程之间关系的图，如图9-12所示。在这个图中，边<u, v>表示学习v课程需要先完成u课程。例如，要学习数据结构，必须已经学完离散数学和程序设计。其他课程之间也有类似的关系。那么，如何安排这些课程的顺序呢？对图进行拓扑排序就可以得到一个合理的课程安排次序：先学习数学，然后学习离散数学和程序设计，接着学习数据结构，再依次学习编译原理、数据库及软件工程。这个课程安排的拓扑序列就是1—2—3—5—7—6—4。这个序列遵循拓扑排序的规则，也是一个合理的课程学习顺序。

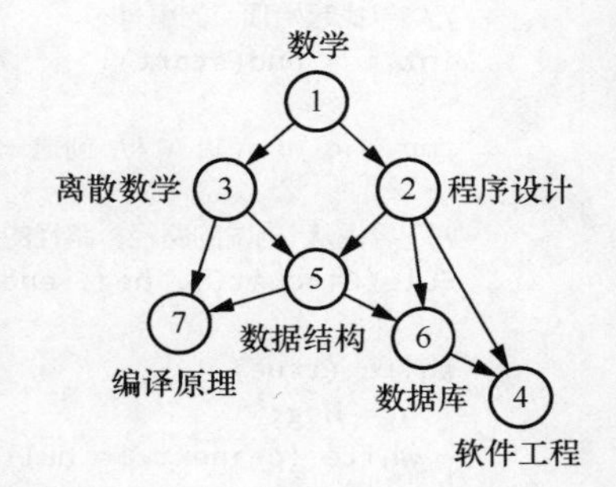

图9-12 拓扑排序举例

想要对一个图进行拓扑排序，该图必须是有向无环图，也就是说没有回路。如果图中存在回路，那么就无法进行拓扑排序。这是因为，如果两个顶点v和w在同一个回路上，那么u到v和v到u之间都会存在路径。这样一来，无论选择怎样的排序方式，都会与拓扑排序的定义相矛盾。注意，一个图可能有多种拓扑排序的序列。

实现拓扑排序可以借鉴 BFS 的思想。但和普通的 BFS 有所不同，拓扑排序只有在所有能够到达某个顶点的其他顶点都被访问之后，才能访问该顶点。为了实现拓扑排序，需要使用一个队列来存储可以被访问的顶点，具体步骤如算法清单 9-3 所示。

算法清单 9-3 拓扑排序

```
def topSort(顶点集V, 边集E):
  队列queue初始化为空;
  计算每个顶点的入度;
  for (v in V):
    if (v入度为0且未访问):
      queue.enQueue(v);
    while (queue 非空):
      v = queue.pop();
      for (<v,u> in E):
        u的入度减1;
        if (u的入度为0):
            queue.enQueue(u);
```

根据上述思想即可实现拓扑排序算法，如代码清单 9-12 所示。首先创建一个队列 q 存储入度为 0 的顶点，然后创建一个数组 inDegree 记录每个顶点的入度，接下来遍历图中的每个顶点，计算每个顶点的入度。做好准备之后，从队列 q 中取出一个顶点，输出它的值，并遍历该顶点的所有出边。对于每个出边，将边的终点顶点的入度减 1，如果该顶点减 1 之后入度变为 0，则将该顶点加入队列 q。当队列 q 为空时，拓扑排序完成。

代码清单 9-12 拓扑排序算法的实现

```
template <class TypeOfVer, class TypeOfEdge>
void adjListGraph<TypeOfVer, TypeOfEdge>::topSort() const {
  linkQueue<int> q;
  edgeNode *p;
  int current;
  int *inDegree = new int[this->Vers];

  for (int i = 0; i < this->Vers; ++i) { inDegree[i] = 0; }

  for (int i = 0; i < this->Vers; ++i) {  // 计算每个顶点的入度
    for (p = verList[i].head; p != nullptr; p = p->next)
      ++inDegree[p->end];
  }

  for (int i = 0; i < this->Vers; ++i)  // 将入度为0的顶点入队
    if (inDegree[i] == 0) q.enQueue(i);

  cout << "拓扑排序为: " << endl;
  while (!q.isEmpty()) {
    current = q.deQueue();
    cout << verList[current].ver << '\t';
    for (p = verList[current].head; p != nullptr; p = p->next)
      if (--inDegree[p->end] == 0) q.enQueue(p->end);
  }
  cout << endl;
}
```

如果图以邻接表表示，在上述算法中，计算入度的时间复杂度为 $O(|V|+|E|)$，搜索入度为 0

的顶点的时间复杂度为 $O(|V|)$。每个顶点会入一次队并出一次队，每次出队需要检查它的所有后继顶点，因此总的时间复杂度为 $O(|V|+|E|)$。

9.5.4　关键路径

关键路径的问题描述

活动顺序网（Activity On Edge Network，AOE 网）是一种与 AOV 网相对应的网络结构。它也是有向无环图，但不同的是，AOE 网的活动定义在有向边上，而不在顶点上。顶点表示事件，有向边的权值表示某个活动的持续时间，有向边的方向表示事件发生的先后次序。

以做家务为例，包括以下几个活动：浸泡衣服、手洗衣服、机洗衣服、洗碗、打扫厨房、烘干衣服、叠衣服、拖地，可以用图 9-13 所示的 AOE 网来描述这些活动之间的关系和先后次序。

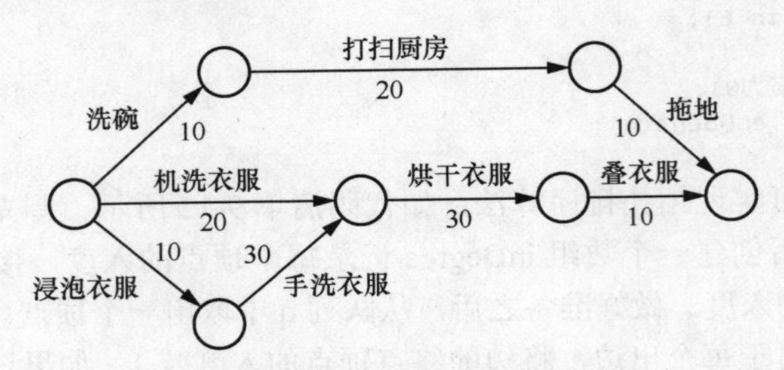

图 9-13　家务活动的 AOE 网

在 AOE 网中，需要解决以下两个主要问题。

（1）完成所有工作至少需要多少时间？这个问题的答案可以通过计算从源点（起点）到收点（终点）的最长路径得出。最长路径上的所有活动完成时，其他路径上的所有活动或者已经完成，或者同时完成。这条最长路径被称为“关键路径”。关键路径的长度就是完成所有工作所需要的最短时间。

（2）哪些活动是影响进度的关键？关键路径上的活动被称为“关键活动”。推迟关键活动的开始时间将影响整个项目的进度。因此，控制进度的关键在于找出关键路径，并确保关键活动按时开始。

关键路径的算法思想

以家务活动为例，浸泡衣服、手洗衣服、烘干衣服和叠衣服是项目的关键活动，并且它们分别需要花费 10 分钟、30 分钟、30 分钟和 10 分钟的时间完成，那么完成整个项目至少需要的时间就是最长路径的长度，即 80 分钟。在完成关键活动的过程中，可以同步完成其他活动。例如，在浸泡和手洗衣服的过程中，可以同步机洗衣服。

图 9-14 展示了一个有 6 个事件和 7 个活动的 AOE 网，下面以此为例来分析关键路径的查找。找出关键路径的关键是找出每个顶点的最早发生时间和最迟发生时间，这两个时间相等的顶点就是关键路径上的顶点。最早发生时间是指从该顶点出发的活动能够开始的最早时间，它的计算比较简单，每个直接前驱的最早发生时间加上从该前驱到该顶点的活动时间，最大者就是该顶点的最早发生时间。在图 9-14 中，顶点 v_1 的最早发生时间是 0，v_2 和 v_3 都只有一个前驱 v_1，可以直接写出它们的最

早发生时间是 2 和 3，顶点 v_4 的前驱有两个，计算可得 v_4 的最早发生时间为 MAX(2+4, 3+2)=6。同理，可以计算出 v_5、v_6 的最早发生时间分别是 6 和 8。

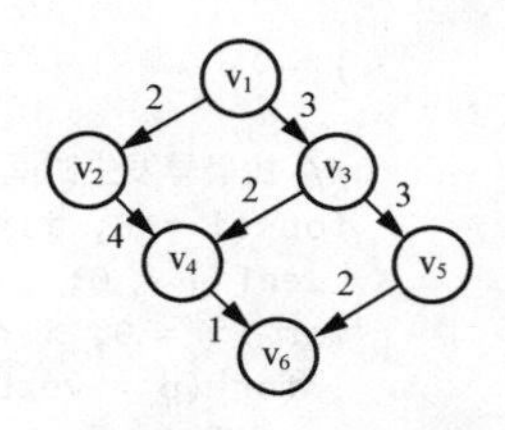

图 9-14 AOE 网的实例

最迟发生时间是指在不影响关键路径长度的情况下，该事件相关活动的最晚开始时间。首先计算每个直接后继的最迟发生时间，减去顶点到该直接后继的活动时间，其中的最小者就是该顶点的最迟发生时间。开始时，所有顶点的最迟发生时间都被设置成关键路径的长度，按照拓扑排序的逆序访问并计算每个顶点的最迟发生时间。在图 9-14 中，v_6 的最迟发生时间为 8，可以倒推出 v_4、v_5 的最迟发生时间为 7、6，再倒推出 v_3 的最迟发生时间为 MIN(7−2, 6−3) = 3，v_2 的最迟发生时间为 3，v_1 的最迟发生时间为 MIN(3−2, 3−3) = 0。对比每个顶点的最早发生时间和最迟发生时间，可以得到图 9-14 的关键路径为 v_1–v_3–v_5–v_6。

综上所述，找出关键路径先要找出拓扑序列，从头到尾遍历拓扑序列可以得出最早发生时间，然后从尾到头遍历拓扑序列可以得到最迟发生时间，最后再从头到尾遍历拓扑序列找出最早发生时间和最迟发生时间相等的顶点，组成关键路径。

代码清单 9-13 展示了关键路径的实现代码，其中利用了动态规划的思想，11.5 节将详细介绍这一算法设计思想。首先找出图的拓扑序列，然后计算每个顶点的最早发生时间和最迟发生时间，遍历拓扑序列更新每个顶点后继顶点的最早发生时间，逆向遍历拓扑序列更新当前顶点的最迟发生时间。最后遍历拓扑序列，最早发生时间等于最迟发生时间的顶点即组成关键路径。

代码清单 9-13 关键路径的实现

```
template <class TypeOfVer, class TypeOfEdge>
void adjListGraph<TypeOfVer, TypeOfEdge>::criticalPath() const {
  TypeOfEdge *ee = new TypeOfEdge[this->Vers], *le = new TypeOfEdge[this->Vers];
  // top保存拓扑序列
  int *top = new int[this->Vers], *inDegree = new int[this->Vers];
  linkQueue<int> q;
  int i;
  edgeNode *p;

  // 找出拓扑序列，放入数组top
  for (i = 0; i < this->Vers; ++i) {  // 计算每个顶点的入度
    inDegree[i] = 0;
  }
  for (i = 0; i < this->Vers; ++i) {
    for (p = verList[i].head; p != nullptr; p = p->next)
      ++inDegree[p->end];
  }

  for (i = 0; i < this->Vers; ++i)  // 将入度为0的顶点入队
    if (inDegree[i] == 0) q.enQueue(i);

  i = 0;
  while (!q.isEmpty()) {
    top[i] = q.deQueue();
    for (p = verList[top[i]].head; p != nullptr; p = p->next)
      if (--inDegree[p->end] == 0)
        q.enQueue(p->end);
    ++i;
```

```
    }

    // 找最早发生时间
    for (i = 0; i < this->Vers; ++i)
      ee[i] = 0;
    for (i = 0; i < this->Vers; ++i) {  // 找出最早发生时间并保存于数组ee中
      for (p = verList[top[i]].head; p != nullptr; p = p->next)
        if (ee[p->end] < ee[top[i]] + p->weight)
          ee[p->end] = ee[top[i]] + p->weight;
    }

    // 找最迟发生时间
    for (i = 0; i < this->Vers; ++i)
      le[i] = ee[this->Vers - 1];
    for (i = this->Vers - 1; i >= 0; --i)  // 找出最迟发生时间并保存于数组le中
      for (p = verList[top[i]].head; p != nullptr; p = p->next)
        if (le[p->end] - p->weight < le[top[i]])
          le[top[i]] = le[p->end] - p->weight;
    cout << "当前图的关键路径是：";
    for (i = 0; i < this->Vers; ++i)  // 找出关键路径
      if (le[top[i]] == ee[top[i]])
        cout << "(" << verList[top[i]].ver << ", " << ee[top[i]] << ")  ";
}
```

9.6　大型应用实现：列车运行图类（2）

第 5 章中已经引入了列车运行图类 RailwayGraph，使用并查集实现了站点可达性查询功能。学习图的概念与相关算法之后，本章将继续完善列车运行图类的功能。重温第 5 章的内容可知，旅客希望从列车运行图上得到以下问题的回答。

（1）两个站点之间是否可达？

（2）两个站点之间有哪些路线可走，分别途经哪些站点？

（3）是否可以按照个人购票偏好（如历时最短、票价最低）筛选出最优路线与车次？

其中，第二个问题可以使用本章所介绍的图的遍历算法进行解答。

首先是图的存储，需要确定顶点与边权分别代表的信息。可以很自然地想到，顶点是列车运行图中的一个个站点，将站点编号作为顶点数据；如果两个站点间有边，说明两个站点是可以直达的，边权信息是两站间的历时和票价。列车运行图是一个稀疏图，因此采用邻接表存储。

顶点信息的数据结构设计中，站点编号 stationID 从 0 开始连续编号，和图中顶点数组的下标一一对应，因此可以将 verNode 中的 ver 成员省略，只保存从每个站点出发的单链表的头结点指针。这样一来，原来的 verNode 类型的数组 verList 可以简写成一个 edgeNode 的指针数组。相应地，adjListGraph 类的 TypeOfVer 模板参数、verNode 的辅助结构体定义、int find(TypeOfVer v) 成员函数也可以省略。简化版 adjListGraph 类的定义如代码清单 9-14 所示。

代码清单 9-14　简化版 adjListGraph 类的定义

```
template <class edgeType>
class adjListGraph : public graph<edgeType> {
 public:
  adjListGraph(int vers);
  void insert(int u, int v, const edgeType &w);
  void remove(int u, int v);
  bool exist(int u, int v) const;
  ~adjListGraph();

  struct edgeNode {
    int end;
    edgeType weight;
    edgeNode *next;

    edgeNode(int e, const edgeType &w, edgeNode *n = nullptr)
        : end(e), weight(w), next(n) {}
  };

  edgeNode **verList;
};
```

简化版 adjListGraph 类的其余实现与 9.3.2 节一致，读者可以自行阅读电子资料仓库中的 trainsys/DataStructure/Graph.h 文件及对应的 .cpp 文件。

边权信息的数据结构设计如代码清单 9-15 所示。火车票管理系统通过历时和票价这两个信息来衡量站点之间的“距离”，为此引入一个 RouteSectionInfo 结构体作为邻接表中边的类型。它记载了历时和票价这两个信息，还记载了担当该区间段的车次号、该区间段的抵达站。

代码清单 9-15　RouteSectionInfo 结构体的定义

```
struct RouteSectionInfo {
  TrainID trainID;
  StationID arrivalStation;
  int price;
  int duration;
};
```

有了邻接表，途经站点查询功能就可以采用本章所介绍的图的 DFS 算法实现。先将 RailwayGraph 类的定义进行扩展，并给出构造函数与析构函数的实现，如代码清单 9-16 所示。

代码清单 9-16　RailwayGraph 类的扩展定义，以及构造函数和析构函数的实现

```
class RailwayGraph {
 private:
  using GraphType = adjListGraph<RouteSectionInfo>;
  GraphType routeGraph;
  DisjointSet stationSet;

 public:
  RailwayGraph();
  ~RailwayGraph();
  void connectStation(StationID departureStationID, StationID arrivalStationID);
  bool checkStationAccessibility(StationID departureStationID, StationID arrivalStationID);
  void addRoute(StationID departureStationID, StationID arrivalStationID, int duration,
      int price,TrainID trainID);
```

```
  void displayRoute(StationID departureStationID, StationID arrivalStationID);
  void shortestPath(StationID departureStationID, StationID arrivalStationID, int type);

 private:
  void routeDfs(int curIdx, int arrivalIdx, seqList<StationID> &prevStations, bool *visited);
};
RailwayGraph::RailwayGraph()
    : routeGraph(MAX_STATIONID), stationSet(MAX_STATIONID) {}

RailwayGraph::~RailwayGraph() { }
```

RailwayGraph 类的数据成员除了包括第 5 章中 stationSet 站点并查集的数据成员，还新增了一个用邻接表存储的线路图 routeGraph。在功能函数方面，新增了 addRoute() 函数与 displayRoute() 函数来实现途经站点查询功能。addRoute() 函数负责向线路图的邻接表添加一条边。addRoute() 函数的实现如代码清单 9-17 所示，它接受的参数包括新增边的两个顶点的 StationID，以及该边存储的边权信息：历时、票价、车次号。该函数将这些信息填入 RouteSectionInfo，再调用邻接表的 insert() 函数。此外，第 5 章中用于并查集合并的 connectStation() 函数应该作为 addRoute() 的一个子函数被调用。

代码清单 9-17　RailwayGraph 类的 addRoute() 函数的实现

```
void RailwayGraph::addRoute(StationID departureStationID, StationID arrivalStationID,
    int duration, int price, TrainID trainID) {
  RouteSectionInfo section(trainID, arrivalStationID, price, duration);
  routeGraph.insert(departureStationID, arrivalStationID, section);
  connectStation(departureStationID, arrivalStationID);
}
```

displayRoute() 函数和递归辅助函数 routeDfs() 的定义与实现如代码清单 9-18 所示。displayRoute() 函数以两个站点为参数，通过 DFS 找出一条可达线路，输出该线路途经的各个站点。简单起见，displayRoute() 函数没有返回值，途经站点直接输出到 stdout 中；同时，为了降低算法的时间复杂度，规定找出一条可达线路即可。当然，DFS 算法需要依赖递归实现，因此引入递归辅助函数 routeDfs() 作为 RailwayGraph 类的私有函数。

代码清单 9-18　RailwayGraph 类的 displayRoute() 函数和 routeDfs() 函数的定义与实现

```
void RailwayGraph::displayRoute(
    StationID departureStationID, StationID arrivalStationID) {
  bool *visited = new bool[routeGraph.numOfVer()];
  seqList<StationID> prev;
  routeDfs(departureStationID, arrivalStationID, prev, visited);
  delete[] visited;
}

void RailwayGraph::routeDfs(
    int x, int t, seqList<StationID> &prev, bool *visited) {
  prev.insert(prev.length(), x);

  // 已找到一条路径，输出它
  if (x == t) {
    std::cout << "route found: ";
    for (int i = 0; i < prev.length(); ++i) {
      std::cout << prev.visit(i) << " ";
    }
```

```
        std::cout << std::endl;
        return;
    }

    visited[x] = true;
    for (GraphType::edgeNode *p = routeGraph.verList[x]; p != nullptr;
        p = p->next) {
        if (!visited[p->end]) routeDfs(p->end, t, prev, visited);
    }
}
```

RailwayGraph 类的完整代码参见电子资料仓库中的 code/RailwayGraph/RailwayGraph.h 文件及对应的 .cpp 文件。

9.7 小结

本章介绍了图的两种最常用的存储方法——邻接矩阵存储和邻接表存储，并给出了邻接矩阵类和邻接表类的基本实现。

图的一个重要操作是遍历所有顶点，遍历操作是其他图操作的基础。由于图的顶点之间的关系是多对多的，所以图的遍历比其他数据结构的遍历更复杂。本章介绍了 DFS 和 BFS 这两种遍历方法，并给出了它们在邻接表存储方式下的实现。

本章采用图的 DFS 算法，在火车票管理系统中实现了线路途经站点查询功能。

9.8 习题

（1）对于图 9-15 所示的有向图，指出：

1）每个顶点的入度和出度；

2）找出所有强连通分量；

3）画出这个图对应的邻接矩阵；

4）画出这个图对应的邻接表。

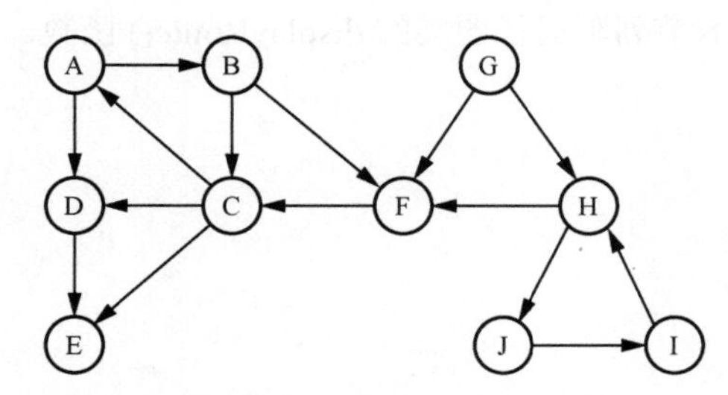

图 9-15 有向图示例

（2）请给出图 9-15 所示有向图从顶点 A 开始的 DFS 序列和 BFS 序列。假设遍历顺序都是按顶点的字母顺序进行的。

（3）图 9-15 所示有向图是否存在拓扑序列？如果存在，请写出拓扑排序序列；如果不存在，请说明原因。

（4）图 9-16 所示无向图是否存在欧拉回路？如果存在，请写出至少两条欧拉回路；如果不存在，请说明原因。

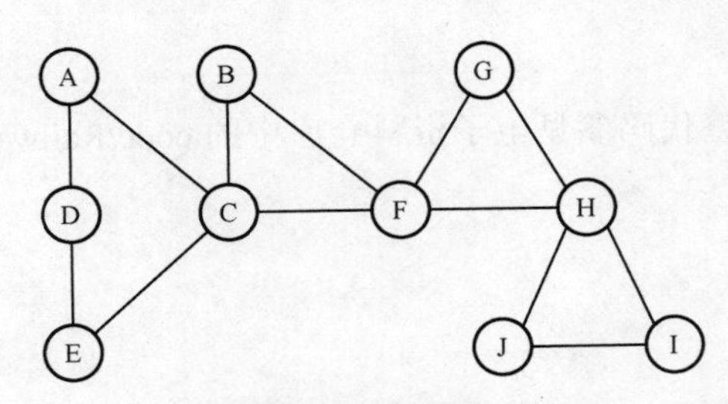

图 9-16　无向图示例

（5）某偏远地区要修一个公路网。有 a、b、c、d、e、f 这 6 个地点，计划修的路及修路所需时间为 {(a, b, 3), (a, c, 8), (b, d, 9), (b, e, 6), (c, d, 6), (c, e, 10), (d, f, 6), (e, f, 9)}。在上述 6 个地点中，除 a 之外，其余地点都与外界不连通，无法运送修路的材料。修路所需的材料需要从不同地方运过来，只有当通往该地点的路全部修好，才能备齐继续修路的材料。试计算修完这个公路网最少需要多少时间。

（6）已知有向图 $G=(V, E)$，其中 $V=\{v_1,v_2,v_3,v_4,v_5,v_6,v_7\}$，$E=\{<v_1,v_2,7>,<v_1,v_3,1>,<v_1,v_4,5>,<v_2,v_5,10>,<v_3,v_4,6>,<v_3,v_5,3>,<v_3,v_6,2>,<v_4,v_6,4>,<v_5,v_7,8>,<v_6,v_7,9>\}$。请找出图 G 的关键路径。

（7）请思考如何在外存中存储邻接矩阵与邻接表。

（8）在 adjListGraph 类中设计一个函数，不采用队列实现拓扑排序。试计算算法的时间复杂度。

（9）修改本章中寻找关键路径的函数，使之能输出每个活动的最早发生时间和最迟发生时间。

（10）在邻接表中查找某个结点的后继结点只需要遍历该结点的单链表，但查找某个结点的前驱必须遍历所有单链表。如果经常需要查找结点的前驱，则可以采用逆邻接表。在逆邻接表中，结点的单链表中存储的是进入该结点的边。试实现基于逆邻接表的图类。

（11）使用 BFS 实现 9.6 节列车运行图类的 displayRoute() 函数。

第10章 最小生成树与最短路径

第9章介绍了图的基本概念、基本操作和基本应用，本章将继续介绍图的两个应用：最小生成树与最短路径，它们都用于解决图形结构的基本问题，在现实场景中应用非常广泛。

10.1 问题引入

在火车票管理系统中，旅客在购票前需要寻找最优的路线，即历时最短或票价最低的路线。这就需要一个能在列车运行图上找出两点间最短路径的算法。

在铁路网建设的初期，需要规划城市间的铁路网，以最低的投入连通所有城市，这是一个最小生成树求解问题。

本章将介绍最小生成树与最短路径，并在火车票管理系统中使用最短路径算法实现列车运行图类的最优路线查询功能。

10.2 最小生成树

本节将介绍最小生成树的定义和最小生成树的两种生成算法：克鲁斯卡尔算法（Kruskal's Algorithm）和普里姆算法（Prim's Algorithm）。

10.2.1 最小生成树的定义

生成树是无向连通图的一个连通子图，它包括图中的所有顶点，并选择部分边以构成一棵树。可以使用DFS或BFS得到一个连通图的生成树，生成过程中需要保证子图的连通性和无环性。注意，生成树不止一种，使用不同的搜索方法和采用不同的起始顶点会得到不同的生成树。

加入权值后的图通常被称为网络。权值可以表示一些代价，如两个顶点之间的距离或者从一个顶点到另一个顶点所需的时间等。在加权无向连通图中，有很多不同的生成树，其中所有权值之和最小的生成树被称为最小生成树。例如，图 10-1（b）就是图 10-1（a）所示无向加权图的最小生成树。

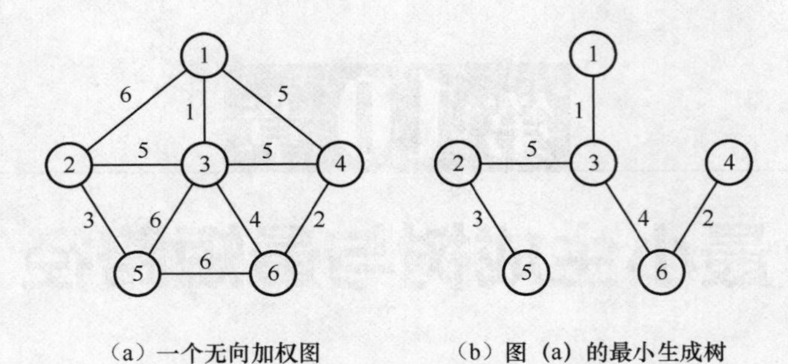

（a）一个无向加权图　　（b）图（a）的最小生成树

图 10-1　无向加权图及其最小生成树的实例

最小生成树包括 n 个顶点，而且是一棵树，因此应该包含 $n-1$ 条边。如何选择这 $n-1$ 条边，使权值之和最小？常用的方法有两种，分别是克鲁斯卡尔算法和普里姆算法。

10.2.2　克鲁斯卡尔算法

克鲁斯卡尔算法（Kruskal's Algorithm）从边的角度考虑最小生成树。一开始，有一个只包含 n 个顶点、没有边的子图 F。然后逐步将边加入该子图中，每加入一条边，就会连接两个原本不连通的顶点。一旦加入了 $n-1$ 条边，所有顶点都被连接起来，就得到了一棵生成树。每次选择边时，总是选择权值最小的边，这样可以得到最小生成树。算法清单 10-1 给出了克鲁斯卡尔算法的详细过程，最终 F 所存储的边就是最小生成树中的边。

算法清单 10-1　克鲁斯卡尔算法

```
def Kruskal(顶点集V, 边集E):
   F设为空边集;
   for (v in V):
      创建只有一个顶点v的树T[v];

   for 边<u, v, w> in E, 按w从小到大的顺序:
      if (u和v不属于同一棵树):
         将边<u, v>加入F中;
         合并u和v所在的树;
         if (|F| == |V|-1) break;
```

对于图 10-1（a）所示无向加权图，采用克鲁斯卡尔算法，可以通过图 10-2 所示的步骤得到最小生成树。首先，顶点 1 ～ 6 分别作为一棵树，所有边按照权值从小到大处理。首先处理最短的边 (1, 3, 1)，两个顶点目前不连通，因此选取这条边，用该边将顶点 1 和 3 所在的树合并。同理，(4, 6, 2)、(2, 5, 3)、(3, 6, 4) 也被选取（对应图 10-2 中的第三步～第五步）。下一个要处理的是边 (1, 4, 5)，因为 1 和 4 已经在一棵树中，因此不选取这条边。继续处理下一条边 (2, 3, 5)，顶点 2、3 目前不连通，因此选取该边。至此，所有顶点都已连通，选取的边数为 5，构建过程提前结束，不再需要处理后续的边。

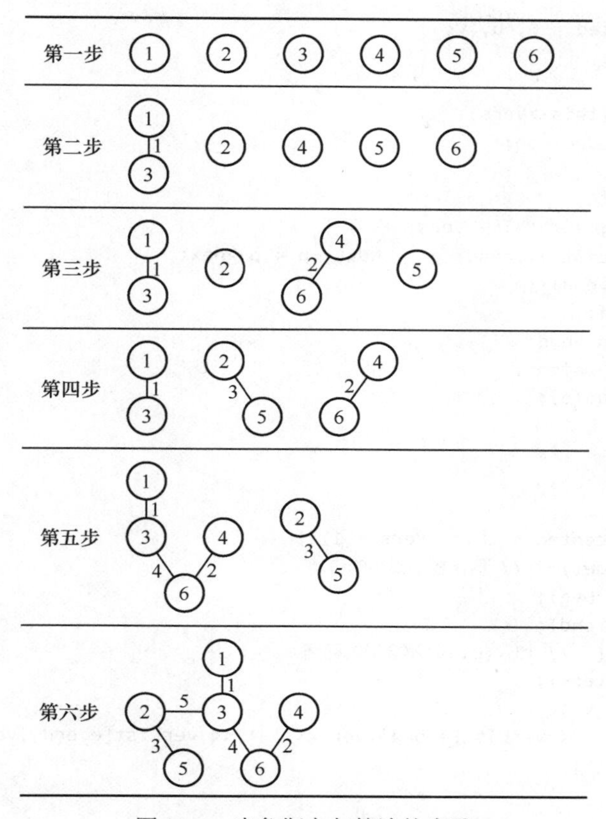

图 10-2　克鲁斯卡尔算法的步骤

分析算法清单 10-1，主要有两个需要解决的细节问题。第一，判断顶点 u 和 v 是否在同一棵树中。这个问题可以用第 5 章的并查集来解决，每一棵树被记作一个不相交集合。第二，如何将图中的边按权值进行排序。排序的方法有很多，这里可以采用优先级队列的方法实现，权值越小则优先级越高。代码清单 10-1 在 adjListGraph 类中实现了克鲁斯卡尔算法。首先，结构体 edge 保存边的信息，包括起点、终点和边的权值。由于优先级队列必须比较权值的大小，为此，edge 类型重载了小于运算符。kruskal() 函数的主要思路遵照算法清单 10-1。首先，利用第 4 章的优先级队列，将所有边都入队（注意，由于是无向图，需要加入语句 if(i < p->end) 来保证每条边 (u, v, w) 只入队一次）。紧接着的 while 循环开始将边依次出队，判断是否需要选取该边并归并 u 和 v 所在的树。

代码清单 10-1　克鲁斯卡尔算法的实现

```
struct edge {
  int beg, end;
  TypeOfEdge w;
  bool operator<(const edge &rp) const { return w < rp.w; }
};

template <class TypeOfVer, class TypeOfEdge>
void adjListGraph<TypeOfVer, TypeOfEdge>::kruskal() const {
```

```
    int edgesAccepted = 0, u, v;
    edgeNode *p;
    edge e;
    disjointSet ds(this->Vers);
    priorityQueue<edge> pq;

    // 生成优先级队列
    for (int i = 0; i < this->Vers; ++i) {
      for (p = verList[i].head; p != NULL; p = p->next)
        if (i < p->end) {
          e.beg = i;
          e.end = p->end;
          e.w = p->weight;
          pq.enQueue(e);
        }
    }

    // 开始归并
    while (edgesAccepted < this->Vers - 1) {
      e = pq.deQueue();  // 取出权值最小的边
      u = ds.find(e.beg);
      v = ds.find(e.end);
      if (u != v) {  // 加入(u, v)不会形成回路
        edgesAccepted++;
        ds.join(u, v);
        cout << '(' << verList[e.beg].ver << ',' << verList[e.end].ver
            << ")\t";
      }
    }
}
```

假设有一个无向图，其中有 $|V|$ 个顶点和 $|E|$ 条边。在生成优先级队列的 for 循环中，需要将所有边都入队。由于图中总共有 $|E|$ 条边，所以需要执行 $|E|$ 次入队操作。在最坏的情况下，每次入队操作的时间复杂度是对数级的。因此，生成优先级队列所需的时间是 $O(|E|\log|E|)$。接下来，在最坏的情况下，归并循环需要检查所有边。对于每条边，最多需要执行两次 find() 操作和一次 join() 操作。在最坏的情况下，find() 操作的时间复杂度是对数级的，而 join() 操作的时间复杂度是常量级的，因此归并循环的时间复杂度是 $O(|E|\log|V|)$。根据连通图的性质，一般情况下边的个数会多于顶点的个数。因此，克鲁斯卡尔算法的时间复杂度可以表示为 $O(|E|\log|E|)$。这意味着克鲁斯卡尔算法适用于稀疏图。

10.2.3　普里姆算法

普里姆算法（Prim's Algorithm）从一个顶点开始，逐步构建生成树。初始时，生成树中没有任何顶点，然后按照一定的加入规则，逐个将顶点加入生成树，直到所有顶点都被加入，生成树就形成了。这个加入规则就是将每个顶点加入生成树时，保持整棵树的权值最小。

普里姆算法的思想

算法清单 10-2 给出了普里姆算法的详细过程，最终 F 所存储的边就是最小生成树中的边。

算法清单 10-2　普里姆算法

```
def Prim(顶点集V, 边集E):
  U = 任选一个顶点v, 初始化为{v};
  F = 空边集;
  for (|U| < |V|):
    选择两个端点分别位于U和V-U中的权值最小的边(u,v);
    将(u,v)加入F;
    v加入U中;
```

根据算法清单 10-2 找出图 10-1（b）所示的最小生成树，步骤如图 10-3 所示。首先，假设初始选择的顶点是 2，可供选择的边有 (2, 1, 6)、(2, 3, 5) 和 (2, 5, 3)。在 3 条边中选择边权更小的 (2, 5, 3) 加入生成树，并把顶点 5 加入集合 U。接下来，更新可供选择的边集，在 (2, 3, 5)、(5, 3, 6) 和 (5, 6, 6) 中选择边权最小的 (2, 3, 5)，将其加入最小生成树，并把顶点 3 加入集合 U。重复这个过程，直到所有顶点都被加入 U。

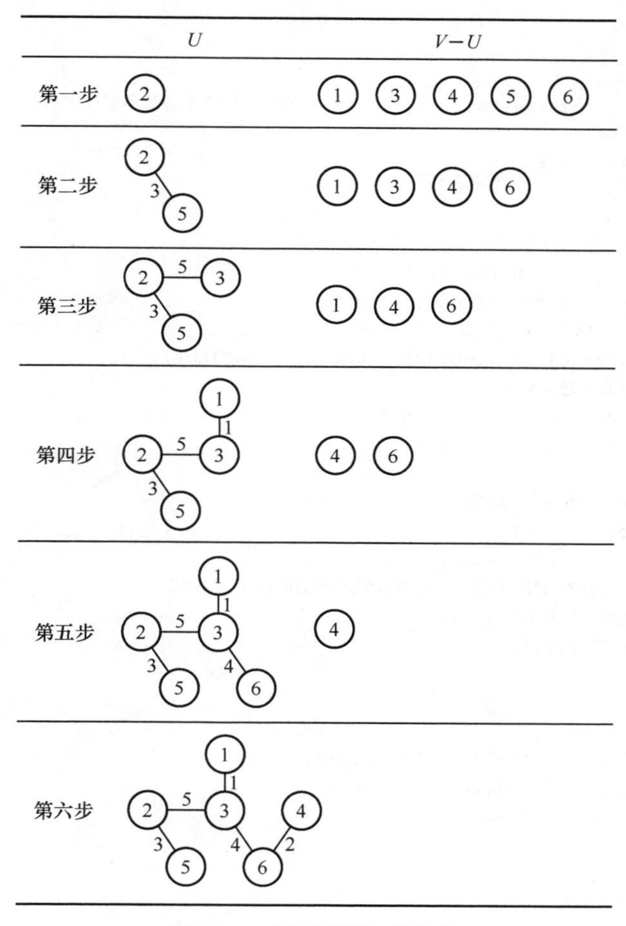

图 10-3　普里姆算法的步骤

普里姆算法的实现如代码清单 10-2 所示。在实现过程中，最复杂的是需要查找不在 U 中的顶点到 U 中顶点的边的最小权值并保存下来。在代码中，利用 flag 数组保存当前顶点是否

在 U 中，利用 lowCost 数组保存不在 U 中的顶点到 U 中顶点的边的最小权值，利用 startNode 保存当前顶点到 U 中最短边的起点。当 U 中添加顶点 v 时，只有和 v 相连的顶点到集合 U 中顶点的最小距离（即 lowCost 数组保存的值）有可能发生改变，因此只需要遍历所有边 (v, i, w)，并将与 lowCost[i] 进行对比，将较小的值保存即可。当选择边时，遍历 lowCost 数组，选择最小的下标 i，作为新加入 U 的那个顶点。

代码清单 10-2　普里姆算法的实现

```
template <class TypeOfVer, class TypeOfEdge>
void adjListGraph<TypeOfVer, TypeOfEdge>::prim(
    TypeOfEdge noEdge) const {
  bool *flag = new bool[this->Vers];
  TypeOfEdge *lowCost = new TypeOfEdge[this->Vers];
  int *startNode = new int[this->Vers];

  edgeNode *p;
  TypeOfEdge min;
  int start, i, j;

  for (i = 0; i < this->Vers; ++i) {  // 初始化，所有顶点都不在生成树中
    flag[i] = false;
    lowCost[i] = noEdge;
  }

  start = 0;  // 将0作为第一个加入生成树的顶点
  for (i = 1; i < this->Vers; ++i) {
    for (p = verList[start].head; p != NULL;
         p = p->next)  // 检查start的边
      if (!flag[p->end] && lowCost[p->end] > p->weight) {
        // 更新距离信息
        lowCost[p->end] = p->weight;
        startNode[p->end] = start;
      }
    flag[start] = true;  // 将start标记为已在U中
    min = noEdge;
    for (j = 0; j < this->Vers; ++j) {
      // 寻找U到V-U的权值最小的边，把权值最小的边的终点加入U中
      if (lowCost[j] < min) {
        min = lowCost[j];
        start = j;
      }
    }
    cout << '(' << verList[startNode[start]].ver << ','
         << verList[start].ver << ")\t";
    lowCost[start] = noEdge;
  }
  delete[] flag;
  delete[] startNode;
  delete[] lowCost;
}
```

普里姆算法的时间复杂度是 $O(|V|^2)$。因为函数的主体是一个嵌套循环，外层循环执行 $|V|$ 次，内层循环也执行 $|V|$ 次。因此，普里姆算法适用于稠密图。

10.3 单源最短路径

本节将讨论非加权图和加权图的单源最短路径，以及带有负权值图和无环图两类特殊图的单源最短路径。

10.3.1 非加权图的单源最短路径

单源最短路径定义如下：给出一个图和图上的一个顶点 s，找出 s 到图中每一顶点的最短路径。在非加权图中，每条边的权值都一样，因此只要用 BFS 算法逐层访问图中的顶点，就可以标记出每一个顶点到起点的距离。例如，对于图 10-4（a）所示的图，可以通过图 10-4（b）到图 10-4（c）所示的过程标记其他顶点到顶点 v_2 的距离。可以用一个数组 dist 保存 v_2 到各个点的距离，距离的初始值都被设为无穷大。首先，将顶点 v_2 所在 dist 数组的位置设为 0。按照 BFS 的顺序，第一轮循环访问与 v_2 相连的 v_1 和 v_3，由于它们到 v2 的距离在 dist 数组中仍然是无穷大，说明还没有被访问，因此可以修改它们的距离为 1。第二轮循环访问与 dist 为 1 的顶点相连且没有被访问过的顶点，也就是 v_4，标记上 dist=2。至此，所有顶点都被访问了，距离也都标记完毕。

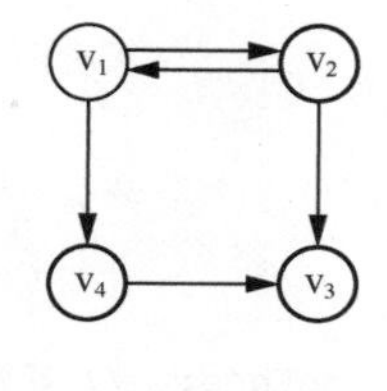

v	v_1	v_2	v_3	v_4
dist	∞	0	∞	∞

（a）初始状态

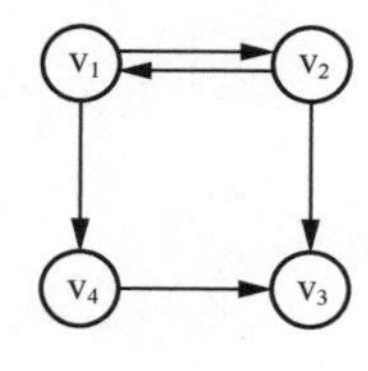

v	v_1	v_2	v_3	v_4
dist	1	0	1	∞

（b）第一轮循环

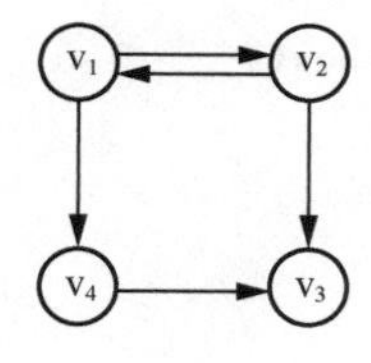

v	v_1	v_2	v_3	v_4
dist	1	0	1	2

（c）第二轮循环

图 10-4 非加权图的单源最短路径实例

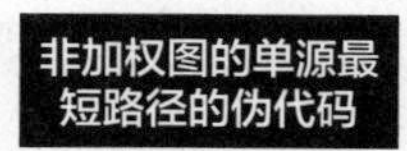

算法清单 10-3 给出了图 10-4 所示非加权图的单源最短路径的求解过程。为了保存最短路径，使用 prev 数组保存当前顶点最短路径上的前一个顶点。之后的做法与 BFS 非常相似，利用队列来实现。每访问一个顶点 u，需要

根据从 u 出发的边，更新 u 的后继顶点的数据。检查一条边 (u, v) 时，首先检查 v 是否被访问，如果没有则更新 v 的 dist 值，代表该顶点已经被访问到了，并修改 prev[v]=u。

算法清单 10-3　非加权图的单源最短路径的求解过程

```
def unweightedShortDistance（边集E，顶点集V，起点start）:
  dist数组初始化为无穷;
  dist[start] = 0;
  prev[start] = start;
  队列q初始化为{start};
  while（q不为空）:
    u=q.pop();
    for ((u,v) in E):
      if dist[v]是无穷大:
        dist[v] = dist[u] + 1;
        prev[v] = u;
        q.push(v);
```

根据算法清单 10-3，可以实现非加权图的单源最短路径，如代码清单 10-3 所示。辅助函数 printPath(int start, int end, int prev[]) 递归实现了从 start 到 end 的路径的输出。

代码清单 10-3　非加权图的单源最短路径的实现

非加权图的单源最短路径的实现

```
template <class TypeOfVer, class TypeOfEdge>
void adjListGraph<TypeOfVer, TypeOfEdge>::unweightedShortDistance(
    TypeOfVer start, TypeOfEdge noEdge) const {
  linkQueue<int> q;
  TypeOfEdge *dist = new TypeOfEdge[this->Vers];
  int *prev = new int[this->Vers];
  int u, sNo;
  edgeNode *p;

  for (int i = 0; i < this->Vers; ++i) dist[i] = noEdge;  // 初始化

  // 寻找起始顶点的编号
  sNo = find(start);

  // 寻找最短路径
  dist[sNo] = 0;
  prev[sNo] = sNo;
  q.enQueue(sNo);

  while (!q.isEmpty()) {
    u = q.deQueue();
    for (p = verList[u].head; p != NULL; p = p->next)
      if (dist[p->end] == noEdge) {
        dist[p->end] = dist[u] + 1;
        prev[p->end] = u;
        q.enQueue(p->end);
      }
  }

  // 输出最短路径
  for (int i = 0; i < this->Vers; ++i) {
    cout << "从" << start << "到" << verList[i].ver << "的路径为:" << endl;
    printPath(sNo, i, prev);
    cout << endl;
  }
```

```
    delete[] dist;
    delete[] prev;
}

template <class TypeOfVer, class TypeOfEdge>
void adjListGraph<TypeOfVer, TypeOfEdge>::printPath(
        int start, int end, int prev[]) const {
    if (start == end) {
        cout << verList[start].ver;
        return;
    }
    printPath(start, prev[end], prev);
    cout << " - " << verList[end].ver;
}
```

这里最短路径函数 unweightedShortDistance() 的时间复杂度是 $O(|V|+|E|)$。算法的主体是 while 循环，该循环一直运行到队列为空。而图中的每个顶点都必须且仅入队一次，因此该循环必须运行 $|V|$ 个循环周期。每个循环周期检查出队顶点的所有边，整个 while 循环检查了图中所有边。因此，while 循环的运行时间复杂度为 $O(|E|)$。前面的一些辅助工作，如初始化、寻找起始顶点的编号等的时间复杂度是 $O(|V|)$。因此，算法的总运行时间复杂度为 $O(|V|+|E|)$。

10.3.2 加权图的单源最短路径

迪杰斯特拉算法的思想

加权图的最短路径算法复杂一些，因为 BFS 得到的并不一定就是权值和最小的路径。最常用的算法是迪杰斯特拉算法（Dijkstra's Algorithm），迪杰斯特拉算法属于贪婪算法，可以把迪杰斯特拉算法看作非加权图的单源最短路径算法的变体。

先对每个顶点保存一个距离值，这个距离值并不是最终的最短路径，而是尝试了一些路径后得到的当前最短距离。当有新的更好的路径出现时，需要更新这个距离值。除了距离信息，迪杰斯特拉算法还需要保存一个顶点集 S。S 中的顶点是已经找到了最短路径的顶点。开始时，S 为空集，所有顶点被分为两部分：S 和 $V-S$。起点的距离值为 0，其他顶点的距离值都为无穷大。

接下来，需要执行以下步骤，直到 S 包含所有顶点。

（1）在集合 $V-S$ 中，寻找路径最短的顶点 u，并将其加入 S。

（2）对于新加入的顶点 u，检查它的所有后继顶点经过 u 的路径长度。如果这条路径比之前已知的路径更短，则更新起点到该顶点的距离和路径。

（3）反复执行步骤（1）和（2），直到所有顶点都被加入 S。

通过这种方法，可以找到从起点到所有其他顶点的最短路径。图 10-5 给出了使用迪杰斯特拉算法寻找加权图最短路径的步骤。假设寻找从顶点 A 到其他顶点的最短路径。首先，将 A 加入集合 S，并更新其相邻的顶点 B、C、D 的 dist 值。紧接着，在 $V-S$ 中（即顶点 {B, C, D, E} 中）寻找 dist 值最小（dist 值相同则选取编号较小的）的顶点，也就是 C，加入集合 S。通过比较 dist[v] 和边权 +dist[C](v=B,D,E) 的大小，更新顶点 C 相邻的顶点 B、D、E 的值。可以看到，虽然 C 能够到达顶点 D，但是从 A 到 C 再到 D 的路径长度比之前的 dist[D] 要长，因此这时候 dist[D] 不需要更新。重复这个过程，直到 S=V。在更新过程中，为了保存最短路径，需要将顶点在最短路径中的前继顶点记录下来。

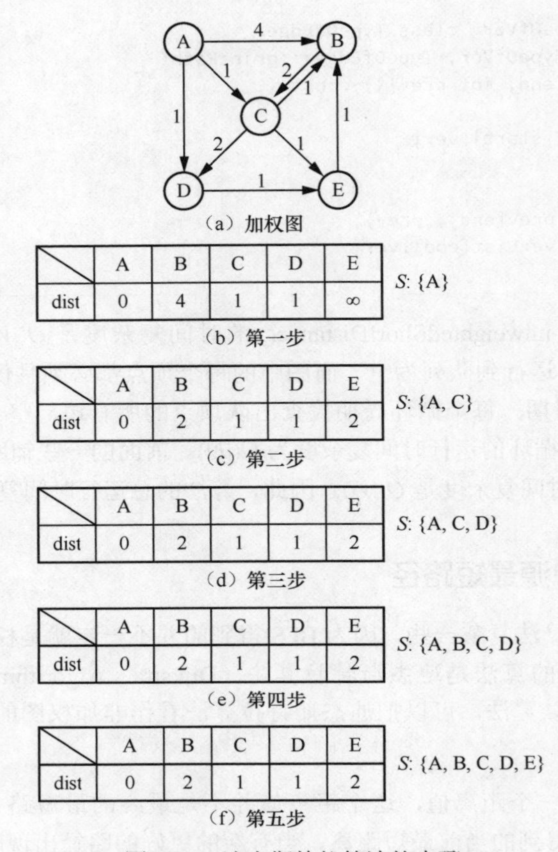

（a）加权图

	A	B	C	D	E
dist	0	4	1	1	∞

S: {A}

（b）第一步

	A	B	C	D	E
dist	0	2	1	1	2

S: {A, C}

（c）第二步

	A	B	C	D	E
dist	0	2	1	1	2

S: {A, C, D}

（d）第三步

	A	B	C	D	E
dist	0	2	1	1	2

S: {A, B, C, D}

（e）第四步

	A	B	C	D	E
dist	0	2	1	1	2

S: {A, B, C, D, E}

（f）第五步

图 10-5　迪杰斯特拉算法的步骤

代码清单 10-4 实现了迪杰斯特拉算法。在实现过程中，利用 known 数组保存顶点是否在 S 中，prev 数组保存最短路径中的前继顶点，dist 数组保存当前探索到的最短路径的值。在函数 dijkstra() 中，首先初始化 dist 为无穷大，known 为 false。开始时，从起点 start 开始处理，起点的前驱为它自己，dist 数组中的值为 0。紧接着为算法的主体，for 循环每次选取一个 dist 值最小且不在集合 S 里的顶点，加入 S，随后更新它的邻接顶点的 dist 值。最后，for 循环输出所有路径信息，包括路径长度和经过的顶点。

迪杰斯特拉算法的实现

代码清单 10-4　迪杰斯特拉算法的实现

```
template <class TypeOfVer, class TypeOfEdge>
void adjListGraph<TypeOfVer, TypeOfEdge>::dijkstra(
  TypeOfVer start, TypeOfEdge noEdge) const {
  TypeOfEdge *dist = new TypeOfEdge[this->Vers];
  int *prev = new int[this->Vers];
  bool *known = new bool[this->Vers];

  int u, sNo, i, j;
  edgeNode *p;
```

```
    TypeOfEdge min;

    for (i = 0; i < this->Vers; ++i) {  // 初始化
      known[i] = false;
      dist[i] = noEdge;
    }

    sNo = find(start);

    dist[sNo] = 0;
    prev[sNo] = sNo;

    for (i = 1; i < this->Vers; ++i) {
      min = noEdge;
      for (j = 0; j < this->Vers; ++j)  // 寻找具有最短距离的顶点
        if (!known[j] && dist[j] < min) {
          min = dist[j];
          u = j;
        }
      known[u] = true;  // 将u放入S
      for (p = verList[u].head; p != NULL; p = p->next)
        if (!known[p->end] && dist[p->end] > min + p->weight) {
          dist[p->end] = min + p->weight;  // 更新u的邻接顶点的距离
          prev[p->end] = u;
        }
    }

    for (i = 0; i < this->Vers; ++i) {  // 输出所有路径信息
      cout << "从" << start << "到" << verList[i].ver
           << "的路径为:" << endl;
      printPath(sNo, i, prev);
      cout << "\t长度为: " << dist[i] << endl;
    }
    delete[] prev;
    delete[] known;
    delete[] dist;
}
```

每次选出加入 S 的顶点的时间复杂度为 $O(|V|)$，将所有顶点加入 S 一共需要执行 $|V|$ 次。更新邻接顶点的距离的时间复杂度为 $O(|E|)$，因为每条边最多被访问一次。因此，迪杰斯特拉算法的时间复杂度为 $O(|V|^2+|E|)$。

10.3.3 带有负权值图的单源最短路径

当图中存在带有负权值的边时，迪杰斯特拉算法无法正常工作。例如，在图 10-6 中，按照迪杰斯特拉算法，依然以 A 为起点，会先将顶点 C 和顶点 D 加入 S，然后选取顶点 E，将其 dist 值更新为 2。但是 A—B—E 是一条更短的路径，其长度为 −1，并没有被考虑到。

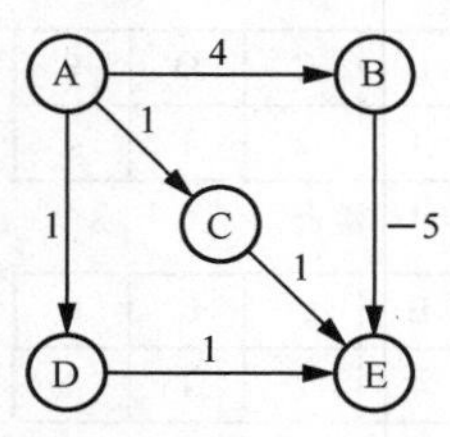

图 10-6 迪杰斯特拉算法不适用的情况

这个问题可以通过加权图和非加权图的算法组合来解决。每次找到某个顶点的更好路径之后，继续检查它的后继顶点。如果后继顶点有更好的路径，就继续检查后继的后继顶点。重复这个过程，直到找不到更好的路径。保存后继顶点可以用一个队列，开始时将起点放入队列，然后反复检查。这一带有负权值图的最短路径算法被称为队列优化的 Bellman-Ford 算法，如算法清单 10-4 所示。

带有负权值图的单源最短路径问题

算法清单 10-4　带有负权值图的最短路径算法

```
def weightedNegative(边集E, 顶点集V, 起点start):
    Queue<Vertex> q;
    for (v in V):
        dist[v] = 无穷大;
    dist[start] = 0;
    q.enQueue(start);
    while(q is not empty):
        v = q.deQueue();
        for((v,w) in E):
            if (dist[v] + E(v,w) < dist[w]):
            dist[w] = dist[v] + E(v,w);
            if (w not in q):
                q.enQueue(w);
```

算法的具体实现代码留作习题（见习题（1））。这个算法在有权值和为负的环（称为“负环”）的情况下无法终止，因为路径上每选取负环一次，路径会回到原点，且权值会变小。在没有负环的情况下，每个顶点最多出队 $|V|$ 次，因此队列优化的 Bellman-Ford 算法的时间复杂度是 $O(|E||V|)$。

10.3.4　无环图的单源最短路径

如果事先知道图中无环，那么可以通过优化选择进入 S 的顶点，来加速整个算法的性能。在无环图中，可以用拓扑排序的次序来选择顶点。这样当顶点被选择时，从起点到该顶点的所有路径都已经被检查过了，目前的距离对应的就是最短路径。例如，对于图 10-7（a）所示的无环图，可以先得到拓扑排序：A—B—C—D—E。按照拓扑序列，检查每个顶点的邻接顶点。首先，检查顶点 A，更新它到邻接顶点 B、C、D 的距离。紧接着检查顶点 B，更新邻接顶点 C 和顶点 E 的距离，这时顶点 A 到顶点 E 的距离为 5。当检查顶点 C 的时候，会找到一条 A 到 E 更近的路径，于是把 A 到 E 的距离更新为 4。当检查顶点 D 的时候，没有找到从顶点 A 到顶点 E 更近的路径，因此 dist 数组不做更新。至此，就得到了从顶点 A 到所有顶点的最短路径。

在这个算法中，生成拓扑排序的时间复杂度是 $O(|V|+|E|)$，处理一遍所有顶点的时间复杂度是 $O(|E|)$。因此，整个算法的时间复杂度也是线性级的。

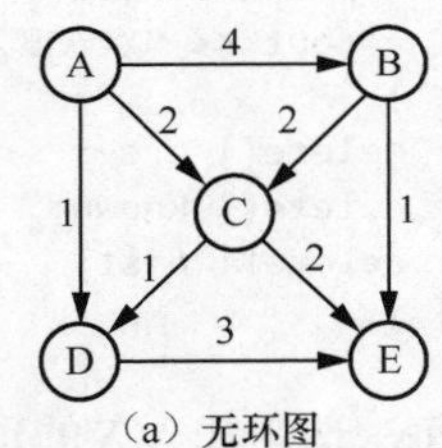

（a）无环图

	A	B	C	D	E
dist	0	4	2	1	∞

（b）检查A

	A	B	C	D	E
dist	0	4	2	1	5

（c）检查B

	A	B	C	D	E
dist	0	4	2	1	4

（d）检查C

	A	B	C	D	E
dist	0	4	2	1	4

（e）检查D

图 10-7　无环图的最短路径示例

10.4 所有顶点对的最短路径

如果要寻找所有顶点对的最短路径，只需要对每一个顶点都运行一次迪杰斯特拉算法，此时，总的时间复杂度是 $O(|V|(|E|+|V|^2))$。本节介绍弗洛伊德（Floyd）算法，它的时间复杂度是 $O(|V|^3)$。

弗洛伊德算法将每个顶点作为每条路径上的一个中间顶点，如果该中间顶点能够使得从起点到终点的路径缩短，那么就用这条新的路径去替代原路径。可以用一个 $|V|\times|V|$ 的矩阵 d 来保存下标为 i 的顶点到下标为 j 的顶点的最短距离。开始时，这个矩阵中的元素值为每条边的权值，下标为 i 的顶点到下标为 j 的顶点之间没有边的话，距离设成无穷大。紧接着，进行 $|V|$ 次迭代，在第 k 次迭代中计算 $d_k[i][j]=\mathrm{MIN}(d_{k-1}[i][j],d_{k-1}[i][k]+d_{k-1}[k][j])$。

对图 10-8（a）所示加权有向图运行弗洛伊德算法。在第一次迭代时，发现了一条路径 1—0—2，因此 $d[1][2]=8$。第二次、第三次迭代分别更新了 $d[2][0]$ 和 $d[0][1]$ 的值，如图 10-8 所示。

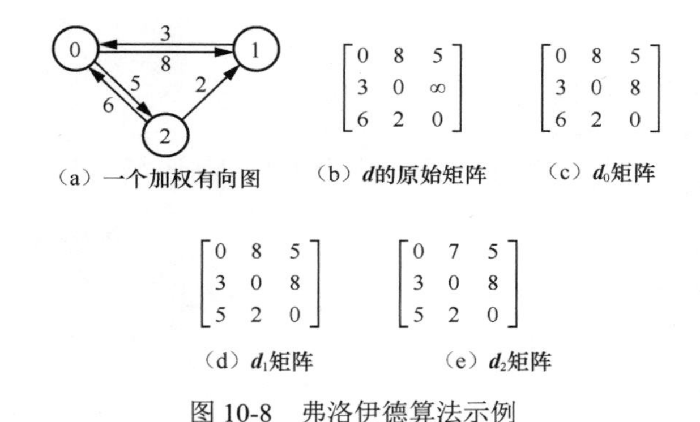

（a）一个加权有向图　（b）d的原始矩阵　（c）d_0矩阵

$$\begin{bmatrix}0&8&5\\3&0&\infty\\6&2&0\end{bmatrix}\quad\begin{bmatrix}0&8&5\\3&0&8\\6&2&0\end{bmatrix}\quad\begin{bmatrix}0&8&5\\3&0&8\\5&2&0\end{bmatrix}\quad\begin{bmatrix}0&7&5\\3&0&8\\5&2&0\end{bmatrix}$$

（d）d_1矩阵　（e）d_2矩阵

图 10-8 弗洛伊德算法示例

与迪杰斯特拉算法一样，弗洛伊德算法也需要保存每个顶点在最短路径上的前驱顶点。这里用一个 $|V|\times|V|$ 的矩阵 prev 来保存，prev[i][j] 表示从下标为 i 的顶点到下标为 j 的顶点的最短路径上前一个顶点的编号。同时，也要更新 prev 的值。

代码清单 10-5 采用邻接矩阵的图存储方法实现了弗洛伊德算法。首先定义矩阵 dist 和数组 prev，并将其初始化。在每个循环中，首先固定第 k 列和第 k 行，然后逐个检查剩下的值是否需要被更新。

代码清单 10-5 弗洛伊德算法的实现

```
template <class TypeOfVer, class TypeOfEdge>
void adjMatrixGraph<TypeOfVer, TypeOfEdge>::floyd() const {
  TypeOfEdge **dist = new TypeOfEdge *[this->Vers];  // 保存矩阵D每行的首地址
  int **prev = new int *[this->Vers];  // 保存数组prev每行的首地址
  int i, j, k;

  // 初始化
  for (i = 0; i < this->Vers; ++i) {
    dist[i] = new TypeOfEdge[this->Vers];  // 为矩阵D的第i行分配空间
    prev[i] = new int[this->Vers];         // 为数组prev的第i行分配空间
    for (j = 0; j < this->Vers; ++j) {     // 为矩阵D和数组prev赋初值
```

```
      dist[i][j] = edge[i][j];
      prev[i][j] = (edge[i][j] != noEdge) ? i : -1;
    }
  }

  // 迭代过程
  for (k = 0; k < this->Vers; ++k)
    for (i = 0; i < this->Vers; ++i)
      for (j = 0; j < this->Vers; ++j)
        if (dist[i][k] + dist[k][j] < dist[i][j]) {
          dist[i][j] = dist[i][k] + dist[k][j];
          prev[i][j] = prev[k][j];
        }

  // 输出过程
  cout << "最短路径长度：" << endl;
  for (i = 0; i < this->Vers; ++i) {
    for (j = 0; j < this->Vers; ++j) cout << dist[i][j] << '\t';
    cout << endl;
  }

  cout << "最短路径：" << endl;
  for (i = 0; i < this->Vers; ++i) {
    for (j = 0; j < this->Vers; ++j) cout << prev[i][j] << '\t';
    cout << endl;
  }
  for (i = 0; i < this->Vers; ++i) {
    delete prev[i];
    delete dist[i];
  }
  delete[] prev;
  delete[] dist;
}
```

在弗洛伊德算法的实现中，对于每个 k，都需要遍历整个邻接矩阵一次，因此时间复杂度是 $O(|V|^3)$。

10.5 大型应用实现：列车运行图类（3）

列车运行图类（3）

现有的 RailwayGraph 类中已有并查集与邻接表两个主要数据成员，提供站点可达性查询与途经站点查询功能。本章将继续完善 RailwayGraph 类，新增一个最优路线查询函数，实现列车运行图的第三个功能需求：按照个人购票偏好（如票价最低、历时最短）筛选最优路线。为此，为 RailwayGraph 类新增一个 shortestPath() 函数，该函数使用迪杰斯特拉算法查询出一条从给定起点站到到达站的最优路线，满足票价最低或历时最短。shortestPath() 函数原型为 void shortestPath(StationID departureStationID, StationID arrivalStationID, int type)，type 为 0 代表按票价最低查询，type 为 1 代表按历时最短查询。最优路线可能存在多条，为了便于实现，shortestPath() 函数和 displayRoute() 函数一样，只返回一组路线，即只返回其中一组最短路径的可行解。shortestPath() 函数的实现如代码清单 10-6 所示。

代码清单 10-6 RailwayGraph 类的 shortestPath() 函数的实现

```
void RailwayGraph::shortestPath(StationID departureStationID,
    StationID arrivalStationID, int type) {
  int numOfVer = routeGraph.numOfVer();

  // 使用朴素迪杰斯特拉算法求解最短路径
  int *prev = new int[numOfVer];
  bool *known = new bool[numOfVer];
  long long *distance = new long long[numOfVer];
  long long min;

  for (int i = 0; i < numOfVer; ++i) {
    prev[i] = i;
    known[i] = false;
    distance[i] = (1ll << 32);
  }

  distance[departureStationID] = 0;
  prev[departureStationID] = departureStationID;

  for (int i = 1; i < numOfVer; ++i) {
    int u;
    min = (1ll << 32);
    for (int j = 0; j < numOfVer; ++j) {
      if (!known[j] && distance[j] < min) {
        min = distance[j];
        u = j;
      }
    }
    known[u] = true;
    for (GraphType::edgeNode *p = routeGraph.verList[u]; p != nullptr;
         p = p->next) {
      int weight = 0;
      if (type == 1)
        weight = p->weight.duration;
      else
        weight = p->weight.price;
      if (!known[p->end] && distance[p->end] > min + weight) {
        distance[p->end] = min + weight;
        prev[p->end] = u;
      }
    }
  }

  // 反向寻路，找到一条最短路径
  seqList<StationID> path;
  int u = arrivalStationID;
  do {
    path.insert(path.length(), u);
    u = prev[u];
  } while (u != departureStationID);

  // 输出最短路径
  std::cout << "shortest path: ";
  for (int i = path.length() - 1; i >= 0; --i) {
    std::cout << path.visit(i) << " ";
```

```
    }
    std::cout << std::endl;

    delete[] prev;
    delete[] known;
    delete[] distance;
}
```

由于本功能处理的最短路径边权（票价或历时）都为整型数，所以在初始化 distance 数组和 min 变量时，都赋值 2^{32} 来代表初始化时无连边。算法的核心部分包括依次寻找每个顶点邻接距离最短的顶点、更新邻接顶点的距离，以及遍历输出路径信息，这些操作都与代码清单 10-4 的实现基本一致，本章不再赘述其功能。RailwayGraph 类的完整代码参见电子资料仓库中的 code/RailwayGraph/RailwayGraph.h 文件及对应的 .cpp 文件。

10.6　小结

本章介绍了图的两个应用：最小生成树与最短路径。

最小生成树是加权无向连通图的权值和最小的连通子图，克鲁斯卡尔算法和普里姆算法是寻找最小生成树的两个经典算法。

最短路径在非加权图、仅含有正权值的图和带有负权值的图、无环图上都有不同的求解方法。本章介绍了求单源最短路径和所有顶点对的最短路径的方法，重点介绍了两个常用的算法：求单源最短路径的迪杰斯特拉算法和求所有顶点对的最短路径的弗洛伊德算法。

本章采用迪杰斯特拉算法，帮助火车票管理系统的列车运行图类实现了最优路线查询功能。

10.7　习题

（1）在 adjListGraph 类中实现算法清单 10-4 中描述的带有负权值的最短路径算法。

（2）加权图的最短路径是指从起点到目标顶点之间的一条最短路径。假定从起点到目标顶点之间存在路径，现有一种求解最短路径的方法：

1）设最短路径初始时仅包含起点，令当前顶点 u 为起点；

2）选择离 u 最近且尚未在最短路径中的一个顶点 v，加入最短路径中，修改当前顶点 u=v；

3）重复步骤 2），直到 u 是目标顶点。

请问上述方法能否求得最短路径？若该方法可行，请证明之；否则，请举例说明。

（3）现需要在 6 个城市 {a, b, c, d, e, f} 间铺设光缆，已知代价如下：(a, b, 10), (a, c, 20), (d, e, 30), (c, e, 15), (a, f,12), (b, d, 13), (d, f, 11)，使得各个城市之间都能通信的最小代价是多少？

（4）证明在一个加权无向连通图中，如果所有边的权值均不相同，那么只存在唯一的一棵最小生成树。

（5）已知某加权无向连通图的边数远远小于顶点数的平方值，求最小生成树应该用普里姆算法还是用克鲁斯卡尔算法？为什么？

（6）在有向图中，如果一个子图同时满足以下条件：

1）包含全部顶点；

2）没有有向环；

3）除一个顶点（被叫作根结点）外，其他顶点的入度均为1。

这样的子图被称作“树形图”。在所有树形图中，所有边权相加最小的被叫作最小树形图。

请设计一个算法，实现在有向无环图中查找最小树形图。

（7）请实现最大生成树算法。

第 11 章

算法设计思想

第 2 章到第 10 章已经介绍了线性结构、树形结构、集合和图形结构 4 种数据结构，在实际应用中，数据结构用于高效地存储数据。除此之外，还需要利用算法设计思想来指导构建解决问题的逻辑思路。本章将介绍一些经典的算法设计思想及其应用，读者可以结合应用实例与实现代码来理解这些算法的时间复杂度和适用场景。

11.1 枚举法

枚举法适用于解的候选者有限且可列举的情况。它按照某种顺序逐一列举和检验可能是解的候选者，从中找出符合要求的解。基于枚举法的算法通常很直观，易于理解。然而，由于需要检查所有候选解，所以时间性能较差。

枚举法可以解决一些解空间有限的问题。例如，水仙花数的定义是个位、十位、百位数字的立方和等于该 3 位数本身，要想找出 100 ～ 999 范围内所有水仙花数，就可以使用枚举法。可以枚举 100 ～ 999 范围内所有整数，并验证其每一位整数的立方和是否是它本身。再如，想要判断一个整数 n 是否是质数，只需要枚举 2 ～ $\lfloor\sqrt{n}\rfloor$ 范围内的整数，查看是否能够整除 n 即可。这里不需要枚举 $\lfloor\sqrt{n}\rfloor$ ～ $n-1$ 的因子，原因是如果 $n=m\times p$，m 和 p 一定有一个小于或等于 $\sqrt{n}$。代码清单 11-1 给出了判断数字是否为质数的枚举法的实现。

代码清单 11-1　判断数字是否为质数

```
bool isPrime(int n) {
  if (n == 1 || n == 2) return true;
  int sq = int(sqrt(n));
  for (int factor = 2; factor <= sq; factor++) {
    if (n % factor == 0) return false;
  }
  return true;
}
```

枚举法是一种相对暴力的解法，在解空间有限且较小时，使用起来非常方便。但是，当解较多时，枚举法非常浪费时间，这时就需要使用其他更为复杂的算法。

11.2 贪婪算法

贪婪算法又称“贪心算法”，是求解最优解的一种方法。它将问题的解决过程划分为多个阶段，并在每个阶段选择一个当前看似最优的解，最后将每个阶段的解合并起来形成一个全局解。注意，贪婪算法并不适用于所有问题，因为它不考虑未来可能出现的情况，只关注当前阶段的最优解。这可能导致最终得到的解并非问题的最优解。

第 4 章提到的哈夫曼算法在每棵子树归并时均贪心地选择两棵权值最小的树。另外，图算法中的迪杰斯特拉最短路径算法、求最小生成树的克鲁斯卡尔算法和普里姆算法，也都是贪婪算法的实例。下面给出贪婪算法的另一个经典应用——解决区间调度问题。

区间调度问题的定义如下：给定 n 个区间，每个区间由起始时间和结束时间组成，请选择尽可能多的区间，使得它们彼此不重叠。区间用元组 (start, end) 表示，其中 start 表示区间的起始时间，end 表示区间的结束时间。

算法清单 11-1 给出了贪婪算法解决区间调度问题的伪代码。按区间的结束时间排序，排序后区间的某一个子序列就是解，如图 11-1 所示。用 lastInterval 保存已选取列表中的最后一个区间，并用一个顺序表来保存选择的区间列表。首先选取区间 0，这样一来，开始时间在区间 0 结束时间之前的区间 1、2 都不能被选择了。之后选取区间 3，接下来比较区间 4 的开始时间和区间 3 的结束时间，发现区间 4 可以被选取。最后，区间 5 和区间 4 冲突了，不能被选取。最终得到的结果就是区间 0、3、4。具体代码实现留作习题（见习题（1）），读者可以根据伪代码来实现。

算法清单 11-1 贪婪算法解决区间调度问题

```
def intervalScheduling(intervalsList):
  根据区间的结束时间对intervalsList排序;
  result = seqList();
  seqList.insert(0, intervalsList[0]);
  lastInterval = intervals_list[0];
  for (interval in intervalsList):
    if interval.begin >= lastInterval.end():
      result.insert(result.length(), interval);
  lastInterval = interval;
  return result;
```

下面证明这个贪婪算法的正确性。假设存在一个最优解序列为 bestList[m]，贪婪算法选择的序列为 resultList[k]。首先证明命题 resultList[i].end⩽bestList[i].end 成立，这可以用数学归纳法证明。当 i=0 时，贪婪算法选择的 resultList[0] 拥有整个区间序列中最小的 end，命题成立。假设当 i=t（t >0）时命题 resultList[t1].end⩽bestList[t].end 成立，那么对于下一个区间的选择，即 i=t+1 时，贪婪算法再次选择了满足 resultList[t+1].begin⩾resultList[t].end 且结束时间最早的区间，而 bestList[t+1].begin 相对应地也大于或等于 bestList[t].end，也就满足了 resultList[t+1].

end⩽bestList[t+1].end。这样一来，最优解的结束时间不早于算法选出来的时间。下面就可以证明 m=k（即选择的序列就是最优序列）了。因为 bestList 是最优序列，保证了 m⩾k。假设 m>k，那么 bestList[k+1] 存在，且 bestList[k+1].begin⩾bestList[k].end⩾resultList[k].end，那么 bestList[k+1] 也应该存在于 resultList 中，与 resultList 只有 k 个区间矛盾。因此，m=k，贪婪算法选出来的区间数量就是最多的区间数量。

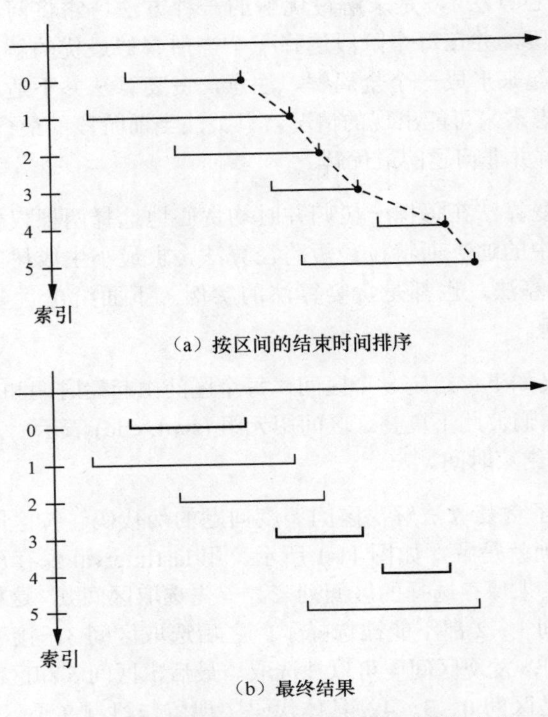

（a）按区间的结束时间排序

（b）最终结果

图 11-1 贪婪算法解决区间调度问题的实例

11.3 分治法

分治法也是一种常用的算法，其基本思想是将一个大问题分解为若干个同类的小问题，通过小问题的解构造出大问题的解。这个过程包括两个主要步骤：分和治。“分”指的是将大问题分解成小问题，“治”指的是通过解决小问题来构造大问题的解。第 7 章提到的快速排序和归并排序都利用了这种思想，将待排序的序列分解成子数组处理。分治法一般用递归实现：对大问题和小问题的处理方案是一致的，直到分解成最小单元，问题可以直接被解决。下面给出分治法的一个经典应用——求二维平面的最近点对。

求二维平面的最近点对问题的定义如下：给定平面 S 上 n 个点的 x 轴、y 轴坐标，找其中的一对点，使得在 n 个点组成的所有点对中，该点对间的距离最小，如图 11-2 所示。

首先，将目标点集 S 按照 x 轴坐标排序，从中间的点 s 处分割成两个子集 S_1、S_2。这个问题可以被分解成 3 个子问题：求 S_1 中的最近点对，距离为 d_1；求 S_2 中的最近点对，距离为 d_2；求一个点在 S_1，另一个点在 S_2 的最近点对，最后返回 3 种情况中距离最近的那一对点。第一个和第二个子问题可以通过调用函数递归解决，得到 $d=\min(d_1,d_2)$。第三个子问题中，两个点要想距离最近，则它们必须在图 11-2 所示的垂直带形区中，垂直带形区是点 s 的 x 轴坐标加减距离 d 的区域。只有在垂直带形区里面的两个点，才有可能具有小于 d 的距离。因此，解决第三个子问题时，只需要枚举处于左、右垂直带形区中的点对，和距离 d 比较即可。但是，有可能出现所有点都在垂直带形区中的情况，这时的时间复杂度为 $O(n^2)$，时间性能仍然较差。

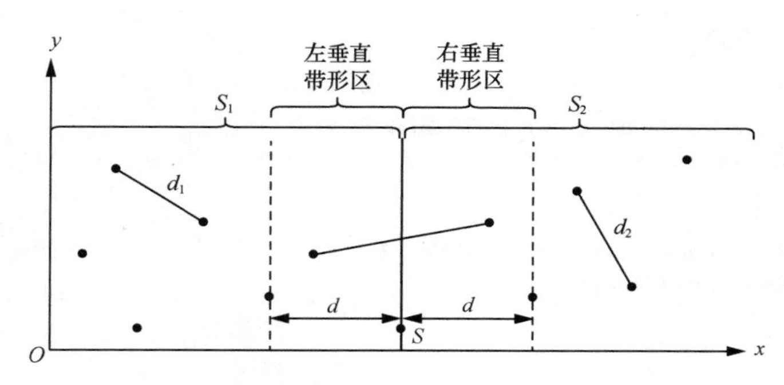

图 11-2　二维平面的最近点对问题的示意图

在实现时可以对计算进行优化。先将垂直带形区的点按 y 轴坐标排序，只有距离 y 轴在 d 之内的两个点的距离才有可能小于 d。循环检查每一个点 s，比较每一个比它的 y 轴坐标更大且差值不大于 d 的目标点。根据图 11-3，将待比较的区域划分成 8 个 $(d/2)\times(d/2)$ 的格子。接下来证明，最多只需要计算 s 和 7 个点的距离。因为每个格子内部的点之间的最远距离是 $d/\sqrt{2}<d$，左、右垂直带形区内的点的最小距离已经被计算过不会大于 d，因此一个格子里面只会有一个点存在。根据比较要求，目标点 s 最多只需要比较与 $a\sim h$（为防止混淆，没有使用点 d）这 7 个点的距离就可以了。当然，这样的计算会存在与计算 S_1、S_2 中的最小点对重复的情况（因为 s、a、b、f 都在左侧区域内，其实已经计算过了），此处为了减少判断次数，也将点 a、b、f 考虑在内了。总体来说，第三个子问题的时间复杂度是 $O(n)$。

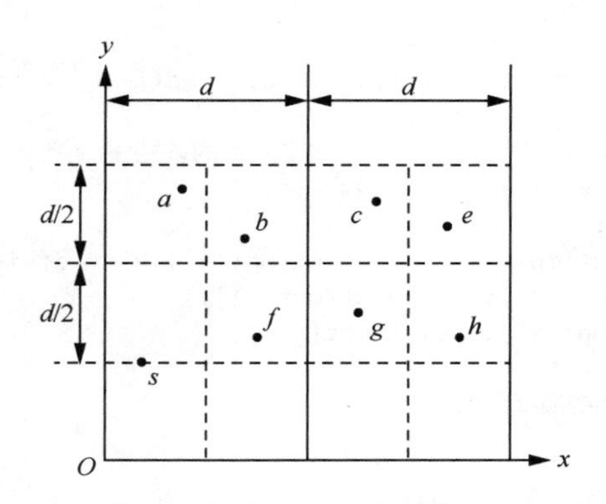

图 11-3　二维平面的最近点对的垂直带形区的实例

根据上述思想，二维平面的最近点对算法的实现如代码清单 11-2 所示。

代码清单 11-2　二维平面的最近点对算法的实现

```
#include <algorithm>
#include <cmath>
#include <iostream>
using namespace std;
#define Inf 1 << 31 - 1
#define MAXN 1000000
struct node {
  double x;
  double y;
};

struct node point[MAXN];
int mpt[MAXN];

double dis(node a, node b) {  // 求欧几里得距离
  return sqrt((a.x - b.x) * (a.x - b.x) + (a.y - b.y) * (a.y - b.y));
}

bool cmp1(node a, node b) {  // 按照x坐标排序
  if (a.x == b.x) return a.y < b.y;
  return a.x < b.x;
}

bool cmp2(int a, int b) {  // 第二个排序是选择中间的点
  return point[a].y < point[b].y;
}

double minDist(int left, int right) {
  // 递归求从point[left]到point[right]的点的最短距离
  double d = Inf;
  if (left == right)
    return d;  // 自己和自己不可以被选择，因此距离设成正无穷
  // 这两个点中间没有任何点，所以直接求距离
  if (left + 1 == right) return dis(point[left], point[right]);
  // 如果中间还有其他点，那就在中间分开
  int mid = (left + right) >> 1;
  double d1 = minDist(mid, right);     // 情况1: 找左边的最小距离
  double d2 = minDist(left, mid - 1);  // 情况2: 找右边的最小距离
  d = min(d1, d2);  // 求出两个最小距离中的最小值
  int k = 0;
  for (int i = left; i <= right; i++) {
    if (fabs(point[mid].x - point[i].x) <= d) { mpt[++k] = i; }
  }
  sort(mpt + 1, mpt + k + 1, cmp2);  // 按这些点的y轴坐标排序
  for (int i = 1; i <= k; i++) {
    for (int j = i + 1;
         j <= k && point[mpt[j]].y - point[mpt[i]].y <= d; j++) {
      if (d >= dis(point[mpt[i]], point[mpt[j]]))
        d = dis(point[mpt[i]], point[mpt[j]]);
    }
  }  // 线性扫描，找这些点的最小距离
  return d;
}

int main() {
  int n;
  cin >> n;
```

```
    for (int i = 1; i <= n; i++) {
      cin >> point[i].x >> point[i].y;   // 读入所有点
    }
    sort(point + 1, point + n + 1, cmp1);   // 根据点坐标的x轴排序
    cout << minDist(1, n) << endl;
    return 0;
}
```

下面分析代码的时间复杂度，T 代表算法运行的时间。当 $n \leqslant 2$ 时，算法的时间复杂度是 $O(1)$。当 $n>2$ 时，算法可以被分成 3 部分，时间 $T(n) = 2 \times T(n/2) +O(n)$，$T(n/2)$ 后面加上垂直带形区中的运算量，需要额外的 $O(n)$ 时间。这样，可以得到算法的时间复杂度：

$$
\begin{aligned}
T(n) &= 2\times T(n/2)+O(n) \\
&= 2^2\times T\left(\frac{n}{4}\right)+2\times O(n) \\
&= \cdots \\
&= 2^{\log_2^n} T(1)+\log_2^n O(n) \\
&= O(n\log n)
\end{aligned}
$$

预处理中，根据点的 x 轴坐标排序的算法的时间复杂度也是 $O(n\log n)$，因此整个算法的复杂度是 $O(n\log n)$。对比枚举法的时间复杂度 $O(n^2)$，分治法是一种更为简便的算法。

11.4　回溯法

回溯法又称“试探法”，是一种求解某个问题的可行解的方法。该方法通过逐步枚举和检验问题的候选解，选择一个可行解，并在需要时回溯到前一步或者扩大当前解的规模，进行进一步的尝试。回溯法的基本思想是从最小规模开始，将问题的候选解按照一定顺序逐一枚举和检验。如果存在可行解，则继续扩大当前解的规模并继续试探。如果尝试了所有候选解但没有找到可行解，则回溯到前一规模，尝试其他候选解或者缩小当前解的规模。这个过程一直持续到找到问题的解或者确定不存在解为止。八皇后问题的求解算法就是回溯法的典型应用。

回溯法与八皇后问题的定义

八皇后问题的定义如下：在一个 8×8 的棋盘上放 8 个皇后，使 8 个皇后中没有两个以上的皇后会出现在同一行、同一列或同一对角线上。

八皇后问题有多个解，本节阐述的求解算法可以得到全部的解，同时也支持找到某个解后退出程序。

八皇后问题的求解过程从空配置开始，逐列进行。首先，在已经合理配置了前面 m 列的基础上，配置第 m+1 列，直到第 8 列也能够合理配置，这样就找到了一个解。每一列都有 8 种可能的配置方式。开始时，将皇后放在第 1 行，然后按照顺序选择第 2 行、第 3 行，一直到第 8 行。如果到达第 8 行时仍然无法找到合理的配置，就需要回溯到前一列，并改变其配置。可以将配置第 k 列及其后面所有列的过程写成一个函数 queen_all(k)，要找出八皇后问题的所有解，只需要调用 queen_all(1) 即可。在配置第 k 列时，前面的 k−1 列已经成功配置好了。逐

行检查第 1 行到第 8 行，如果找到一个可行的位置，并且此时 k 等于 8，表示找到了一个八皇后问题的解，将其输出。如果 k 不等于 8，则继续调用 queen_all(k+1) 来配置第 k+1 列及以后的列。如果遍历所有行之后仍然找不到可行位置，则函数结束运行，并返回调用函数 queen_all(k-1)，在第 k–1 列中重新找一个合适的位置。

代码清单 11-3 展示了求解八皇后问题的程序。定义数组 col，用于保存每一列上皇后的位置。为了检查皇后位置是否冲突，引入以下 3 个布尔型数组：row[9]、digLeft[16] 和 digRight[16]。数组 row[9] 表示第 i 行上是否有皇后。如果 row[i] 为 true，则表示第 i 行上还没有皇后。数组 digLeft[16] 表示右高左低斜线（从左到右依次编号为 1 ～ 15）上是否有皇后。如果 digLeft[i] 为 true，则表示第 i 条右高左低斜线上没有皇后，第 j 行第 k 列所在的斜线编号为 k+j–1。数组 digRight[16] 表示左高右低斜线上是否有皇后。如果 digRight[i] 为 true，则表示第 i 条左高右低斜线（从左到右依次编号为 1 ～ 15）上没有皇后，第 j 行第 k 列所在的斜线编号为 8+k–j。当在第 i 行第 k 列放置一个皇后时，必须将 row[i] 设为 false，同时将 digLeft[k+i-1] 和 digRight[8+k-i] 设为 false。

八皇后问题的实现

代码清单 11-3　求解八皇后问题的程序

```
#include <iostream>
using namespace std;

void queen_all(int k);
int col[9];
bool row[9], digLeft[16], digRight[16];

// 在8×8棋盘的第k列上找合理的配置
void queen_all(int k) {
  int i, j;
  char awn;  // 保存是否需要继续寻找的标志

  for (i = 1; i < 9; i++)  // 依次在1~8行上配置k列的皇后
    if (row[i] && digLeft[k + i - 1] && digRight[8 + k - i]) {
      // 可行位置
      col[k] = i;
      // 对应位置有皇后
      row[i] = digLeft[k + i - 1] = digRight[8 + k - i] = false;

      if (k == 8) {  // 找到一个可行解
        for (j = 1; j <= 8; j++) cout << j << ": " << col[j] << '\t';
        cout << endl << "是否需要继续寻找（按Q -- 退出，按其他键继续：）";
        cin >> awn;
        if (awn == 'Q' || awn == 'q') exit(0);
      } else
        queen_all(k + 1);  // 递归至第k+1列
      // 恢复对应位置无皇后的状态
      row[i] = digLeft[k + i - 1] = digRight[8 + k - i] = true;
    }
}

int main() {
  int j;
  for (j = 0; j <= 8; j++) row[j] = true;
  for (j = 0; j < 16; j++) digLeft[j] = digRight[j] = true;
```

```
    queen_all(1);
    return 0;
}
```

11.5 动态规划

在递归调用时，有一部分问题会重复计算大部分的情况。例如，斐波那契数 fib(n)=fib(n−1)+fib(n−2)，在计算 fib(n−1) 时，还会重复计算一遍 fib(n−2)；在计算 fib(n−1) 和两遍 fib(n−2) 的时候，又需要多次计算 fib(n−3)，因而时间复杂度是指数级的。为了节约重复求相同子问题的时间，可采用一个数组存储子问题的解。动态规划可以从小到大计算每个子问题的解，不管每个子问题的解对最终解是否有用，都把它保存于该数组中。当解决大问题需要用到一些同类的小问题的解时，不需要递归调用获得小问题的解，可以直接从数组中取出小问题的解。例如，要求 fib(n)，可以设置一个包含 n+1 个元素的整型数组 f 来保存每个斐波那契数。开始时设 f[0]=0，f[1]=1，然后由 f[0]、f[1] 得到 f[2]，再由 f[1]、f[2] 得到 f[3]，直到 f[n]。这样计算 fib(n) 只进行了 n−1 次加法运算。

动态规划 1：定义

在动态规划问题中，首先需要定义一个状态，用数组表示。状态是指在某个规模或步骤时问题的情形，例如斐波那契数列的状态就可以被定义为 f[i]，即在第 i 步的斐波那契数。然后定义问题的状态转移方程，这对于动态规划问题非常重要。状态转移方程描述了如何从一个状态转移到下一个状态，并给出了由当前状态计算下一个状态的规则。具体而言，状态转移方程可以写成如下形式：

$$dp[i] = f(dp[1], dp[2], \cdots, dp[i-1])$$

其中，dp[i] 表示第 i 个状态，f 表示状态转移的计算过程。通过不断迭代计算状态转移方程，可以逐步求解问题的最优解，直到计算到最终所需的阶段。

动态规划的应用非常多，最简单的应用就是解决爬楼梯问题。假设你正在爬楼梯，楼梯有 n 阶，你可以每次爬 1 阶或者 2 阶。请问，爬到第 n 阶楼梯总共有多少种方法？

动态规划 2：爬楼梯问题

这是一个经典的动态规划问题，可以使用动态规划来求解。定义一个长度为 n+1 的数组 dp，其中 dp[i] 表示爬到第 i 阶楼梯的不同方法总数。根据题目要求可知以下信息。

- 当 i=0 时，dp[0]=1，表示到达第 0 阶楼梯只有一种方法，就是不动。
- 当 i=1 时，dp[1]=1，表示到达第 1 阶楼梯只有一种方法。
- 当 i=2 时，dp[2]=dp[1]+dp[0]=2，表示到达第 2 阶楼梯有两种方法：一种是在第 0 阶时直接爬两阶，另一种是先到第 1 阶再爬 1 阶。

对于第 i 阶楼梯，可以先爬到第 i−1 或第 i−2 阶，再在下一步时爬 1 阶或 2 阶楼梯到达第 i 阶。因此状态转移方程为 dp[i] = dp[i−1] + dp[i−2]。最终，dp[n] 就是所求的结果。代码清单 11-4 展示了爬楼梯问题的实现，输入楼梯阶数 n，输出为方法总数。

代码清单 11-4　爬楼梯问题

```
#include <iostream>
using namespace std;
int climbStairs(int n) {
  int *dp = new int[n + 1];
  dp[0] = 1;
  dp[1] = 1;

  for (int i = 2; i <= n; ++i)
    dp[i] = dp[i - 1] + dp[i - 2];

  return dp[n];
}

int main() {
  int n;
  cin >> n;
  int ways = climbStairs(n);
  cout << n << " stairs: " << ways << endl;
  return 0;
}
```

背包问题也是一个经典的动态规划问题，其中最基础的就是 01 背包问题。在 01 背包问题中，给定一个容量为 W 的背包和 n 个物品，每个物品的重量为 w，价值为 v。要求从这些物品中选择一些放入背包中，每个物品只能选一次，使得放入物品的总重量不超过背包容量且总价值最大化。

动态规划 3：01 背包问题

01 背包问题的状态需要用二维数组 dp 表示，其中 dp[i][j] 表示在前 i 个物品中取出一些物品放入容量为 j 的背包中所能达到的最大价值。在这样的设定下，dp[i][j] 是下面两种情况中的优者，第一种是不放第 i 个物品，此时的最大价值是在前 i−1 个物品中取出一些物品放入容量为 j 的背包中的最大价值，即 d[i−1][j]；第二种是将第 i 个物品放入，即在 dp[i−1][j−w[i]] 的基础上加上当前物品的价值。因此，状态转移方程如下：

$$dp[i][j] = \max(dp[i-1][j], dp[i-1][j-w[i]]+v[i])$$

其中，i 表示当前考虑的物品编号，j 表示当前背包的容量，w[i] 和 v[i] 分别表示第 i 个物品的重量和价值。dp[n][W] 即为所求的最大价值。01 背包问题的实现如代码清单 11-5 所示。

代码清单 11-5　01 背包问题的实现

```
#include <iostream>
using namespace std;
#define MAXN 10000
int dp[MAXN][MAXN] = {0};
int weights[MAXN] = {0};
int values[MAXN] = {0};

int knapsack(int W, int n) {
  for (int i = 1; i <= n; i++) {
    for (int j = 1; j <= W; j++) {
      if (weights[i - 1] <= j) {
```

```
          dp[i][j] = max(dp[i - 1][j],
              dp[i - 1][j - weights[i - 1]] + values[i - 1]);
        } else {
          dp[i][j] = dp[i - 1][j];
        }
      }
    }
    return dp[n][W];
}

int main() {
    int n, W;
    cin >> n >> W;
    for (int i = 0; i < n; i++)
      cin >> weights[i] >> values[i];
    int max_value = knapsack(W, n);
    cout << max_value << endl;
    return 0;
}
```

除了 01 背包问题，还有其他更复杂的背包问题。下面简单介绍另外几种常见的背包问题。

- 完全背包问题。每种物品可以无限次地放入背包，目标是使得总价值最大化。
- 多重背包问题。每种物品有一定的数量限制，目标是使得总价值最大化。
- 分组背包问题。将物品分为若干组，每组中只能选择一个物品放入背包，目标是使得总价值最大化。

以上背包问题也可以用动态规划来解决，这里不做详细描述，感兴趣的读者可以自行思考。

11.6 随机算法

随机算法是使用了随机数或者基于概率的决策算法。随机算法可以完成多种任务，如跳表、素数检测任务，也可以应用于各种场景，如游戏开发、信息加密、模拟和实验设计等。

随机算法

随着机器学习技术的流行，随机算法的强大能力也逐渐被计算机科学家们激发了出来。机器学习利用数据和统计技术训练模型，以实现自动化分析和预测。在机器学习中，随机性常体现在初始化模型参数、样本采样、优化算法等方面，随机算法起到了至关重要的作用。例如，在训练深度神经网络时，通常会使用随机初始化的权重来开始训练过程，这是因为随机初始化可以帮助网络避免陷入局部最优解。随机采样算法（如随机梯度下降）被广泛应用于机器学习中的优化过程，通过随机选择一小批样本来近似全局梯度，从而加速模型的训练过程。随机性还用于一些机器学习算法的正则化，以增强泛化能力。例如，暂退法（dropout）是一种常用的正则化技术，它通过随机丢弃网络中的一些结点来减少过拟合。此外，随机森林、蒙特卡罗方法等算法也是典型的利用随机性来提高模型的预测能力的算法。

蒙特卡罗方法是一种使用随机抽样和统计模拟的数值计算方法，用于估算复杂问题的结果。蒙特卡罗方法的核心思想是概率统计理论中的大数定律，即随着样本数量的增加，随机样本的平均值趋近于其期望值。通过生成足够多的随机样本，并根据这些样本的性质进行统计分析，可以得到问题的近似解或结果。

下面通过一个简单的例子说明蒙特卡罗方法的应用。假设想要估算圆周率 π 的值，首先构建一个正方形和一个内切圆，圆的半径为正方形边长的一半。然后在正方形内部随机生成大量的点，并统计落在圆内的点的数量。根据几何原理，圆的面积为 πr^2，其中 r 为圆的半径。正方形的面积为 $4r^2$。因此，圆的面积与正方形的面积之比为 $\pi/4$。采用蒙特卡罗方法可以生成大量的随机点，并统计其中落在圆内的点的数量。假设生成 N 个随机点，其中 M 个点落在圆内，根据比例关系，可以估算出 π 的值为 $4M/N$。当生成的随机点数量较大时，根据大数定律，这一估算值将趋近于真实值 π。通过增加样本点的数量，可以提高估算结果的准确性。

蒙特卡罗方法不仅可以用于估算数学常数，还可以用于估算复杂的概率、积分、优化等。它的优势在于可以处理各种复杂的情况，而不需要依赖具体的解析公式。

11.7　算法综合分析：外卖配送任务

大多数情况下，需要结合实际场景设计解决问题的算法。本节通过外卖员在城市中送外卖的实例，说明一个问题可以有多种不同的解决方案，不同的算法求出的同一个问题的解的质量是参次不齐的。在现实生活中，为了平衡解的质量和算法的时间性能，通常会将多个算法组合在一起使用。

假设有一名外卖员，需要在一个城市中完成一系列的外卖配送任务。城市中共有 n 个配送任务，每个配送任务都有一个出餐任务点和一个任务目标点，外卖员可以选择同时接多个单，到多个出餐点取餐后一并配送，只要配送时保证某个订单已出餐即可。可以从任意一个任务出发，但最终必须完成所有任务。任务点之间的道路用 m 条边表示，每条边连接两个任务点，边权代表任务点之间的距离。需要设计算法找到一条配送路径，使得总距离越短越好。

这个任务的场景可以抽象成一个图形结构，配送任务的位置是顶点，道路是边，每条边的距离为权值。解决任务的算法有很多种，实际应用中每个外卖员选择的算法也是不同的。本章中介绍的算法大多可以用于解决这个问题，并产生不同的解。由于这个问题比较复杂，下面的算法不要求找到全局最优解，而是在一定程度上优化外卖员的选择。请读者仔细思考，每个算法会在什么样的特定场景下有较为优秀的解。

在开始考虑配送序列之前，可以利用第 10 章介绍的最短路径算法预先计算每两个任务点之间的最短路径。本节只设计如何选取一个合适的任务序列，过程中可以直接索引任意两个顶点之间的最短路径长度，不需要额外计算最短路径。最终外卖员根据序列配送。

首先考虑最简单的枚举法。使用枚举法来解决这个问题，一定能够得到最优解，但是时间复杂度将非常庞大。需要枚举 n 个取餐点的顺序，一共有 $n!$ 种，还需要枚举取餐后何时配送到目标点。下面以 $n=3$ 为例，给出枚举配送方案的实例。定义 3 个取餐点为 A_1、A_2、A_3，配送目标点分别为 B_1、B_2、B_3。首先枚举 3 个取餐点的顺序，即 A_1 ～ A_3 的全排列，共 $3!=6$ 种。

以排列 $A_1A_2A_3$ 为例，$B_1 \sim B_3$ 的枚举插入方案如图 11-4 所示。首先考虑插入 B_1，B_1 的插入必须在 A_1 之后，因此有 3 个插入位置。插入 B_1 后，对于每一种情况，继续考虑 B_2 的可选插入位置。同理，插入 B_2 后，考虑 B_3 的可选插入位置。最终可以枚举出，对于每一种 $A_1 \sim A_3$ 的排列，$B_1 \sim B_3$ 的插入都有 13 种方案。因此，n=3 时，需要枚举的配送方案有 13×6=78 种。枚举的可能性在 n 略大之后（如 n>10）会增长得很快，几乎没有可能完成枚举。

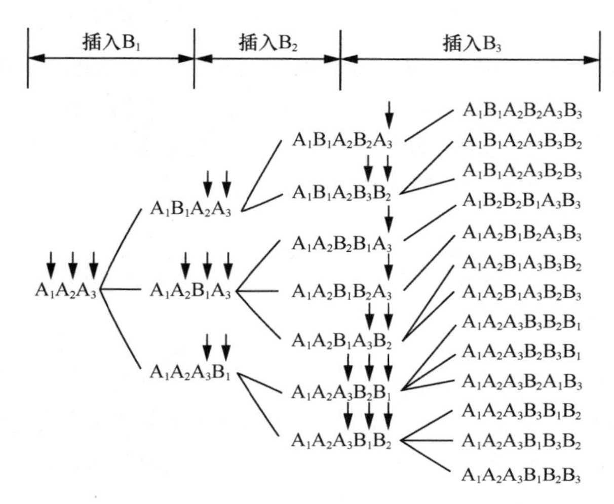

图 11-4　枚举 $B_1 \sim B_3$ 的可选插入位置

使用贪婪算法可以大大减少枚举的次数。从某个起点开始，每次选择距离最近的未访问过的取餐点或将已经取餐的目标点作为下一个配送目标，依次完成所有任务。采用贪婪算法解决这个问题相对高效，但同时牺牲了解的质量。有时候，一味选取最近的任务并不一定能够得到最短路径。例如，在图 11-5（a）中，点 A_1、A_2、A_3 是取餐点，其对应的配送目标点分别为 B_1、B_2、B_3。图 11-5（b）展示了图 11-5（a）的最短路径预处理矩阵。从点 A_1 出发，采用贪婪算法得到的路径为 A_1—A_2—A_3—B_2—B_3—B_1，路径长度为 1+1+1+1+6=10 个单位。但是事实上，按 A_1—B_1—A_2—A_3—B_2—B_3 的顺序配送是一个更优的解，路径长度只有 2+3+1+1+1=8 个单位。贪婪算法的时间复杂度较低，约为 $O(n)$，其中 n 是配送任务的数量。虽然不一定能得到全局最优解，但在实际应用中，贪婪算法通常能够获得接近最优的结果，并且具有较好的时间性能。

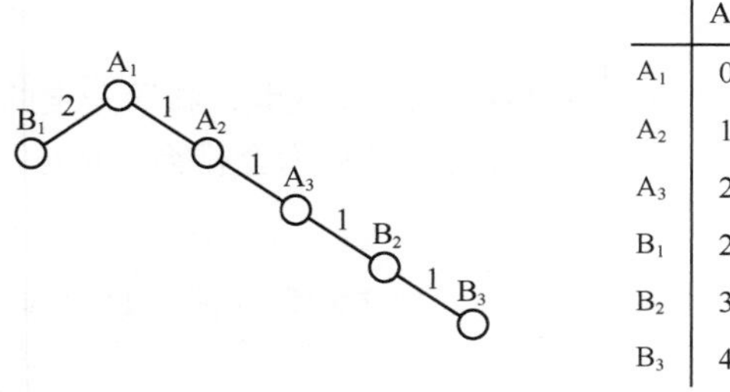

	A_1	A_2	A_3	B_1	B_2	B_2
A_1	0	1	2	2	3	4
A_2	1	0	1	3	2	3
A_3	2	1	0	4	1	2
B_1	2	3	4	0	5	6
B_2	3	2	1	5	0	1
B_3	4	3	2	6	1	0

（a）贪婪算法的反例实例　　（b）图(a)的最短路径预处理矩阵

图 11-5　贪婪算法的一个反例及其最短路径预处理矩阵

还有一种常见的配送思路是，先在一个区域内完成工作，再到另一个区域继续送外卖。这就应用了分治法的思想。就好比将上海分成区，再将一个区分成各个街道。行政区划足够小，

则订单数量 n 就会变少，外卖员就可以应用贪婪算法、枚举法等算法选取任务点。就算走一些回头路，这个路程损失与在不同街区之间来回穿梭相比，时间成本是可以被忽略的。更深入地，思考如何将目标顶点集分成几个子集来处理。其中一种简单的方案是，在边集中移除 k 条权值最大的边，将图划分成几个连通子图再进行处理。如果某个顶点集仍然较大，则可以用同样的方法继续分治。这种算法适用于外卖订单聚集于每个区域的中心街区，不同区域之间只有零星几个外卖单的情况。如果订单分布较为均匀，分治法就不合适了。

通过这个例子可以发现，不同的算法可以应用到同一个问题上，并得到不同的解。同时，同一个问题可以综合使用不同的算法来解决，以求解更优的方案。在实际生活中，因为外卖订单位置的分布不同，外卖员会选取不同的策略送单，这也就是为什么有时外卖很快就能送达，有的时候却会超时，这取决于外卖员所采用的算法。

11.8 小结

本章介绍了算法设计思想及应用，并给出了实例实现和分析。本章还将不同的算法设计思想应用到外卖配送任务的实例中，不同算法设计有不同的实现思路与处理效率。在不同的应用场景下，选择合适的数据结构及适当的算法，往往可以高效地解决问题。

11.9 习题

（1）请根据算法清单 11-1，编写一个程序来实现区间调度问题。

（2）对于一个正整数数列，将其分成连续的若干段，并且每段和不超过 M，最少能将其分成多少段。请编写一个程序解决此问题。

（3）给定一个正整数 N，去掉其中任意 k 位组成一个新的非负整数，这个新的整数最小是多少。请编写一个程序解决此问题。

（4）分治法所需要的运行时间递推公式可以写成 $T(n)=aT\left(\frac{n}{b}\right)+\Theta(n^k)$，请写出在 $a=b=2$，$k=1$ 时，分治法的时间复杂度的大 O 表示。

（5）全排列问题：从 n 个不同元素中任取 m（$m \leqslant n$）个元素，按照一定的顺序排列起来，叫作从 n 个不同元素中取出 m 个元素的一个排列，$m=n$ 时称为全排列。请编写一个程序，输出 1 ～ n 的全排列。

（6）素数环问题：将 1 ～ n 这 n 个数摆成一个环，要求相邻的两个数的和是一个素数。请编写一个程序解决此问题。

（7）写出递归的 fib() 函数中的递归调用次数的递推公式。假设计算 fib() 使用的递归函数调用次数为 $C(n)$。

（8）请在 11.7 节的外卖配送任务中，枚举当配送任务数量 $n=4$ 时，共有多少种配送序列。

（9）请分析 11.7 节的外卖配送任务中，每种算法分别适用于什么场景，并给出举例。

（10）请实现用蒙特卡罗方法估算 π 的值的代码（随机样本数为 10^8）。

（11）使用动态规划算法编写一个程序解决无穷背包问题：有 n 种物品和一个容量为 V 的背包，每种物品都有无限件可用。第 i 种物品的重量是 c[i]，价值是 w[i]。求解将哪些物品装入背包可使这些物品的重量总和不超过背包容量，且价值总和最大。

（12）最长上升子序列问题：给定一个数组 a_n，若存在 $i_1<i_2<\cdots< i_e$ 且有 $a[i_1]<a[i_2]<\cdots<a[i_e]$，则 a_n 称为一个上升序列。请使用动态规划算法求最长上升子序列的长度，要求时间复杂度为 $O(n^2)$。例如 {3, 15, 7, 13, 10, 12, 23, 16, 22} 的最长上升子序列是 {3, 7, 10, 12, 16, 22}，长度为6。

（13）请使用分治法优化习题（12）中求最长上升子序列的算法，改进后的时间复杂度应为 $O(n\log n)$。（提示，读者可以自学“单调栈”这一数据结构）

附录 A

书中部分命题的证明

为了使正文内容更精练，正文中省略了一部分性质、定理及时间复杂度等命题的证明过程。这些证明本身不影响对正文中数据结构的理解，感兴趣的读者可以自行研读。本附录给出正文中省略的命题证明过程。

A.1 证明二叉树的性质

性质 1：一棵非空二叉树的第 k 层上最多有 2^{k-1} 个结点（$k \geqslant 1$）。

证明：使用归纳法证明。

首先，考虑第一层（k=1）。根据性质 1，第一层上最多有 $2^{1-1}=1$ 个结点。这显然是成立的，因为第一层只能有一个根结点。

接下来，假设对于任意的正整数 k，一棵非空二叉树的第 k 层上最多有 2^{k-1} 个结点，需要证明对于第 k+1 层，也满足最多有 $2^{(k+1)-1}=2^k$ 个结点。考虑第 k+1 层，它是由第 k 层的结点扩展而来的。每个第 k 层的结点都会生成两个子结点，因此第 k+1 层上的结点数量是第 k 层上结点数量的两倍。根据归纳假设，第 k 层上最多有 2^{k-1} 个结点。因此，第 k+1 层上最多有 2^k 个结点。命题成立。

性质 2：一棵高度为 k 的二叉树，最多有 2^k-1 个结点。

证明：二叉树结点数量在满二叉树时取到最大。由性质 1 可知，第 i 层的结点数最多为 2^{i-1}，因此结点个数 N 最多为

$$N=1+2+\cdots+2^{k-1}=2^k-1$$

命题成立。

性质 3：对于一棵非空二叉树，如果叶结点数为 n_0，度为 2 的结点数为 n_2，则 $n_0=n_2+1$。

证明：假设有一棵非空二叉树，其中叶结点的数量为 n_0，度为 1 的结点数量为 n_1，度为 2 的结点数量为 n_2。对于每个度为 2 的结点，它会贡献两条边，一条连接到左子结点，另一条连接到右子结点。因此，度为 2 的结点总共贡献了 $2n_2$ 条边。同理，度为 1 的结点贡献一条边，总共贡献了 n_1 条边。因此，边的总数为 n_1+2n_2。由于每个结点（除了根结点）都与一条边相连，

而根结点没有与其他结点相连的边，所以结点的总数等于边的总数加 1。结点总数是 $n_0+n_1+n_2$，因此有

$$n_0+n_1+n_2=n_1+2n_2+1$$

化简上述等式得到 $n_0=n_2+1$，命题成立。

性质 4：具有 n 个结点的完全二叉树的高度 $k=\lfloor\log_2 n\rfloor+1$。

证明：根据完全二叉树的定义和性质 2，高度为 k 的完全二叉树最多有 2^k-1 个结点，由于最后一层可能不满，所以结点数至少比 $k-1$ 层满二叉树的结点数多 1，也就是大于 $2^{k-1}-1$ 个结点。因此有

$$2^{k-1}-1<n \leqslant 2^k-1$$

由于 n、k 都是整数，所以可以将上式化简为

$$2^{k-1} \leqslant n<2^k$$

再对不等式取对数，得到

$$k-1 \leqslant \log_2 n<k$$

因此得到 $\log_2 n<k \leqslant \log_2 n+1$，也就是 $k=\lfloor\log_2 n\rfloor+1$。命题成立。

性质 5：如果对一棵有 n 个结点的完全二叉树中的结点按层自上而下（从第 1 层到第 $\lfloor\log_2 n\rfloor+1$ 层），每一层自左至右依次编号。若设根结点的编号为 1，则任一编号为 i 的结点 ($1 \leqslant i \leqslant n$) 有如下性质。

- 如果 $i=1$，则该结点是二叉树的根结点；如果 $i>1$，则其父结点的编号为 $\lfloor i/2\rfloor$。
- 如果 $2i>n$，则编号为 i 的结点为叶结点，没有子结点；否则，其左子结点的编号为 $2i$。
- 如果 $2i+1>n$，则编号为 i 的结点无右子结点；否则，其右子结点的编号为 $2i+1$。

证明：使用归纳法证明。

当 $i=1$ 时，说明是根结点。若根结点的两个子结点都存在，按照按层编号的原则，第二层的两个结点的编号分别为 2 和 3，满足左子结点的编号为 $2i$，右子结点的编号为 $2i+1$。

设编号为 i 的结点存在左、右子结点，且左、右子结点的编号满足要求，即左子结点的编号为 $2i$，右子结点的编号为 $2i+1$。那么，对于编号为 $i+1$ 的结点，设它的左、右子结点都存在，那么其左子结点的编号应比编号为 i 的结点的右子结点的编号大 1，即它的编号应为 $2(i+1)$（即 $(2i+1)+1=2i+2$）；编号为 $i+1$ 的结点的右子结点的编号应比该结点的左子结点的编号又增大 1，即右子结点的编号应为 $2(i+1)+1$。当某一个子结点的编号大于 n 时，由于结点的编号只能在 $1 \sim n$ 范围内，意味着该子结点并不存在。因此，父结点的编号为 i 时，其左、右子结点若存在，则它们的编号分别为 $2i$、$2i+1$ 的命题成立。

由于 $\lfloor(2i)/2\rfloor=\lfloor(2i+1)/2\rfloor=i$，所以父结点的编号可由左、右子结点的编号除以 2 并进行向下取整得到。

命题成立。

A.2　证明两种遍历方法是否能够唯一确定一棵二叉树

命题 1：前序遍历 + 后序遍历不能唯一确定一棵二叉树。

证明：举反例即可。如图 A-1 所示，两棵二叉树的前序遍历序列均为 A B C D，后序遍历序列也均为 D C B A，但是这两棵二叉树有不同的形态，图 A-1（a）中的二叉树的中序遍历序列为 A B C D，图 A-1（b）中的二叉树的中序遍历序列则为 B C D A。

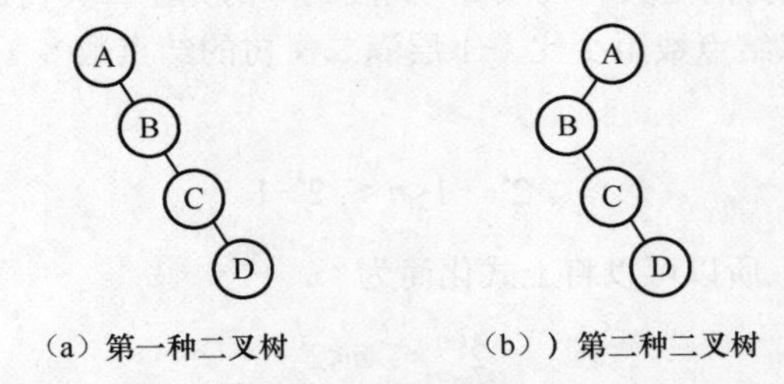

（a）第一种二叉树　　（b））第二种二叉树

图 A-1　前序遍历序列为 A B C D，后序遍历序列为 D C B A 的两棵不同的二叉树

命题 2：前序遍历 + 中序遍历可以唯一确定一棵二叉树。

证明：二叉树是递归定义的，确定一棵二叉树就是确定左子树、右子树和根结点。通过前序遍历序列可以确定根结点，然后通过中序遍历序列可以确定根结点的左、右子树。可以采用和确定根结点同样的方法，确定左、右子树的根结点，并继续向下构建二叉树。构建二叉树的具体步骤如下。

（1）在二叉树的前序遍历中，第一个访问的结点是根结点，先将根结点取出保存。

（2）在中序遍历中，根结点将左、右子树分开。左子树的结点位于根结点之前，右子树的结点位于根结点之后。因此可以在找到根结点的情况下，通过中序遍历确定根结点的左、右子树。

（3）重复步骤（1）和步骤（2）继续构建左、右子树。

（4）不断地递归，直到处理完所有结点。

由于每个结点在前序遍历和中序遍历中都只被访问一次，因此通过前序遍历和中序遍历的组合可以唯一确定一棵二叉树。这种思路基于根结点在前序遍历中首先访问的特性，以及中序遍历中根结点将左、右子树分开的特性。图 A-2 展示了用前序遍历和中序遍历确定唯一二叉树的实例，读者可以结合实例思考构建二叉树的过程。

命题 3：后序遍历 + 中序遍历可以唯一确定一棵二叉树。

证明：命题 3 的证明和命题 2 类似。通过后序遍历序列确定根结点，然后通过中序遍历序列确定左、右子树。具体步骤如下。

（1）在二叉树的后序遍历中，最后一个访问的结点是根结点，先将根结点取出保存。

（2）在中序遍历中，根结点将左、右子树分开。左子树的结点位于根结点之前，右子树的结点位于根结点之后。因此可以在找到根结点的情况下，通过中序遍历确定根结点的左、右子树。

前序遍历序列：A B D H L E C F I J M N G K

中序遍历序列：D H L B E A I F N M J C G K

步骤（1）：取出根结点A

中序遍历序列：D H L B E [A] I F N M J C G K

左子树　　　右子树

步骤（2）：取前序遍历中下一个结点B，去分割A的左子树

中序遍历序列：D H L [B] E

左子树　右子树

步骤（3）：取出D分割

中序遍历序列：[D] H L

右子树

步骤（4）：取出H分割

中序遍历序列：[H] L

右子树

构建A的左子树

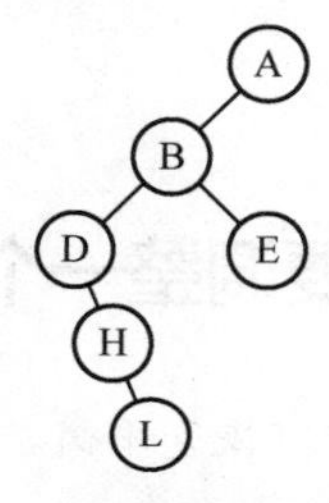

图 A-2　用前序遍历和中序遍历确定唯一二叉树的实例

（3）重复步骤（1）和步骤（2）构建左、右子树。

（4）不断地递归，直到处理完所有结点。

通过这样的递归过程，可以唯一地重构原始二叉树的结构。因为每一步都基于后序遍历和中序遍历的结果来唯一确定当前子树的根结点和左、右子树的范围，所以整棵二叉树的结构也是唯一确定的。

A.3　证明AVL树的高度是对数级别的

命题：具有 n 个结点的 AVL 树的高度是对数级别的，高度 h 满足 $\log_2(n+1) \leqslant h<1.44\log_2(n+2)$。

证明：AVL 树的高度的下界就是树为满二叉树的情况，根据附录 A.1 的性质 4 可以知道，$n \leqslant 2^h-1$，因此有 $h \geqslant \log(n+1)$。

AVL 树的上界比较复杂，需要用数列的相关知识来推导。结点的左、右子树的高度差为 1 时树的结点数最少，树结点数最少就对应了树高的上界。假设 $n(h)$ 为高度为 h 的 AVL 树的最少结点数，那么可以写出以下通项公式：

$$n(1)=1;\ n(2)=2;$$

$$n(h)=n(h-1)+n(h-2)+1，\ h \geqslant 3。$$

对通项公式的递推式的两边都加 1，可以得到 $n(h)+1=(n(h-1)+1)+(n(h-2)+1)$。令 $a_i=n(i)+1$，

可以发现 $a_i=a_{i-1}+a_{i-2}$，这和斐波那契数列 $\{F_i\}$ 的递推公式 $F_i=F_{i-1}+F_{i-2}$ 一致。比较首项的关系，$a_1=n(1)+1=2=F_3$，因此数列 a_i 为斐波那契数列从第三项开始的子列，即 $a_i=F_{i+2}$。斐波那契数列的通项公式为

$$F_n=\frac{1}{\sqrt{5}}\left[\left(\frac{1+\sqrt{5}}{2}\right)^n-\left(\frac{1-\sqrt{5}}{2}\right)^n\right]$$

于是可以得到 $n(h)=\frac{1}{\sqrt{5}}\left[\left(\frac{1+\sqrt{5}}{2}\right)^{h+2}-\left(\frac{1-\sqrt{5}}{2}\right)^{h+2}\right]-1>\frac{1}{\sqrt{5}}\left(\frac{1+\sqrt{5}}{2}\right)^{h+2}-2$，解得

$h<\dfrac{\log_2(n(h)+2)}{\log_2\left(\dfrac{1+\sqrt{5}}{2}\right)}+\dfrac{\log_2\sqrt{5}}{\log_2\left(\dfrac{1+\sqrt{5}}{2}\right)}-2<1.44\log_2(n+2)$。命题成立。

A.4　证明AVL树插入后至多只需要调整一个结点即可恢复平衡

命题：AVL 树插入后至多只需要调整一个结点即可恢复平衡。

证明：当 AVL 树插入后，算法会从插入结点开始向根结点回溯，直到找到第一个非平衡的结点，进行 LL/RR/LR/RL 的调整。显然，如果一直到根结点都平衡，那么无须调整，命题成立。如果查找到第一个不符合平衡条件的结点 A，则执行旋转操作。根据旋转的定义可以发现，调整后以 A 为根结点的树的高度相较于插入新结点之前是不变的，因此从 A 的父结点开始，其高度和平衡度都不会发生改变，也就保证了不再需要进行调整。综上，AVL 树插入后至多只需要调整一个结点即可恢复平衡。命题成立。

A.5　证明快速排序的平均时间复杂度为$O(n\log n)$

命题：对于有 n 个元素的待排序数组，快速排序的平均时间复杂度为 $O(n\log n)$。

证明：首先考虑快速排序的最好和最坏情况。最好情况是每次划分都把数组分成平均的两部分，最坏情况是每次划分都将数组划分成 0 个元素和 $n-1$ 个元素的两部分。这两种情况的时间复杂度分别为 $O(n\log n)$ 和 $O(n^2)$。在平均情况下，任意一种划分出现的概率都相等。设 n 为待排序数组中的元素个数，$T(n)$ 为算法排序该数组的时间复杂度，那么就有通项公式 $T(1)=1, T(n)=n+T(I_1)+T(I_2)$，其中 I_1 和 I_2 为一次划分后将数组划分成两部分的元素个数，$T(n)$ 中计算的为排序中的比较次数。由于每一种划分出现的可能都是平均的，也就是说

$$P(I_1=0,I_2=n-1)=P(I_1=1,I_2=n-2)=\cdots=P(I_1=n-1,I_2=0)=1/n$$

所以有

$$T(n)=n+\frac{1}{n}\sum_{i=0}^{n-1}(T(i)+T(n-i-1))=n+\frac{2}{n}\sum_{i=0}^{n-1}T(i) \tag{A-1}$$

用 $n-1$ 替代式（A-1）中的 n，可以得到

$$T(n-1)=n-1+\frac{2}{n-1}\sum_{i=0}^{n-2}T(i) \quad \text{（A-2）}$$

计算 $n\times$ 式（A-1）$-(n-1)\times$ 式（A-2），有

$$nT(n)-(n-1)T(n-1)=(2n-1)+2T(n-1) \quad \text{（A-3）}$$

移项可以得到 $nT(n)=(n+1)T(n-1)+(2n-1)$，两边同除以 $n(n+1)$，有 $\frac{T(n)}{n+1}=\frac{T(n-1)}{n}+\frac{2n-1}{n(n+1)}$，其中 $\frac{2n-1}{n(n+1)}=\frac{2}{n}-\frac{3}{n(n+1)}$。

令 $B(n)=\frac{T(n)}{n+1}$，$(B(n)-B(n-1))+(B(n-1)-B(n-2))+\cdots+(B(2)-B(1))=2\sum_{i=1}^{n}\frac{1}{n}-3\sum_{i=1}^{n}\frac{1}{n(n+1)}=2\sum_{i=1}^{n}\frac{1}{n}-3\left(1-\frac{1}{n+1}\right)=2\sum_{i=1}^{n}\frac{1}{n}-\frac{3n}{n+1}$。已知 $B(1)=\frac{T(1)}{2}=\frac{1}{2}=0.5$，$\sum_{i=1}^{n}\frac{1}{n}\approx\ln n+0.577$[①]，最终化简得 $B(n)$ 的表达式为 $B(n)=2\ln n+1.077-\frac{3n}{n+1}$，将其代回 $T(n)$，得到时间复杂度的表达式为 $T(n)=(n+1)\left(2\ln n+1.077-\frac{3n}{n+1}\right)\in O(n\log n)$，命题成立。

A.6 证明归并排序的时间复杂度为 $O(n\log n)$

命题：对于有 n 个元素的待排序数组，归并排序的时间复杂度为 $O(n\log n)$。

证明：设 $T(n)$ 为算法的时间复杂度，则 $T(1)=0, T(n)=2T(n/2)+C(n)$，其中 $C(n)$ 是合并两个长度为 $n/2$ 的数组的元素所使用的移动次数。在合并两个数组时，必须把所有 n 个数字都复制到新数组中，$C(n)=n$。可以有如下计算：

$$\begin{aligned}T(n)&=2T\left(\frac{n}{2}\right)+n\\&=2\left(2T\left(\frac{n}{4}\right)+\frac{n}{2}\right)+n\\&=\cdots\\&=2^k\left(T\left(\frac{n}{2^k}\right)\right)+kn\end{aligned}$$

当 $k=\log n$ 时，递归停止。此时可以计算出 $T(n)=nT(1)+n\log n\in O(n\log n)$。命题成立。

① 0.577为欧拉-马斯刻若尼常数，是一个数学常数，定义为调和级数与自然对数的差值。

附录 B

电子资源与运行环境配置

附录 B 将介绍本书配套的电子资源与使用方法，所有电子资源均可通过可本书主页（http://hds.boyuai.com）进行访问。本书的电子资源包括 3 部分：配套教学视频、动手练平台与电子资料仓库。动手练平台是一个在线代码测试平台，读者可以在阅读代码讲解的同时对代码进行修改与测试，真正做到动手学数据结构。电子资料仓库中的内容则包括数据结构类的完整实现、数据结构类的运用，以及大型应用——火车票管理系统的完整代码。本附录还将给出如何在 Linux、Windows 与 macOS 操作系统上搭建 C++ 本地编译环境，指导读者运行火车票管理系统这一大型应用，从而动手体验数据结构的综合运用。

B.1 动手练平台

单击本书主页右上角的“动手练平台”按钮访问代码测试平台，可以运行本书中数据结构的代码。平台提供对理论知识的讲解以及可以直接运行的代码框。每节讲解当前数据结构的部分功能，同时读者可以实时对代码进行任意修改，测试当前功能的实现。为了适配在线网页排版与提升读者的代码运行体验，右侧展示的代码框仅为当前类的部分实现，完整实现与测试用 main() 函数都被省略了。读者可以单击“运行”按钮进行当前类的测试。在测试过程中，读者可以自定义输入，也可以选取给出的样例作为输入。若要学习完整代码，读者可访问电子资料仓库并配置本地 C++ 环境来编译并运行代码，参阅附录 B.2 与附录 B.3。

B.2 电子资料仓库

本书的电子资料仓库地址为 https://github.com/boyu-ai/Hands-on-DS，读者也可以单击本书主页右上角的“电子资料仓库”按钮跳转访问。读者可以在电子资料仓库页面中单击绿色的 code 按钮，在下拉菜单中选择自己熟悉的仓库克隆方式（推荐初学者单击“Download ZIP”后解压到本地）。仓库各目录中的内容如下。

- textcode 目录包含本书代码清单中的所有代码，按照章节进行排列，通常类名即为文件名，类名 +Test.cpp 即为该类的测试程序。例如，textcode/chapter2/seqList.h 及对应的 .cpp 文件包含代码清单 2-2~ 代码清单 2-5 顺序表的完整定义与实现。此外，本书介绍的数据结构简单应用也包含在内，例如，textcode/chapter2/multinomial.h 及 multinomialTest.cpp 是代码清单 2-14 所示的多项式类的实现与测试程序。

- code 目录包含本书除第 1 章、第 7 章和第 11 章以外，每章的大型应用实现中各个应用模块的代码。由于涉及文件较多，将它们与 textcode 目录分开。通常，类名即为子目录名，例如，code/TrainScheduler 目录包含 2.5 节中列车运行计划管理类的完整实现与测试代码。
- trainsys 目录包含整个大型应用——火车票管理系统的代码。trainsys/DataStructure 是大型应用中使用的数据结构实现。注意，作为一个完整应用，其实现可能和 textcode 目录与 code 目录中的代码有所差异。例如，余票管理类和行程管理类均使用了一对多 B+ 树进行存储而非 8.4 节介绍的一对一 B+ 树，这些差异已在每章介绍大型应用实现时阐明，读者可以亲自动手运行代码，比对这些差异，体会从简单的数据结构到复杂的大型应用实现的变化。与火车票管理系统的交互方式为命令行，请参考 main.cpp；样例输入请参考 input.in（参见根目录）。

B.3 本地环境搭建和仓库代码运行

火车票管理系统这一大型应用由许多文件构成，读者下载代码仓库后需要在本地搭建 C++ 编译与测试环境后方可动手学习。本节将分不同操作系统介绍如何配置环境与运行代码。本书的所有代码在 GNU/Linux 环境下测试编译通过，因此推荐读者采用 g++ 9.4 或更新版本的 GNU C++ 编译器，并选用 -lm、-Wall、-Wextra、-O1、-std=c++14 等编译参数。例如，读者可以在命令行中执行 g++ main.cpp -o main -lm -Wall -Wextra -Ol -std=c++14，将源文件 main.cpp 编译为可执行文件 main。

B.3.1 Linux环境

通常来说，在 Linux 环境下编写和调试 C++ 代码是一个很好的选择。本节简要介绍如何在 Linux 环境下编译并运行 C++ 代码，以及如何使用 CMake 编译、运行一个大型的项目。

1. 配置 Linux 环境

读者可以通过很多方式配置 Linux 环境，比较推荐的方式有：

- 在计算机上安装一个 Linux 操作系统；
- 如果使用的是 Windows 操作系统，可以安装适用于 Windows 的 Linux 子系统（WSL、Windows Subsystem for Linux）[①]；
- 通过 VMware 等虚拟机软件安装一个 Linux 虚拟机。

安装时会要求创建用户。请将自己的用户设置为拥有 sudo 权限。

---

① 如果要安装WSL，最好的办法是查看Microsoft的官方文档“如何使用WSL在Windows上安装Linux”，一步一步照着做。

无论通过哪种方式配置 Linux 环境，环境配置的后续步骤是基本相同的。本教程以 WSL 为例编写并运行代码，使用的 Linux 发行版是 Ubuntu-22.04。

2. 认识 Shell 与单文件编译及运行

Shell 是一个通过命令行来操作计算机的方式，在 UNIX/Linux 环境下较为常见。与常见的图形化操作不同，Shell 通过纯文本的方式提交指令。

在 WSL 下，可以使用 Windows 终端打开 Shell，也可以通过在 Windows CMD 中输入 wsl 或 bash 打开。

如果你使用的是 Linux 虚拟机或直接安装了 Linux 操作系统，可以通过快捷键 Ctrl+Alt+T 打开 Shell，界面如图 B-1 所示。

图 B-1　Shell 界面

键入命令 touch a.cpp。每次键入命令后，都需要键入回车来执行命令，以下不再赘述回车执行的过程。touch 命令会在当前目录下创建一个名为 a.cpp 的文件。键入命令后，Shell 可能除换行之外没有任何反馈，这是正常的，说明指令执行没有出错。

通过命令 ls 可以查看刚刚创建的文件，如图 B-2 所示。

图 B-2　在 Shell 中创建与查看文件

键入 nano a.cpp，可以打开编辑器来编辑 a.cpp 文件。在 a.cpp 文件中编写一个简单的 hello world 程序，如图 B-3 所示。

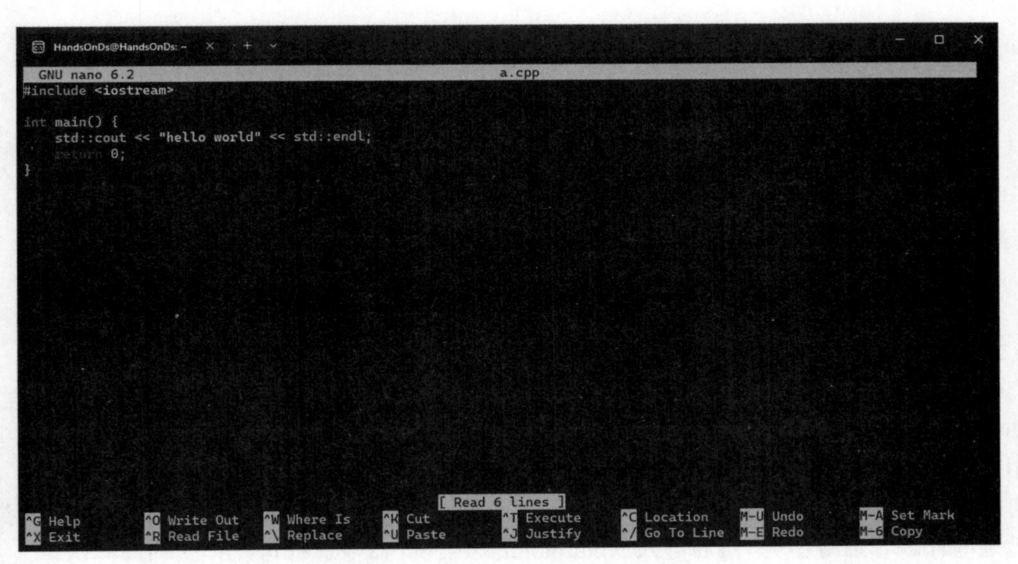

图 B-3 在 a.cpp 文件中编写程序

按快捷键 Ctrl+S 保存程序，然后按快捷键 Ctrl+X 退出 nano。

接下来，需要使用 C++ 编译器将代码转换为机器可运行的程序。此处选取的 g++ 是 GNU 的 C++ 编译器。键入命令 g++ -v 可以查看当前安装的 g++ 的版本。如果 Shell 返回如图 B-4 所示，说明 g++ 尚未安装。

```
HandsOnDs@HandsOnDs:~$ g++ -v
-bash: g++: command not found
```

图 B-4 g++ 尚未安装

可以使用命令 sudo apt install g++ 来安装 g++ 程序包。apt 是本书选取的 Ubuntu 这一 Linux 发行版的包管理器，如果使用其他 Linux 发行版，包管理器的名称与安装包的命令可能不同。

如果键入 g++ -v 之后返回类似图 B-5 的信息，说明 g++ 安装成功。

```
HandsOnDs@HandsOnDs:~$ g++ -v
Using built-in specs.
COLLECT_GCC=g++
COLLECT_LTO_WRAPPER=/usr/lib/gcc/x86_64-linux-gnu/11/lto-wrapper
OFFLOAD_TARGET_NAMES=nvptx-none:amdgcn-amdhsa
OFFLOAD_TARGET_DEFAULT=1
Target: x86_64-linux-gnu
Configured with: ../src/configure -v --with-pkgversion='Ubuntu 11.4.0-1ubuntu1~22.04' --with-bugurl=file:///usr/share/do
c/gcc-11/README.Bugs --enable-languages=c,ada,c++,go,brig,d,fortran,objc,obj-c++,m2 --prefix=/usr --with-gcc-major-versi
on-only --program-suffix=-11 --program-prefix=x86_64-linux-gnu- --enable-shared --enable-linker-build-id --libexecdir=/u
sr/lib --without-included-gettext --enable-threads=posix --libdir=/usr/lib --enable-nls --enable-bootstrap --enable-cloc
ale=gnu --enable-libstdcxx-debug --enable-libstdcxx-time=yes --with-default-libstdcxx-abi=new --enable-gnu-unique-object
 --disable-vtable-verify --enable-plugin --enable-default-pie --with-system-zlib --enable-libphobos-checking=release --w
ith-target-system-zlib=auto --enable-objc-gc=auto --enable-multiarch --disable-werror --enable-cet --with-arch-32=i686 -
-with-abi=m64 --with-multilib-list=m32,m64,mx32 --enable-multilib --with-tune=generic --enable-offload-targets=nvptx-non
e=/build/gcc-11-XeT9lY/gcc-11-11.4.0/debian/tmp-nvptx/usr,amdgcn-amdhsa=/build/gcc-11-XeT9lY/gcc-11-11.4.0/debian/tmp-gc
n/usr --without-cuda-driver --enable-checking=release --build=x86_64-linux-gnu --host=x86_64-linux-gnu --target=x86_64-l
inux-gnu --with-build-config=bootstrap-lto-lean --enable-link-serialization=2
Thread model: posix
Supported LTO compression algorithms: zlib zstd
```

图 B-5 g++ 安装成功

接下来，使用 g++ 编译刚刚编写的 a.cpp。编译的命令是 g++ a.cpp -o a.out，表示用 g++ 编译 a.cpp 这个文件，生成的可执行文件名称为 a.out。如果编译成功，执行 ls 命令之后，会看到目录中多了一个名为 a.out 的文件，如图 B-6 所示。

```
HandsOnDs@HandsOnDs:~$ g++ a.cpp -o a.out
HandsOnDs@HandsOnDs:~$ ls
a.cpp  a.out
```

图 B-6　生成可执行文件 a.out

键入 ./a.out 运行可执行文件。可以看到，代码正确输出了“hello world”，如图 B-7 所示。

```
HandsOnDs@HandsOnDs:~$ ./a.out
hello world
```

图 B-7　a.out 的正确输出

现在，已经可以在 Shell 中编写、编译并运行简单的 C++ 代码了。

学会了单文件编译后，读者可以尝试编译并运行 textcode 目录下的部分单文件测试程序。例如，textcode/chapter2/multinomialTest.cpp 是一个单文件程序，其中包含对 multinomial.h 头文件中多项式类的测试代码。键入命令 cd textcode/chapter2，可以切换到第 2 章的工作目录（路径可能因人而异）。编译的命令是 g++ multinomialTest.cpp -o multinomialTest.out（注意，头文件无须写在编译命令中）。然后键入 ./multinomialTest.out 命令运行可执行文件，样例输入 / 输出已在 multinomialTest.cpp 中写明。

此外，如果感觉使用 nano 作为编辑器不太方便，则可以在 WSL 下使用 VS Code 作为编辑器，具体步骤可以参考 Microsoft 的官方文档“开始通过适用于 Linux 的 Windows 子系统使用 Visual Studio Code”。而在 Linux 操作系统中或虚拟机中，除了安装 VS Code，还可以使用 gedit、emacs 和 vim 等实用的代码编辑器。

3. 简单的多文件编译与运行

仓库中的许多代码由多个 .cpp 文件构成，此处尝试编译与运行 code/WaitingList 的测试代码。与之前简单的 hello world 代码不同的是，排队交易类的实现包含多个 .cpp 文件。在 code/WaitingList 目录下键入 ls 命令可以查看实现排队交易类的 .cpp 和 .h 文件列表，如图 B-8 所示。

图 B-8　code/WaitingList 目录包含排队交易类的多个 .cpp 文件

此时需要使用多文件编译。键入编译命令时，需要包含所有用到的 .cpp 文件。例如，编译这个测试代码的命令是 g++ DateTime.cpp WaitingList.cpp WaitingListTest.cpp -o code.out。编译完成后，键入 ./code.out 运行代码，结果如图 B-9 所示。

```
HandsOnDs@HandsOnDs:~/HandsOnDs/code/WaitingList$ g++ DateTime.cpp WaitingList.cpp WaitingListTest.cpp -o code.out
HandsOnDs@HandsOnDs:~/HandsOnDs/code/WaitingList$ ./code.out
User: 1
Date: 01-01
DepartureStation: 295
Type: Ordering

User: 2
Date: 02-02
DepartureStation: 470
Type: Ordering

User: 3
Date: 03-03
DepartureStation: 626
Type: Ordering

User: 4
Date: 04-04
DepartureStation: 1318
Type: Ordering

User: 4
Date: 04-04
DepartureStation: 1318
Type: Refunding
```

图 B-9 编译与运行排队交易类及其测试代码

4. 复杂项目的多文件编译

可以想象，当项目较大、文件模块较多时，使用多文件编译极为不便。因此，本书的火车票管理系统使用了 CMake 来管理源代码构建。CMake 提供了一个简单的语法来描述和配置项目的构建规则，从而自动完成多文件项目的编译、运行、测试与调试。trainsys 文件夹的父目录下有一个名为 CMakeLists.txt 的文件（见图 B-10），这个文件中的代码用于管理源代码构建。

```
HandsOnDs@HandsOnDs:~/HandsOnDs$ ls
CMakeLists.txt  README.md  code  doc  init_database.sh  input.in  station.txt  text  textcode  trainsys
```

图 B-10 火车票管理系统的 CMakeLists.txt 文件

可以简单查看一下 CMakeLists.txt 中的代码。其中最重要的内容为最后两行，如图 B-11 所示。

```
AUX_SOURCE_DIRECTORY(./trainsys SRC)

ADD_EXECUTABLE(main ${SRC})
```

图 B-11 火车票管理系统的 CMakeLists.txt 中的代码的最后两行

图 B-11 中，第一行代码的作用是递归地抓取所有 trainsys 文件夹中的文件，将它们存入变量 SRC 中。第二行代码的作用则是使用编译器将所有变量 SRC 记录的文件联合编译为可执行文件 main。

要使用 CMake 来编译代码，首先要确保本地正确安装了 GNU Make 和 CMake。通过键入命令 make -v 和 cmake --version 可以查看当前安装的 GNU Make 和 CMake 版本。如果尚未安装，可以通过 sudo apt install make 和 sudo apt install cmake 分别安装它们。正确安装后如图 B-12 所示。

在确保正确安装了 GNU Make 和 CMake 之后，首先在当前目录下创建一个名为 build 的文件夹。键入命令 mkdir build，然后键入 cd build 将当前目录切换到此文件夹，如图 B-13 所示。

```
HandsOnDs@HandsOnDs:~/HandsOnDs$ make -v
GNU Make 4.3
Built for x86_64-pc-linux-gnu
Copyright (C) 1988-2020 Free Software Foundation, Inc.
License GPLv3+: GNU GPL version 3 or later <                    >
This is free software: you are free to change and redistribute it.
There is NO WARRANTY, to the extent permitted by law.
HandsOnDs@HandsOnDs:~/HandsOnDs$ cmake --version
cmake version 3.22.1

CMake suite maintained and supported by Kitware (kitware.com/cmake).
```

图 B-12　GNU Make 与 CMake 已经正确安装

```
HandsOnDs@HandsOnDs:~/HandsOnDs$ mkdir build
HandsOnDs@HandsOnDs:~/HandsOnDs$ cd build
HandsOnDs@HandsOnDs:~/HandsOnDs/build$ ls
HandsOnDs@HandsOnDs:~/HandsOnDs/build$ |
```

图 B-13　新建 build 文件夹并切换到 build 文件夹

可以看到，现在创建了一个名为 build 的空文件夹，并且当前目录切换到了 build 文件夹。键入 cmake ..，其中两个点号表示上级目录。这时，CMake 会从上一级目录，也就是根目录中找到 CMakeLists.txt，并通过其中的内容生成一个 Makefile 文件，如图 B-14 所示。

```
HandsOnDs@HandsOnDs:~/HandsOnDs/build$ cmake ..
-- The C compiler identification is GNU 11.4.0
-- The CXX compiler identification is GNU 11.4.0
-- Detecting C compiler ABI info
-- Detecting C compiler ABI info - done
-- Check for working C compiler: /usr/bin/cc - skipped
-- Detecting C compile features
-- Detecting C compile features - done
-- Detecting CXX compiler ABI info
-- Detecting CXX compiler ABI info - done
-- Check for working CXX compiler: /usr/bin/c++ - skipped
-- Detecting CXX compile features
-- Detecting CXX compile features - done
-- Configuring done
-- Generating done
-- Build files have been written to: /home/HandsOnDs/HandsOnDs/build
HandsOnDs@HandsOnDs:~/HandsOnDs/build$ ls
CMakeCache.txt  CMakeFiles  Makefile  cmake_install.cmake
```

图 B-14　找到 CMakeLists.txt 并生成一个 Makefile 文件

然后键入 make 编译代码，代码编译结果如图 B-15 所示。

```
HandsOnDs@HandsOnDs:~/HandsOnDs/build$ make
[  6%] Building CXX object CMakeFiles/main.dir/trainsys/CommandParser.cpp.o
[ 13%] Building CXX object CMakeFiles/main.dir/trainsys/DateTime.cpp.o
In file included from /home/HandsOnDs/HandsOnDs/trainsys/DateTime.cpp:1:
/home/HandsOnDs/HandsOnDs/trainsys/DateTime.h: In constructor 'trainsys::Time::Time(int, int, int, int, int)':
/home/HandsOnDs/HandsOnDs/trainsys/DateTime.h:67:9: warning: 'trainsys::Time::hour' will be initialized after [-Wreorder]   69 |     int hour;
      |
/home/HandsOnDs/HandsOnDs/trainsys/DateTime.h:65:10: warning:   'trainsys::Date trainsys::Time::date' [-Wreorder]
   65 |     Date date;
      |
/home/HandsOnDs/HandsOnDs/trainsys/DateTime.cpp:77:1: warning:   when initialized here [-Wreorder]
   77 | Time::Time(int min, int hour, int mday, int mon, int year)
      |
/home/HandsOnDs/HandsOnDs/trainsys/DateTime.cpp:77:54: warning: unused parameter 'year' [-Wunused-parameter]
   77 | Time::Time(int min, int hour, int mday, int mon, int year)
      |
In file included from /home/HandsOnDs/HandsOnDs/trainsys/DateTime.cpp:1:
/home/HandsOnDs/HandsOnDs/trainsys/DateTime.h: In copy constructor 'trainsys::Time::Time(const trainsys::Time&)':
/home/HandsOnDs/HandsOnDs/trainsys/DateTime.h:67:9: warning: 'trainsys::Time::hour' will be initialized after [-Wreorder]   67 |     int hour;
      |
/home/HandsOnDs/HandsOnDs/trainsys/DateTime.h:65:10: warning:   'trainsys::Date trainsys::Time::date' [-Wreorder]
   65 |     Date date;
      |
/home/HandsOnDs/HandsOnDs/trainsys/DateTime.cpp:80:1: warning:   when initialized here [-Wreorder]
   80 | Time::Time(const Time &o) : min(o.min), hour(o.hour), date(o.date) {}
      |
[ 20%] Building CXX object CMakeFiles/main.dir/trainsys/RailwayGraph.cpp.o
[ 26%] Building CXX object CMakeFiles/main.dir/trainsys/RouteSectionInfo.cpp.o
[ 33%] Building CXX object CMakeFiles/main.dir/trainsys/SchedulerManager.cpp.o
In file included from /home/HandsOnDs/HandsOnDs/trainsys/SchedulerManager.h:6,
                 from /home/HandsOnDs/HandsOnDs/trainsys/SchedulerManager.cpp:1:
/home/HandsOnDs/HandsOnDs/trainsys/DataStructure/BPlusTree.h: In instantiation of 'void trainsys::BPlusTree<KeyType, ValueType, M, L>::initialize() [with KeyType = trainsys::Strin
g; ValueType = trainsys::TrainScheduler; int M = 100; int L = 100]':
/home/HandsOnDs/HandsOnDs/trainsys/DataStructure/BPlusTree.h:53:13:   required from 'trainsys::BPlusTree<KeyType, ValueType, M, L>::BPlusTree(const string&) [with KeyType = trains
ys::String; ValueType = trainsys::TrainScheduler; int M = 100; int L = 100; std::string = std::__cxx11::basic_string<char>]'
/home/HandsOnDs/HandsOnDs/trainsys/SchedulerManager.cpp:7:11:   required from here
/home/HandsOnDs/HandsOnDs/trainsys/DataStructure/BPlusTree.h:557:38: warning: suggest parentheses around assignment used as truth value [-Wparentheses]
  557 |         root.isBottomNode = root.pos = root.childrenPos[0] = 1, sizeData = 0;
      |
[ 40%] Building CXX object CMakeFiles/main.dir/trainsys/StationManager.cpp.o
[ 46%] Building CXX object CMakeFiles/main.dir/trainsys/TicketManager.cpp.o
In file included from /home/HandsOnDs/HandsOnDs/trainsys/TicketManager.h:7,
                 from /home/HandsOnDs/HandsOnDs/trainsys/TicketManager.cpp:1:
/home/HandsOnDs/HandsOnDs/trainsys/DataStructure/BPlusTree.h: In instantiation of 'void trainsys::BPlusTree<KeyType, ValueType, M, L>::initialize() [with KeyType = trainsys::Strin
g; ValueType = trainsys::TicketInfo; int M = 100; int L = 100]':
/home/HandsOnDs/HandsOnDs/trainsys/DataStructure/BPlusTree.h:53:13:   required from 'trainsys::BPlusTree<KeyType, ValueType, M, L>::BPlusTree(const string&) [with KeyType = trains
ys::String; ValueType = trainsys::TicketInfo; int M = 100; int L = 100; std::string = std::__cxx11::basic_string<char>]'
/home/HandsOnDs/HandsOnDs/trainsys/TicketManager.cpp:7:61:   required from here
/home/HandsOnDs/HandsOnDs/trainsys/DataStructure/BPlusTree.h:557:38: warning: suggest parentheses around assignment used as truth value [-Wparentheses]
  557 |         root.isBottomNode = root.pos = root.childrenPos[0] = 1, sizeData = 0;
```

图 B-15　代码编译结果

编译完成之后，键入 ./main < ../input.in 即可运行代码。这样做会将上一级目录的 input.in 文件作为输入，运行可执行文件 main，如图 B-16 所示。

```
HandsOnDs@HandsOnDs:~/HandsOnDs/build$ ./main < ../input.in
station info not found
admin login
get command: login -i 0 -p admin
Only one user can login in at the same time.
get command: logout
get command: login -i 0 -p qwq
Wrong password. Login failed.
get command: login -i 0 -p admin
Login succeeded.
get command: register -u user -p 123456 -i 1
User added.
get command: logout
get command: login -i 1 -p 123456
Login succeeded.
get command: query_profile -i 0
Permission denied.
get command: modify_password -i 0 -p 147258
Modification forbidden.
get command: logout
get command: login -i 0 -p admin
Login succeeded.
get command: query_profile -i 1
UserID: 1
UserName: user
Password: 123456
Privilege: 0
get command: modify_password -i 1 -p 987654
Modification succeeded.
get command: modify_privilege -i 1 -g 2
```

图 B-16　火车票管理系统的可执行文件 main 的运行过程

运行完成后，目录中会多出很多以 leafFile 和 treeNodeFile 结尾的文件，如图 B-17 的第一条指令结果所示。产生这些文件是因为代码中使用了 B+ 树，这种数据结构会将数据存储在外存中。如果不清理这些文件，下次运行代码时，B+ 树会从这些文件中读入数据，从而达到长期存储数据的效果（与之相对，存储在内存中的数据在程序退出之后就被销毁了）。这会导致第二次运行代码的结果与第一次不一样。如果想重现第一次代码运行的结果，需要清除以 leafFile 和 treeNodeFile 结尾的文件。可以通过键入 sh ../init_database.sh 来清除这些文件，如图 B-17 的第二条指令所示。清除后的效果如图 B-17 的第三条指令结果所示。

```
HandsOnDs@HandsOnDs:~/HandsOnDs/build$ ls
CMakeCache.txt  cmake_install.cmake     scheduler.dat_treeNodeFile  trip.dat_leafFile      user.dat_treeNodeFile
CMakeFiles      main                    ticket.dat_leafFile         trip.dat_treeNodeFile
Makefile        scheduler.dat_leafFile  ticket.dat_treeNodeFile     user.dat_leafFile
HandsOnDs@HandsOnDs:~/HandsOnDs/build$ sh ../init_database.sh
HandsOnDs@HandsOnDs:~/HandsOnDs/build$ ls
CMakeCache.txt  CMakeFiles  Makefile  cmake_install.cmake  main
```

图 B-17　清除 B+ 树使用的外存文件

B.3.2　Windows环境

Microsoft Windows 是常用的桌面操作系统，同样适用于 C++ 程序的编写与运行。本节将简要介绍如何使用 MinGW 工具链、VS Code 和 CMake，在 Windows 环境下编译、运行 C++ 单文件程序或多文件工程。注意，以下教程适用于 Windows 10 或更新版本的 64 位操作系统。

1. 安装 MinGW-w64 工具链，编译与运行单文件

与 Linux 操作系统类似，Windows 操作系统同样需要安装一款 C++ 编译器来将代码转换为机器可运行的程序。使用 MinGW-w64 实现的 GNU C++ 编译器（g++）和 GDB 调试器是一个很好的选择。可以通过很多方式获得 MinGW-w64 工具链，这里以 MSYS2 环境为例介绍配

置流程。MSYS2 环境可以在 Windows 操作系统中提供与 Linux 操作系统类似的 Shell 体验与开源软件包管理功能。类似于 Ubuntu 中的包管理器 apt，MSYS2 的包管理器是 pacman。

（1）访问 MSYS2 官方网站，下载最新版本的 MSYS2 环境。运行下载器将其安装在合适的路径下，默认路径为 C:\msys64。

（2）在 Windows 搜索栏中搜索 MSYS2 并运行，将打开一个终端窗口，类似附录 B.3.1 中的 Linux Shell。在打开的终端中键入 pacman -S --needed base-devel mingw-w64-ucrt-x86_64-toolchain，出现图 B-18 所示的提示时，键入回车以继续；出现图 B-19 所示的提示时，键入 Y 以继续。

```
$ pacman -S --needed base-devel mingw-w64-ucrt-x86_64-toolchain
warning: base-devel-2022.12-2 is up to date -- skipping
:: There are 19 members in group mingw-w64-ucrt-x86_64-toolchain:
:: Repository ucrt64
   1) mingw-w64-ucrt-x86_64-binutils  2) mingw-w64-ucrt-x86_64-crt-git
   3) mingw-w64-ucrt-x86_64-gcc  4) mingw-w64-ucrt-x86_64-gcc-ada
   5) mingw-w64-ucrt-x86_64-gcc-fortran  6) mingw-w64-ucrt-x86_64-gcc-libgfortran
   7) mingw-w64-ucrt-x86_64-gcc-libs  8) mingw-w64-ucrt-x86_64-gcc-objc
   9) mingw-w64-ucrt-x86_64-gdb  10) mingw-w64-ucrt-x86_64-gdb-multiarch
   11) mingw-w64-ucrt-x86_64-headers-git  12) mingw-w64-ucrt-x86_64-libgccjit
   13) mingw-w64-ucrt-x86_64-libmangle-git  14) mingw-w64-ucrt-x86_64-libwinpthread-git
   15) mingw-w64-ucrt-x86_64-make  16) mingw-w64-ucrt-x86_64-pkgconf
   17) mingw-w64-ucrt-x86_64-tools-git  18) mingw-w64-ucrt-x86_64-winpthreads-git
   19) mingw-w64-ucrt-x86_64-winstorecompat-git

Enter a selection (default=all):
```

图 B-18　通过 MSYS2 安装 MinGW-w64（1）

```
Total Download Size:    171.77 MiB
Total Installed Size:  1141.23 MiB

:: Proceed with installation? [Y/n] Y
```

图 B-19　通过 MSYS2 安装 MinGW-w64（2）

（3）待所有安装结束后，请按照以下步骤将 MinGW-w64 的 bin 文件夹加入 PATH 环境变量：打开系统设置，搜索“编辑系统环境变量”并打开；在弹出的窗口中选择用户变量 Path，单击“编辑”按钮；在编辑界面单击“新建”按钮，此时环境变量列表会在末尾新增一个空白项，在这个空白项中输入先前安装的 MSYS2 的 bin 文件夹的路径（默认为 C:\msys64\ucrt64\bin）；最后依次单击“确定”按钮，完成环境变量修改。添加环境变量的流程如图 B-20 所示。

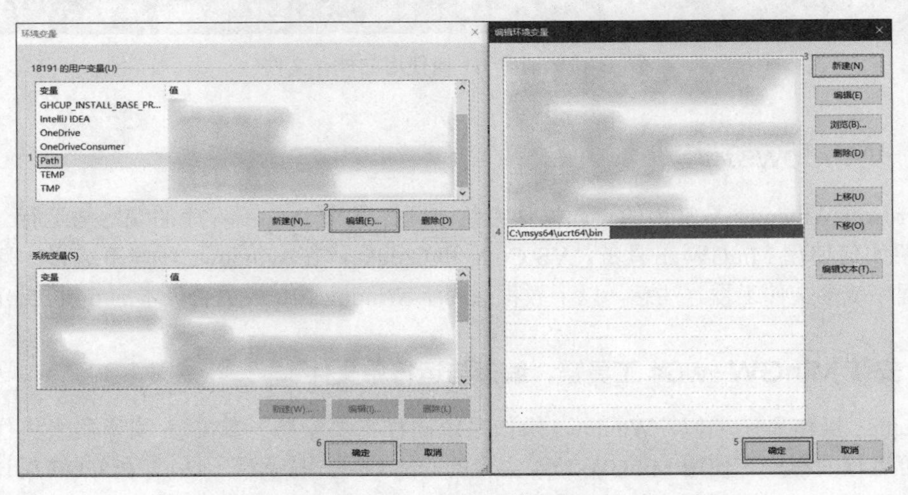

图 B-20　添加环境变量

在命令提示符中输入 g++ --version，如果终端中正常输出了 GNU C++ 编译器的版本信息，说明以上安装已成功，可以开始尝试 C++ 代码的编写与调试了。

2. 下载 VS Code，安装相应拓展

与 Linux 操作系统中通常使用命令与计算机进行交互不同，Windows 操作系统的优点在于强大的图形窗口环境。在 Windows 操作系统中，通常使用各种代码编辑器与集成开发环境（Integrated Development Environment，IDE）进行代码的编写、调试与运行。Visual Studio Code（简称 VS Code）是一款灵活、轻量级但功能强大的开发工具，可满足各种编程语言的开发需求。请访问官方网站下载 VS Code，注意选择正确的操作系统 Windows。运行下载器，将 VS Code 安装在合适的路径下，如图 B-21 所示。

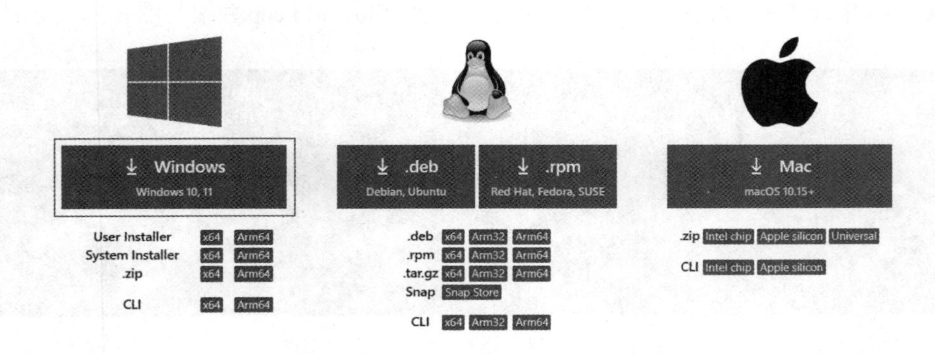

图 B-21　下载 VS Code（Windows 操作系统）

VS Code 的灵活之处在于其多样的拓展生态。通过安装拓展插件，可以根据自己的需求和喜好定制及增强编辑器的功能。例如，为了搭建 Windows 操作系统的 C++ 开发环境，需要安装简体中文语言包、C/C++ 拓展和 CMake Tools 拓展。运行 VS Code，在左侧的侧边栏中单击（或使用快捷键 Ctrl+Shift+X）打开拓展商店，在搜索栏中键入“chinese”，单击 Install 安装来自 Microsoft 的简体中文语言包，如图 B-22 所示。类似地，搜索“c++”以安装来自 Microsoft 的 C/C++ Extension Pack 拓展包（这将同时安装 C/C++ 和 CMake 的拓展插件），如图 B-23 所示。部分拓展需要重新加载窗口后才会生效。

图 B-22　安装简体中文语言包

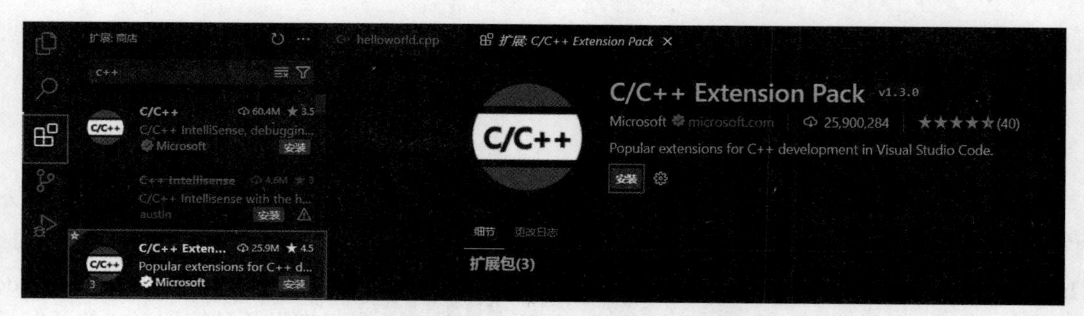

图 B-23　安装 C/C++ 与 CMake 拓展插件

在合适的地方创建文件夹，作为项目的根目录。运行 VS Code，菜单栏中选择“文件→打开文件夹”命令（或使用快捷键，先按 Ctrl+K 组合键，再按 Ctrl+O 组合键），选中刚刚创建的文件夹并打开。打开资源管理器，在文件夹下创建 helloworld.cpp 并编写图 B-24 所示的代码。

```
资源管理器                helloworld.cpp ×
∨ 打开的编辑器            helloworld.cpp > main()              调试 C/C++ 文件
  × helloworld.cpp        1  #include <iostream>                运行 C/C++ 文件
∨ HELLOWORLD              2
  > build                 3  int main() {
    helloworld.cpp        4      std::cout << "Hello, World!" << std::endl;
                          5      return 0;
                          6  }
```

图 B-24　创建、运行、调试 C++ 文件

借助 VS Code 拓展，读者可以一键编译、运行或调试 C++ 程序。如图 B-24 所示，打开 hello world.cpp 文件，单击窗口右上菜单栏中的运行图标，在下拉菜单栏中选择“运行 C/C++ 文件”。首次运行时，需要在上方弹出的命令面板中选择“C/C++: g++.exe 生成和调试活动文件”（可能会有多项检测到的 g++ 任务，选择其中任意一项即可，如果并没有显示可用的 g++ 编译程序，请检查是否正确安装了 MinGW-w64 工具链），此时 VS Code 会在 .vscode 子目录下自动生成 task.json 文件。此后再次单击“运行 C/C++ 文件”时，便不再需要选择配置文件，程序运行结果将显示在弹出的终端中，如图 B-25 所示。

```
PS D:\temp\helloworld> & 'c:\Users\    \.vscode\extensions\ms-vscode.cpptools-1.19.4-win32-x64\debugAdapter
s\bin\WindowsDebugLauncher.exe' '--stdin=Microsoft-MIEngine-In-rh3tq4ku.z5p' '--stdout=Microsoft-MIEngine-Out
-kf2woni0.qxm' '--stderr=Microsoft-MIEngine-Error-50xeslim.re5' '--pid=Microsoft-MIEngine-Pid-cr2xsoty.4vs' '
--dbgExe=C:\msys64\ucrt64\bin\gdb.exe' '--interpreter=mi'
Hello, World!
```

图 B-25　C/C++ 文件的运行结果

类似地，如果在运行图标下拉菜单栏中选择“调试 C/C++ 文件”，VS Code 将在 .vscode 子目录下生成 launch.json 文件，并借助此配置文件进行自动化调试。

学会使用 VS Code 进行 C++ 程序单文件的编译与运行后，读者可以运行 textcode 目录下的部分单文件测试程序来编译与运行代码。例如，读者可以在 VS Code 菜单栏单击“文件→打开文件夹”命令，选择代码仓库的 textcode 目录，在左侧导航栏中切换到二级子目录 chapter2，选择 multinomialTest.cpp 这个单文件程序，按上述方法编译与运行，并查看多项式类的测试结果。

3. 安装 CMake，编译与运行多文件工程

在大多数情况下，C++ 工程包含多个 .cpp 文件，需要分别编译并链接。这里同样采用 CMake 管理多文件项目的编译、运行、测试与调试，与附录 B.3.1 中一致。请访问官方网站下载 CMake，注意选择正确的系统：Windows x64 Installer，如图 B-26 所示。

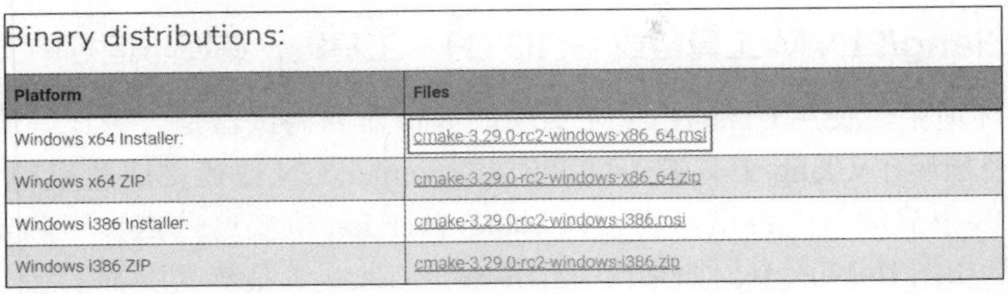

Binary distributions:

Platform	Files
Windows x64 Installer:	cmake-3.29.0-rc2-windows-x86_64.msi
Windows x64 ZIP	cmake-3.29.0-rc2-windows-x86_64.zip
Windows i386 Installer:	cmake-3.29.0-rc2-windows-i386.msi
Windows i386 ZIP	cmake-3.29.0-rc2-windows-i386.zip

图 B-26 下载 CMake（Windows 版本）

运行下载器，将 CMake 安装在合适的路径下。建议勾选“Add CMake to the system PATH for the current user”，这将自动把 CMake 所在目录加入系统 PATH 变量，如图 B-27 所示。

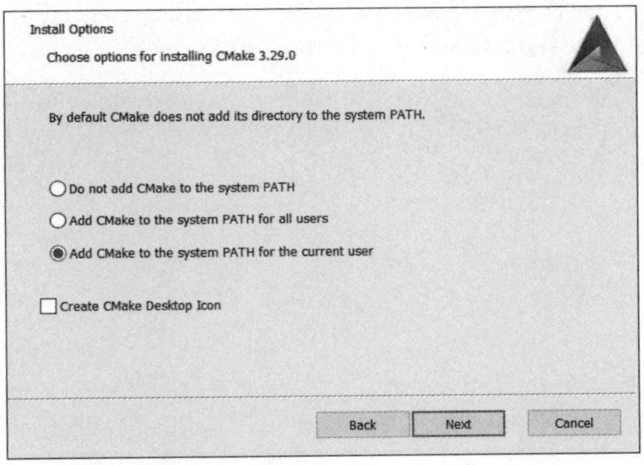

Install Options
Choose options for installing CMake 3.29.0
By default CMake does not add its directory to the system PATH.
Do not add CMake to the system PATH
Add CMake to the system PATH for all users
Add CMake to the system PATH for the current user
Create CMake Desktop Icon
Back
Next
Cancel

图 B-27 安装 CMake

在命令提示符中输入 cmake --version，如果命令提示符中正常输出了 CMake 的版本信息，说明以上安装已成功完成。利用 VS Code 的 CMake Tools 拓展，同样可以一键运行多文件工程。

CMake 借助根目录下的 CMakeLists.txt 文件获得项目的构建逻辑。对于大型应用——火车票管理系统，CMakeLists.txt 在整个电子代码仓库的根目录下，因此读者可以在 VS Code 菜单栏单击“文件→打开文件夹”命令，选择代码仓库根目录，VS Code 可以自动识别该文件，并对仓库进行配置。获得 CMakeLists.txt 文件后，借助图 B-28 所示的菜单栏中的命令按钮便可以快捷地进行多文件项目构建：首先单击左侧⚙按钮，按 CMakeLists.txt 中描述的构建规则编译多文件项目；完成构建后，单击▷按钮即可运行项目，单击⚙按钮即可调试项目。注意，修改任意源代码文件后，需要重新构建项目。

图 B-28 构建、调试、运行多文件项目

B.3.3 macOS环境

与 Windows 操作系统类似，macOS 同样是常见的桌面操作系统。本节将简要介绍如何使用 Clang/LLVM、CMake 和 VS Code，以及如何在 macOS 环境下编译、运行 C++ 单文件程序或多文件工程。

1. 安装 Clang/LLVM 工具链或 GNU C++ 工具链，编译与运行单文件

在 macOS 环境中，使用 Clang/LLVM 实现的编译器和调试器是一个很好的选择。个人计算机大概率已经预装了 Clang 工具链，可以通过 command+N 快捷键或从启动台单击“终端”图标来在 macOS 中启动一个终端，再键入 clang --version 检查这一点。正确安装的 Clang 工具链的版本信息如图 B-29 所示。如果没有正常输出 Clang 工具链的版本信息，请在终端输入 xcode-select --install 以安装 macOS 命令行开发工具包，Clang 工具链将一同被安装。

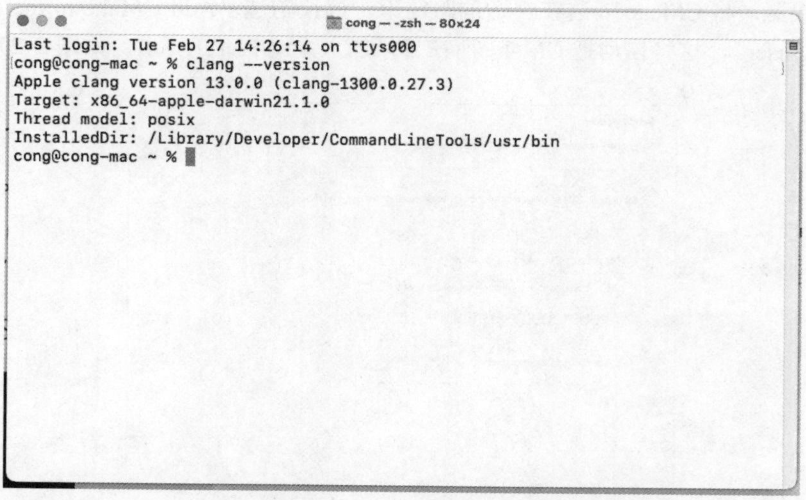

```
cong — -zsh — 80x24
Last login: Tue Feb 27 14:26:14 on ttys000
cong@cong-mac ~ % clang --version
Apple clang version 13.0.0 (clang-1300.0.27.3)
Target: x86_64-apple-darwin21.1.0
Thread model: posix
InstalledDir: /Library/Developer/CommandLineTools/usr/bin
cong@cong-mac ~ %
```

图 B-29　Clang 工具链正确安装时的版本信息

注意，macOS 操作系统自带的 Clang 编译工具链与附录 B.3.1、附录 B.3.2 中 Linux 和 Windows 操作系统使用的 GNU C++ 编译工具链（g++）在 C++ 的一些特性的实现上是不同的。如果在学习过程中产生了程序编译与程序行为的困惑，使用 g++ 可能可以解决你的问题。要在 macOS 操作系统上安装 g++，可以先搜索 brew 官方文档安装 brew，然后通过命令 brew install g++ 来安装 g++。

2. 下载 VS Code，安装相应拓展

Visual Studio Code（简称 VS Code）是一款灵活、轻量级但功能强大的开发工具，可满足各种编程语言的开发需求。请访问官方网站下载 VS Code，注意要选择正确的操作系统 Mac。运行下载器，将 VS Code 安装在合适的路径下，如图 B-30 所示。

下载后将获得一个名称类似“VSCode-darwin-universal.zip”的压缩包，双击该压缩包即可将 VS Code 程序解压到当前文件夹。将解压得到的程序移动到应用程序目录下即可实现 VS Code 程序的安装，如图 B-31 所示。

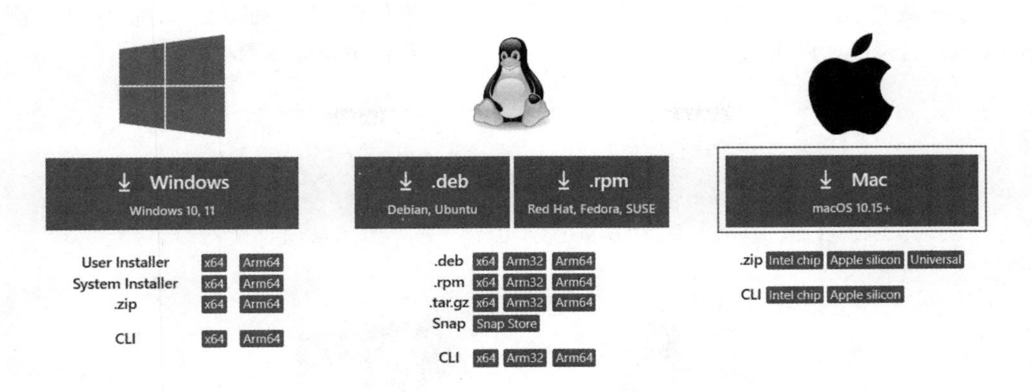

图 B-30 下载 VS Code（macOS 操作系统）

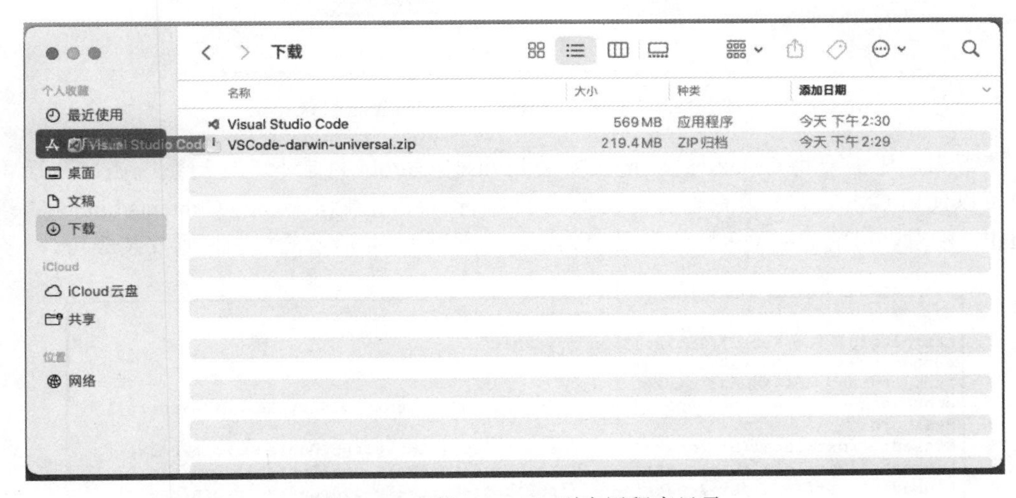

图 B-31 安装 VS Code 到应用程序目录

双击应用程序中的 VS Code 图标或从启动台单击 VS Code 图标即可启动 VS Code 程序。接下来的安装拓展插件、选择目录、一键编译、运行或调试 C++ 单文件程序的配置等操作与 Windows 操作系统下完全一致，读者可以参考附录 B.3.2 进行配置。

3. 安装 CMake，编译与运行多文件工程

macOS 操作系统同样可以使用 CMake 管理多文件项目的编译、运行、测试与调试。请访问官方网站下载 CMake，注意选择正确的系统：macOS 10.13 or later，并选择合适的分发类型，推荐使用 .dmg 格式的后缀，如图 B-32 所示。

macOS 10.13 or later	cmake-3.29.0-rc2-macos-universal.dmg
	cmake-3.29.0-rc2-macos-universal.tar.gz
macOS 10.10 or later	cmake-3.29.0-rc2-macos10.10-universal.dmg
	cmake-3.29.0-rc2-macos10.10-universal.tar.gz

图 B-32 下载 CMake（macOS 版本）

双击下载的 .dmg 安装包，按照安装器的提示将左侧的 CMake 图标拖动到右侧的 Applications 目录中，即可将 CMake 安装在 macOS 操作系统中，如图 B-33 所示。

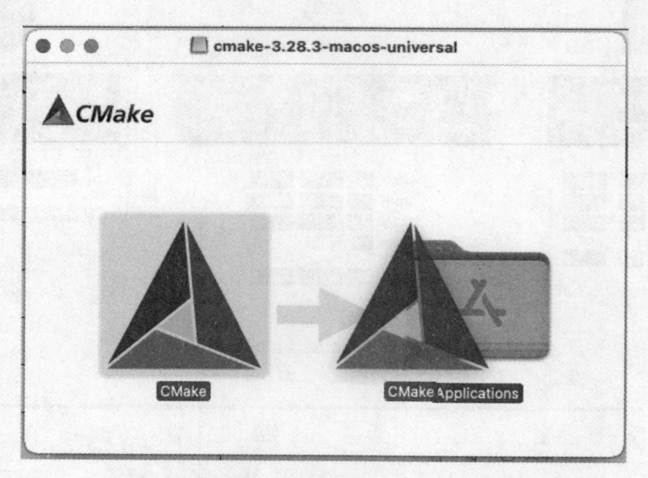

图 B-33　安装 CMake 到 Applications 目录

接下来，还需要将 CMake 的软链接安装到 /usr/local/bin 目录下，使得系统在命令行环境下也可以使用 CMake。打开命令行，键入 sudo /Applications/CMake.app/Contents/bin/cmake-gui –install，注意，可能需要输入账户名及密码。若出现图 B-34 所示的提示，则安装成功。

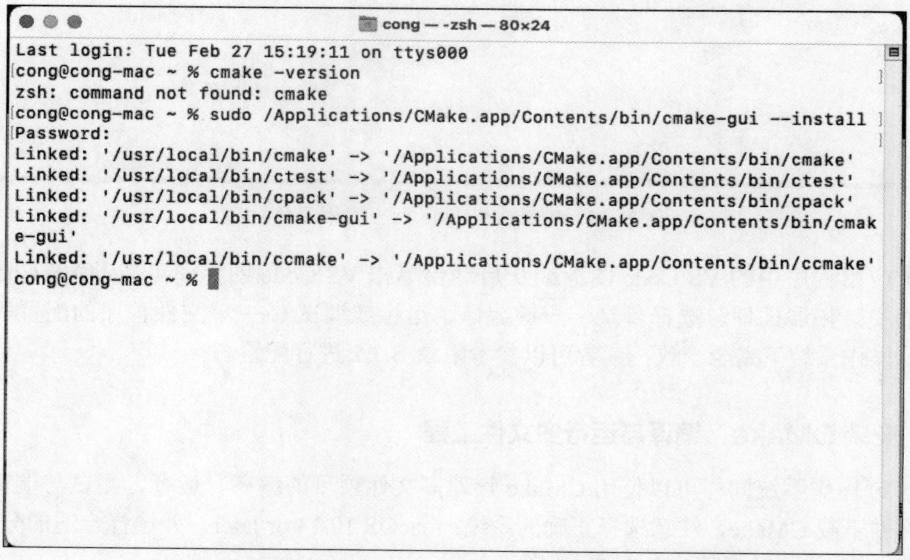

```
cong — -zsh — 80×24
Last login: Tue Feb 27 15:19:11 on ttys000
cong@cong-mac ~ % cmake -version
zsh: command not found: cmake
cong@cong-mac ~ % sudo /Applications/CMake.app/Contents/bin/cmake-gui --install
Password:
Linked: '/usr/local/bin/cmake' -> '/Applications/CMake.app/Contents/bin/cmake'
Linked: '/usr/local/bin/ctest' -> '/Applications/CMake.app/Contents/bin/ctest'
Linked: '/usr/local/bin/cpack' -> '/Applications/CMake.app/Contents/bin/cpack'
Linked: '/usr/local/bin/cmake-gui' -> '/Applications/CMake.app/Contents/bin/cmak
e-gui'
Linked: '/usr/local/bin/ccmake' -> '/Applications/CMake.app/Contents/bin/ccmake'
cong@cong-mac ~ %
```

图 B-34　安装 CMake 软链接到 /usr/local/bin 目录下

接下来在 VS Code 中编译运行多文件项目的方法与在 Windows 操作系统中完全一致，读者可以参考附录 B.3.2 进行配置。